Wilfried Rähse

Produktdesign in der chemischen Industrie

Wilfried Rähse

Produktdesign in der chemischen Industrie

Mit 178 Abbildungen und 28 Tabellen

Springer

Dr. Wilfried Rähse
Bahlenstraße 168
40589 Düsseldorf
Germany

Raehse1@t-online.de

ISBN 3-540-25162-6 Springer Berlin Heidelberg New York
ISBN 978-3-540-25162-0 Springer Berlin Heidelberg New York

Bibliografische Information der Deutschen Nationalbibliothek
Die Deutsche Bibliothek verzeichnet diese Publikation in der Deutschen Nationalbibliografie; detaillierte bibliografische Daten sind im Internet über http://dnb.d-nb.de abrufbar.

Springer ist ein Unternehmen von Springer Science+Business Media

springer.de

Satz: Digitale Vorlagen des Autors
Herstellung: LE-TEX Jelonek, Schmidt & Vöckler GbR, Leipzig
Einbandgestaltung: WMX Design GmbH, Heidelberg

Gedruckt auf säurefreiem Papier 68/3100/YL – 5 4 3 2 1 0

Vorwort

Auf dem 3rd European Congress of Chemical Engineering 2001 in Nürnberg besuchte ich mit zwei Mitarbeitern die Sektion „Produktdesign“. Wir waren sehr neugierig, was geboten wird, und erwarteten Definitionen, interessante Beispiele und neue Einsichten in ein Thema, dass in der Praxis zunehmend an Bedeutung gewinnt. Nach meiner Überzeugung muss zur Sicherstellung eines zukünftigen Markterfolges auch die chemische Industrie den Regeln des Produktdesigns folgen, so wie es einige Hersteller von Lebensmitteln und von Konsumgütern vorgemacht haben.

> **„Die chemische Industrie wird zunehmend ihre Produkte in Leistung, Anwendung und Ästhetik den Wünschen ihrer Kunden anpassen bzw. auf die Kundenbedürfnisse ausgerichtete Produkte entwickeln.“**

Zur Umsetzung des Produktdesigns ist eine enge Zusammenarbeit zwischen den Produkt- und Verfahrensentwicklern sowie dem Marketing unabdingbar. Das neue Fachgebiet deckt als Querschnittswissenschaft große Teile der Chemie, der Verfahrenstechnik sowie der Betriebswirtschaft ab und stellt das Produkt in den Mittelpunkt jeder Entwicklung.

Von diesen Zusammenhängen war auf der Tagung nicht die Rede. Die Vorträge beschränkten sich auf das Design von Partikeln und beschrieben so nur ein Bruchteil des Gebietes. Damals entstand die Idee, das „Produktdesign“ in den wichtigen Dimensionen darzustellen, und zwar insbesondere mit dem Schwerpunkt chemischer Produkte, weil es auf diesem Fachgebiet nahezu keine praxisrelevanten Veröffentlichungen gab.

In meiner langjährigen Arbeit bei der *HENKEL KGaA* in der Verfahrensentwicklung mit der Zuständigkeit für innovative Verfahren und Produkte gab es häufig Diskussionen über die Leistung, die Handhabung und die Ästhetik von Produkten, also den Kernelementen des Produktdesigns. Als Markenartikelunternehmen war *HENKEL* bereits in der Vergangenheit stark am Produktdesign interessiert. Eine Hinwendung zum Design in Kombination mit anderen Qualitätsvorteilen ist in den letzten Jahren verstärkt zu beobachten. Aus den vielen Gesprächen, eigenen Arbeiten im Labor und im Technikum sowie bei Maschinen- und Apparateherstellern leitet sich meine Erfahrung und Kompetenz zur Bearbeitung des Themas ab.

Im Laufe der Niederschrift von Veröffentlichungen zum Thema „Produktdesign“ sowie bei der Formulierung dieses Buches stellte sich zum einen heraus, dass die „Marke“ als wesentliches Element mit dargestellt werden muss. Marken beherrschen nicht nur den Konsumentenmarkt, sondern werden zunehmend für chemische Spezialprodukte sowie für Geräte, Maschinen und Apparate angemeldet.

Zum anderen bestand die Notwendigkeit, eine Systematik zu erarbeiten, damit der Leser bei eigenen Entwicklungsarbeiten Nutzen ziehen und direkt alternative Anbietungsformen ableiten kann. Die vielen, mit Abbildungen unterlegten Beispiele sollen die Breite des Gebietes zeigen und das Lesen erleichtern. Aus eigener Erfahrung weiß ich, dass ein Leser an Hand interessanter Beispiele dem Text leichter folgen kann.

Da ich das Gebiet „Betriebswirtschaft/ Marketing nicht studiert habe, fehlen sicherlich interessante Literaturhinweise. Wahrscheinlich sind einige Gedankengänge über Marken/ Märkte auch in anderen, mir bisher unbekannten Büchern zu finden. Die Aussagen im vorliegenden Buch stellen das Resultat eigener Überlegungen dar, die durch das laufende Lernen im Beruf angeregt wurden. Eine Wertung bestimmter Strategien ist nicht beabsichtigt und wurde auch nicht vorgenommen worden. Es geht einzig um eine anregende wissenschaftliche Diskussion an Hand von Beispielen, die das gesamte Gebiet der Investitions- und Konsumgüter sowie der chemischen Produkte abdecken.

Danksagungen:

Ich danke den vielen Firmen, die durch die wissenschaftliche Nutzung ihrer Bilder das Buch in dieser Form ermöglichten. Einige haben mir weitere Fotos in besserer Qualität zugesandt, die sich fast alle in Buch wieder finden.

Birgit Stevermann (Patente) korrigierte sorgfältig den gesamten Text. Die Kapitel über die „Marke“ haben Gabriele Weiler (Marketing) und Christian Schröder sowie Bernd Carlos Jäcker (Markenrecht) durchgesehen und ergänzt. Der Leiter der Verpackungsentwicklung, Theo Janschuk, stellte mir einige seltene Fotos sowie Unterlagen zur Verfügung und überprüfte den Text des Verpackungskapitels. Die Bilder über „Enzyme“ erhielt ich vom Betriebsleiter der *BIOZYM* Werner Pichler. Die Grafiken fertigte meine Assistentin Ulrike Ruffer in Power Point an. Sie ist verantwortlich für zahlreiche Produktfotografien und half mir engagiert bei vielen Fragen.

Ovid Dicoi, mit dem ich seit vielen Jahren zusammenarbeite, verdankte ich einige Bilder sowie etliche Literaturstellen. Meine Frau ertrug geduldig meine vielen Stunden vor dem Computer und gab wichtige Verbesserungshinweise.

Thomas Müller-Kirschbaum hat als Mitglied des Top- Managements der *HENKEL KGaA* dieses Projekt in dankenswerter Weise unterstützt.

Wilfried Rähse Düsseldorf, im Juli 2006

Inhaltsverzeichnis

1. Gestaltungen in der Natur, Design in der Kunst und in der Industrie

1.1 Bionik

Die belebte und unbelebte Natur ist Vorbild für Vielfältigkeit, Funktion und Design [1]. Nicht nur die makroskopische Dimension der Energieerzeugung auf der Sonne, sondern auch die mikroskopischen Abläufe in der Zelle sind einzigartig. Daher ist der methodische Ansatz "Von der Natur lernen, um die Technik zu verbessern" sinnvoll und nützlich, auch wenn viele natürliche Vorgänge bisher nur in kleinen Bereichen aufgeklärt sind.

In der Bionik studieren Ingenieure die Ergebnisse der biologischen Evolution, untersuchen und beschreiben Naturvorgänge. Die Ergebnisse stellen Anregungen zum Auffinden von neuartigen Lösungen für technische Probleme dar. Bekannt sind die Untersuchungen zur Umströmung von Fischen und von Vögeln zur Verbesserung des Widerstandbeiwertes und des Auftriebes. Zum einen wurden die Mikrostrukturen von Haifischschuppen gemäß **Abb. 1.1** nachgebildet und in ähnlicher Form mittels Ribletfolien auf

Abbildung 1.1: Hai und die Oberflächenstruktur
(Quelle: I. Rechenberg [2])

dem Rumpf von Flugzeugen aufgebracht. Der Treibstoffverbrauch sinkt wegen des verminderten Luftwiderstandes deutlich.

Neuere Ideen zur Verbesserung der Flugzeuge sind die Einführung von Multiwinglets, ähnlich der Aufspreizung von Flügelenden beim Milan oder Rabengeier [2], sowie der Rückstrombremse. Diese wird bei Vögeln, wie dem Braunen Skua in **Abb. 1.2,** durch Abspreizen der Deckfedern [3] realisiert.

Abbildung 1.2: Aufspreizung der Flügelenden beim Rabengeier und Abspreizung der Deckfedern beim Braune Skua (Antarktis)
(Quelle: I. Rechenberg [2])

Zum anderen wird in neueren Forschungen der Flug von Insekten (Schlagflug) als Basis für die Micro Air Vehicles (MAV) entschlüsselt. Hierbei handelt es sich, wie in **Abb. 1.3** zu sehen, um ca. 15-30 cm große Flugobjekte. Derartige „Flugzeuge“ könnten in der Verkehrsüberwachung oder bei Such- und Rettungseinsätzen eingesetzt werden.

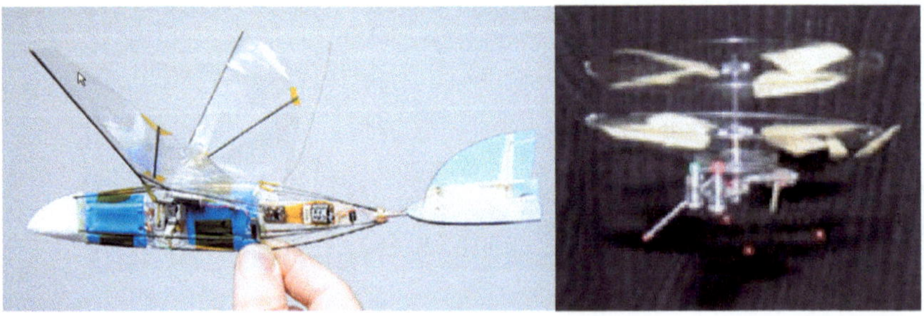

Abbildung 1.3: Micro Air Vehicle (MicroBat, Caltech/USA; 20 cm) und Nanoflyer von Petter Muren (8.5 cm, 2.7 g)
(Quelle: I. Rechenberger [2])

Für die weltweite Energieversorgung spielt der Wasserstoff eine immer stärkere Rolle. Durch technisches Umfunktionieren von Naturvorgängen lässt sich aus der Symbiose von Purpurbakterien und Grünalgen im Photoreaktor Wasserstoff gewinnen („biologisches Haber-Bosch"-Verfahren [2]).

In jüngsten, gerade begonnenen Arbeiten beschäftigen sich einige Forscher mit dem Perlmutt, das aus ca. 500 nm dicken Calciumcarbonat-Plättchen besteht, um Lösungen für neuartige Werkstoffe abzuleiten. Zur Entwicklung schneidender Zerkleinerungswerkzeuge werden selbstschärfende Nagetierzähne [4] untersucht. Überall spielt das Design in der Natur eine große Rolle, wobei ihm - soweit es bisher untersucht und verstanden wurde - stets eine besonders interessante Funktion zukommt oder eine außergewöhnliche Leistung ermöglicht.

Mercedes konstruierte einen geräumigen Kleinwagen nach dem Vorbild der Natur [5]. Als Vorlage dient der Kofferfisch (lat. Ostracion cubicus), der steif, wendig und perfekt strömungsgünstig ist. Die Nachgestaltung der Form erreichte im Strömungskanal einen c_w- Wert von 0.06. Das viersitzige Fahrzeug mit der vom Kofferfisch abgeleiteten Form zeigte nach viel Feinschliff einen Strömungsbeiwert von 0.19. Das „bionic car" verbraucht mit einem 82 PS-Dieselmotor 4.3 l/100 km.

Lernen von der Natur gelang W. Barthlott [6] durch die Untersuchungen zur Schmutzabweisung des Lotusblattes, für die er 1999 den Deutschen Umweltpreis erhalten hat. Durch die feinen, fraktalen Strukturen („Noppen" mit einer Höhe von 5 –20 µ und einem Abstand von 5 – 50 µ) auf der wachsartigen Blattoberfläche haften selbst Klebstoffe nicht und werden abgewaschen. In **Abb. 1.4** sind einige Lotusblätter abgebildet. Es ist zum einen der Abperleffekt auf der Oberfläche zu sehen, zum anderen können „Zaubertricks" mit Hilfe der Lotusblätter vorgeführt werden. Ein Becherglas lässt sich deutlich über den Rand hinaus mit Wasser füllen, weil das auf der Wasseroberfläche liegende Lotusblatt infolge des geringen Benetzungswinkels ein Ablaufen verhindert.

a) b)

c)

Abbildung 1.4: Lotusblätter
a) Lotus-Pflanze; b) Lotusblatt auf einer Wasseroberfläche; c) Lotusblatt auf der Wasseroberfläche eines über den Rand hinaus mit Wasser gefüllten Becherglases (Quelle: O. Dicoi)

Der Lotusblatteffekt besitzt für mehrere Industriezweige eine große wirtschaftliche Bedeutung. Die Oberflächenstrukturen können mittels Mikro- und Nanoteilchen nachgestellt und in innovative Produkte umgesetzt werden. Beispiele sind neuartige, bei Regen selbstreinigende Fassadenfarben, Dachziegel, Lacke und Folien sowie Mittel zur Fensterreinigung. Lotus-Oberflächenstrukturen wären auch für Solarzellen und für glasverkleidete Hochhäuser, für Schiffe und Bahnen sowie für Flugzeuge von Interesse. Die Chemie, Pharmazie und Lebensmittelindustrie sowie der Biotechnologie suchen beständige Werkstoffe, die kratzfest und leicht zu reinigen sind, zur Auskleidung von Anlagen sowie von Räumen.

In **Abb. 1.5** und **1.6** sind Wassertropfen auf behandelten Oberflächen abgebildet. Durch die Beschichtung mit hydrophoben Polymeren nach dem Prinzip des Lotus-Effektes werden die Kontaktfläche und damit die Adhäsionskraft minimiert. Die Tropfen bleiben rund, haften nicht, sondern laufen ab.

Japanische Forscher haben sich mit den mikroskopisch feinen Schuppen (Papillen) der Schmetterlingsflügel von Morpho Sulkowskyi beschäftigt. Die bunten Farben stammen nicht von Farbstoffen, sondern entstehen allein durch die Lichtbrechung.

Abbildung 1.5: Wassertropfen auf superhydrophober Holzoberfläche (Quelle: *BASF*-Innovationen)

Abbildung 1.6: *ino dur* - Antihaftschicht (Fa. *Inomat*)

Die Farbe wird durch die strukturierte Oberfläche der Flügel erzeugt. Je nach der Struktur reflektiert die Oberfläche eine andere Farbe, da die Abstände in der Struktur im Wellenlängenbereich des sichtbaren Lichtes liegen **(Abb. 1.7).** Der Effekt ließ sich über Nanoteilchen nachstellen, deren Oberflächen zusätzlich selbstreinigende Eigenschaften aufweisen.

Da die Nanoteilchen (ca. 10 bis 500 nm) sehr viel härter sind als Mikroteilchen (ca. 1 – 50 μ), lassen sich kratzfeste Polyurethanlacke über geeignete Nanopartikel (hochverzweigte Polyisocyanate) erzeugen. An kratzfesten, selbstreinigenden Lacken sind nicht nur die Automobil-, sondern auch die Flugzeug- und Schienenfahrzeugindustrie extrem interessiert [7].

Die chemische Industrie benötigt dringend derartige Lacke zur Beschichtung von Maschinen und Apparaten sowie von Rohrleitungen.

Abbildung 1.7: Nano-Struktur auf der Flügeloberfläche eines Schmetterlings (Quelle: *BASF*- Innovationen)

Durch die Härte der Nanoteilchen eignen sich diese auch als Schleifmittel. Halbleiter-Bauelemente, wie strukturierte Wafer, sind nach dem Aufbringen von isolierenden oder metallischen Schichten nicht optimal eben, sondern müssen einem Polierprozess unterworfen werden. Dieses Verfahren, bezeichnet als „Chemical Mechanical Planarization“ oder kurz CMP-Prozess, wird mit einem alkalischen, kolloidalen Slurry aus Siliziumdioxid oder Ceroxid in Kaliumhydroxid oder auch in Ammoniumhydroxid durchgeführt. Im Kreislaufprozess erfolgt die Absiebung gröberer Partikel online mit Tiefenfiltern als Polypropylenfasern mit einer Trenngrenze von ca. 0.5 μm [8].

Wegen der hohen Oberflächenenergie von Nanoteilchen können bei relativ niedrigen Temperaturen Keramik- oder Edelmetallteile beschichten werden [9]. Nanoteilchen aus Siliziumdioxid sintern bereits bei 400 °C, während der Schmelzpunkt des Pulvers bei ca. 1200 °C liegt. Solche Beschichtungen eignen sich als hochwirksamer Korrosionsschutz in der Chemie und im Apparatebau. Für den Einsatz im Haushalt können Sanitärkeramik und Fliesen mit fluormodifizierten Silikaten in Form von Nanoteilchen überzogen werden, um die Reinigbarkeit zu verbessern.

So haben die Bionik und insbesondere die vom Lotusblatt gewonnenen Erkenntnisse zu einer weltweiten intensiven Beschäftigung mit kleinen Teilchen geführt und damit auch der Nanotechnologie einen starken Auftrieb gegeben. Insgesamt wurden die Forschungen intensiviert und neue Gebiete entwickelt, beispielsweise die Kopplung von Nanoteilchen mit der

Medizin zur Bekämpfung von Krebsgeschwüren oder die Kopplung mit der Kosmetik für bessere Bioverfügbarkeit und verbesserten Sonnenschutz. Die Forschungen führten zu neuen Produkten und interessanten technischen Anwendungen, wobei die Entwicklungen zum großen Teil noch am Anfang stehen.

Ein ungewöhnliches Design in der Natur im Nano-, Mikro- oder Zentimeterbereich steht oft für eine interessante Funktion. Eine Übertragung dieser Erkenntnis auf die Technik würde bedeuten, dass ein neues Design überlegene Produktleistungen signalisiert oder dass sich verbesserte Leistung erreichen lassen.

1.2 Konsum- und Industriegüter

Das Design spielt in der Industrie eine wichtige Rolle, und zwar nicht nur für die Verkaufsprodukte, sondern auch zur Selbstdarstellung der Unternehmen. Diese beginnt beim Firmenlogo sowie bei der grafischen Gestaltung des Firmennamens und kann sich in der Gebäudearchitektur des Hauptsitzes bis hin zur Innenarchitektur der Arbeits- und Besprechungszimmer fortsetzen. Das Briefpapier und die Visitenkarten, der Messe- und Internetauftritt, die Werbung im Fernsehen oder in Printmedien, die Prospekte und Geschäftsberichte werden graphisch gestaltet, um den Wiedererkennungswert zu steigern, den Hersteller bekannter zu machen und um die Konzernzugehörigkeit herauszustellen.

Bei Konsum- und Industriegütern geht es beim Produktdesign um:

- **Gebrauchsnutzen**
- Ergonomie/Anwendung
- Ästhetik
- Qualität, Lebensdauer
- Image
- Differenzierung
- Wiedererkennung
- Ökologie und
- Sicherheit.

Diese Beschreibungen kennzeichnen Markenartikel. Die Markenartikelunternehmen legen großen Wert auf die neun, das Produktdesign ausmachenden Elemente (Kap. 2 und 3) und stellen ein Element davon in der Werbung heraus.

Für das Produktimage ist der Name des Herstellers / Vertreibers entscheidend, weil die Gegenstände unter seinem bekannten Namen entwickelt und produziert wurden (Herstellermarke). Der (Produkt-) Markenname prägt das Ansehen des Produktes und der Produktkategorie. Als typische Beispiele aus dem Bereich der Konsumgüter sind gemäß **Tab. 1.1** zunächst die der Mode unterworfenen Produkte (Bekleidung, Schmuck) zu nennen, ferner Gebrauchs- und Einrichtungsgegenstände (Kugelschreiber, Schraubenzieher, Sessel, Tisch, Lampe), gestaltete Verpackungen (Flaschen, Flakons, Töpfchen, Zerstäuber) sowie Verbrauchsgegenstände (Zahnpasta, Raumbedufter, Zeitschriften). Die Gestaltung wird auf die Anforderungen der Zielgruppe/Kunden (z. B. Kinder, Hausfrauen, Familien, Senioren, häufig unterschieden nach Geschlecht, Alter und Einkommen) zugeschnitten.

Die Bedeutung der Kommunikation nimmt immer mehr zu. Das äußert sich einerseits im technischen Fortschritt und in der Produktvielfalt, andererseits im Produktdesign, das entscheidend zum Verkauf beiträgt. Einige moderne Geräte sind in der **Abb. 1.8** dargestellt. Zum einen zeigt ein moderner Flachbildschirm-Fernseher, der nur 500 g schwer und 3 cm tief ist, dass die Entwicklung in Richtung „flacher Bildschirm" weitergeht. Eine neue, noch nicht abgeschlossene Entwicklung stellt das moderne Fotohandy dar. Daneben ist eine Innovation aus dem Bereich der Haushaltsgeräte abgebildet, nämlich eine neuartige Waschmaschine, die auch trocknen kann.

Ein Beispiel zur Erfüllung von Kundenbedürfnissen über das optimale Design stellen die Laufschuhe (siehe **Abb. 1.9**) für das Joggen dar. Zum einen erfolgt eine optimale Anpassung des Produktes an die Kundenwünsche (Gehen, Laufen, Marathon). Zum anderen lassen sich die innere Sohlenform und die Sohlenhärte speziell auf den Fuß des Kunden und auf sein Gewicht abstimmen, wobei die entsprechenden Messwerte vorher auf einem Laufband abgenommen werden.

Auch bei der Wahl eines Fahrrades bestimmen die individuellen Wünsche und der Preis den Kauf. Die Fahrradindustrie hat eine derartige Produktvielfalt geschaffen (Abb. 1.10), dass jeder Kunde ein auf seine Bedürfnisse (oder auf seinen Geldbeutel) zugeschnittenes Fahrrad erwerben kann.

Tabelle 1.1: Konsumgüter (Beispiele)

Modische Produkte	Gebrauchsprodukte	Verbrauchsprodukte	Verpackungen
Bekleidung • Kostüme • Hosen/ Röcke • Mäntel • Kleider • Anzüge • Schuhe • Strümpfe • Jacken • T-Shirt • Pullover • Jeans • Hüte • Out-door Uhren Make-up Kämme Mode-Schmuck Accessoires Bettwäsche Gardinen Brillen Handy	Haushaltsgeräte • Kaffeemaschine • Waschmaschine • Rasenmäher • Mixer • Bohrmaschine • Audio-Geräte Haushaltsgegenstände • Bestecke • Vasen • Werkzeuge Haushaltseinrichtung • Stuhl • Couchgarnitur • Schränke, Tische • Küchen- und Badreinrichtungen • Lampen Sicherheitstechnik Spielzeuge Sportgeräte/-artikel Computer	Waschmittel Badreiniger Farben Seifen / Shampoo Kosmetika Zahnpasta Hygieneartikel Lebensmittel Kaffeefilter Tiernahrung Süßigkeiten Windeln Pflanzennahrung Möbelpflege Autopflege Medikamente Klebstoffe Bauhilfsstoffe Schrauben/Nägel	Flaschen Flakons Refill Trommel Beutel Tüten Netze Tetrapacks Folien Dosen Gläser Becher Ampullen Papier Spender Fässer Säcke Pouches Tuben

Abbildung 1.8: Moderne Kommunikations-und Haushaltsgeräte
(Quellen: *Nokia* und *Panasonic Design*)

Abbildung 1.9: Moderne Laufschuhe
a).*Adidas* a3 Ultra Ride M ; b) *Nike* Shox; c) *Puma* Trie/Fass; d) Mostro Leather (woman); e) *Puma* Speed Cat P (woman)

Zum einen lässt sich das Fahrrad an die Körpergröße und an das Körpergewicht angepassen, zum anderen wählt der Kunde ein Rad für seine Fahrwünsche in der für ihn optimalen Ausstattung. Er kann sich aus einer Fülle von Angeboten beispielsweise für ein Touren-, City- oder Rennrad entscheiden, oder er wünscht sich ein Mountainbike.

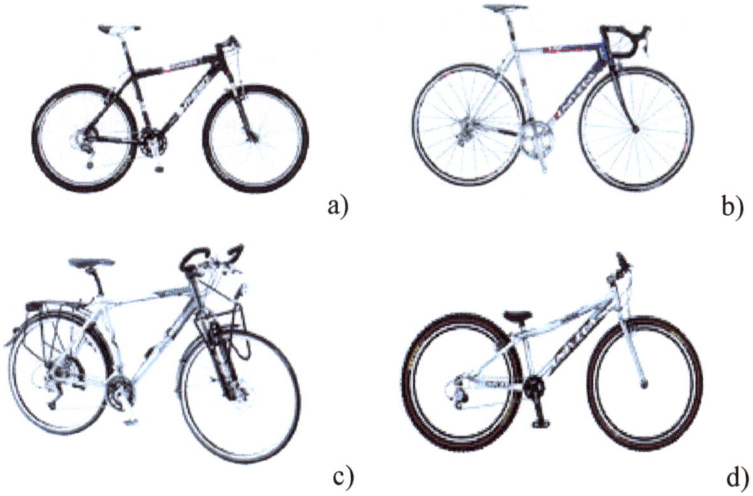

Abbildung 1.10: Individuelle Fahrräder
a) Mountain bike; b) Rennrad; c) Trekking bike; d) Trial bike
Weitere Typen: Cross-, Cross Country Fully- und Citybikes, Enduro, BMX, Fitness- und Dirt/Dual Bikes (Quelle: fahrrad.de)

Gleichfalls existieren bei den Personenkraftfahrzeugen unterschiedlichen Klassen, Typen und Größen für 2, 4 und 6 Personen, wie Limousine, Kombi und Van, SUV, Geländefahrzeug, Coupé und Cabriolet, Lieferwagen und Wohnmobile. So können die meisten Kundenwünsche bezüglich Platzverhältnisse, Verbrauch, Leistung, Image und Ästhetik oder Wintereigenschaften (Vierradantrieb) und Geländegängigkeit befriedigt werden.

Die Mode bringt jedes Jahr zum Frühjahr, Sommer, Herbst und Winter eine neue Kollektion heraus. Sie stellt wegen des schnellen Wechselns einen eigenen Bereich dar, wobei die Bekleidungsstücke als „Kreationen" eines „Modeschöpfers" bezeichnet und in einigen Fällen auch als Kunst verstanden werden. Die in den meisten Modegeschäften angebotenen Kleidungsstücke sind bezahl- und tragbare Nachahmungen oder Varianten der Original-Modelle. Das Wort „Design" bezieht sich mehr auf die Gestaltung der Stoffe, d.h. auf die Farben und Muster.

Bei den Konsumgütern werden die Gebrauchsgüter am auffälligsten gestaltet und in einigen Fällen auch einer künstlerischen Bearbeitung unterzogen. Einige von Designern aus der Bauhauszeit (20er und 30er Jahre) besonders interessant und zeitlos gestaltete Gebrauchsgegenstände für den Wohnbereich werden in der **Abb. 1.11** gezeigt. Das als Geistesbewegung bekannt gewordene „Bauhaus“ ist 1919 von Walter Gropius in Weimar gegründet worden. Er baute 1925 das große Glashaus in Dessau, das eigentliche Bauhaus. Dort gelang die Synthese von Kunst und Technik, Schönheit und Funktionalität. Bekannte Maler dieser Bewegung sind Paul Klee und Wassily Kandisky, bedeutende Architekten Le Corbusier, L.M. van de Rohe, M. Stam, M. Breuer, Eileen Gray und E.T. Rietveld.

g) h) i)

Abbildung 1.11: Designer-Einrichtungsgegenstände im Bauhausstil (Quelle: *Artemia design.com*)
a) Sofa: J. Hoffmann; b) Lampe: W. Wagenfeld; c) Stuhl: C.R. Mackintosh; d) Stuhl: Le Corbusier; e) Tisch: G.T. Rietveld; f) Tisch: The Shakers; g) Stuhl: F.L. Wright; h) Sessel: Anonymus; i) Lampe: Anonymus

Neben den Konsumgütern gibt es Industriegüter gemäß **Tab. 1.2**, die zum einen als Vor- oder Zwischenprodukte wenig in Erscheinung treten und nach kurzer Zeit verbraucht oder verbaut werden, gewissermaßen „industrielle Konsumgüter". Als kennzeichnendes Merkmal gilt, dass überwiegend Unternehmen und Gewerbebetriebe (Privatpersonen evt. in kleinen Mengen) diese Güter kaufen und verarbeiten. Auch eine Reihe von Chemikalien / chemischen Produkten zählen dazu. Zum anderen fallen einige Industriegüter unter der Kategorie der Investitionsgüter, auf die in Tab. 1.3 gesondert eingegangen wird.

Bei den Investitionen gibt es zum einen den privaten und zum anderen den geschäftlichen Bereich. Privatpersonen investieren bei materiellen Gütern in Häuser, in Wohnungen und evt. auch in Grundstücke sowie in ihr Hobby (Autos, Oldtimer, Wohnwagen, Briefmarken, Münzen, Goldbarren, Gemälde, Silber, Uhren, Echtholzmöbel, Teppiche, Segelboot, Garten). Einige Möglichkeiten zur Investition im Luxusbereich sind in **Abb. 1.12** dargestellt, weil sich „Design" am eindruckvollsten an Luxusgütern demonstrieren lässt, obwohl auch andere Güter sehr interessant gestaltet sein können.

Tabelle 1.2: Typische Industriegüter („Konsum"-Industriegüter und Investitionsgüter)

Energie und Energieerzeugung, natürliche Rohstoffe	Erdgas, Erdöl, Kohle, Strom, Gas, Uranisotope, Dampf, Wasser Turbinen, Kernkraftreaktoren, Trans- formatoren, Solarzellen, - generatoren, Windkraft-Anlagen, Brennstoffzellen Erze, Mineralien, Fette, Öle, Kautschuk
Chemie	Grund- und Spezialchemikalien (Kap.8)
Polymerchemie	Polymergranulate, Fasern, Kunstharze/ Lacke/ Beschichtungen, Kunststoffe, Rohre, Profile, Elastomere, Dichtungs-mittel, Teile, Klebstoffe, Hilfsstoffe /Verdickungsmittel, polymere Spezialchemikalien
Maschinenbau, Metalle (Fe, Cu, Ni, Co, Zn, Pb, Sn, Ti, Mo, W, Na, Mg, Al, Ca...)	Maschinen & Apparate, Motoren, Fahrzeuge, Anlagen, Hallen, Werkzeuge, Container, Medizintechnik, Träger, Rohre, Legierungen, Chemikalien
Elektroindustrie, Elektronik	Automatisierungssysteme, Mess- und Regeltechnik, Motoren, Kabel, Leitungen, Schalter, Transformatoren, Gleichrichter, Beleuchtungskörper, Analysengeräte, Chips, Prozessoren, Sensoren, DVD´s, Massenspeicher
Bauindustrie	Beton, Asphalt, Zement, Kalk, Gips, Glas, Keramik, Holz, Metalle
Lebensmittel	Fleischliche und pflanzliche Rohstoffe, wie Roh-Kaffee, -Milch, Enzyme, Zuckerkonzentrat, Getreide
Getränke	Malz, Gerste, Hefe, Früchte, Aromastoffe, Enzyme
Holz	Bretter, Stützen, Möbel, Cellulose, Papier,

a) b)

Abbildung 1.12: Beispiele für Investitionen von Privatpersonen; Historisches Stadthaus und modernes Fertighaus
a) Batlló-Haus 1904-1906, A. Gaudí / Barcelona (Quelle: dourish); Fertighaus (Quelle: massivplus)

Abbildung 1.12 Fortsetzung: Beispiele für Investitionen von Privatpersonen; Individuelle Luxushäuser
(Quelle: Langenhagen Hausbau; *Das Architektenhaus*)

a) b) c) d)

Abbildung 1.12 Fortsetzung: Beispiele für Investitionen von Privatpersonen; Antike Taschen- und Armbanduhren
a) Music and automata 1770-1850; b) Taschenuhr 1839-1851; c) Komplexe Taschenuhr 1851-1989; d) Komplexe Armbanduhr 1925-1989
(Quelle: The *Patek Philippe* Museum)

Abbildung 1.12 Fortsetzung: Beispiele für Investitionen von Privatpersonen; Moderne Luxusarmbanduhren für Damen und Herren (Quellen: *Patek Philippe, Wempe*)

a) b) c) d)

Abbildung 1.12 Fortsetzung: Beispiele für Investitionen von Privatpersonen; Historische Uhren (Quelle: thecolletor, Levin, Lübeck)
a) Grandfather Clock, Xaveri Liebherr á Immenstadt (ca. 1780); b) Dutch Longcase Clock, Paulus Bramer, Amsterdam (ca. 1730); c) Bracket Clock, Dimmer Southsea (ca. 1880); d) Pocket Watch Poitevin, Paris (1894)

a) b) c)

Abbildung 1.12 Fortsetzung: Beispiele für Investitionen von Privatpersonen; Antiquitäten (Quelle: Mueller-Kunsthandel)
a) Damen-Sekretär Eiche 1770-90; Fr. Gottl. Hoffmann/Leipzig; b) Barock Kommode norddeutsch um 1750; c) Nussbaum Eckhängeschrank um 1870

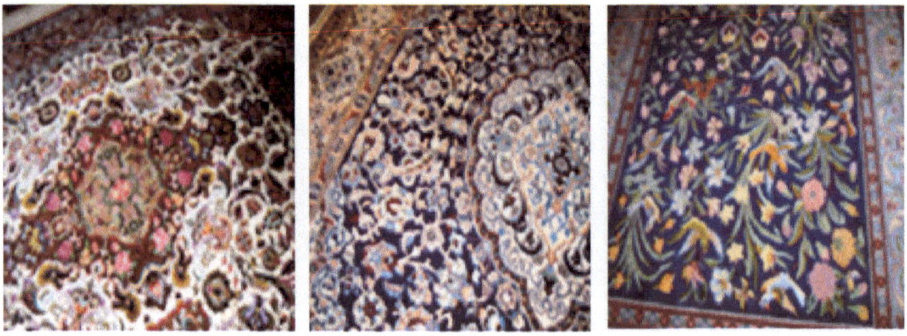

Abbildung 1.12 Fortsetzung: Beispiele für Investitionen von Privatpersonen; Teppiche

a)

b) c)

Abbildung 1.12 Fortsetzung: Beispiele für Investitionen von Privatpersonen; Traumauto und Oldtimer (Quelle: Oldtimer-Galerie.de)
a) Ferrari 250 GT Pinin Farina 1959; b) Citroen B2 1927; c) Porsche 356 B 1963

Unternehmen errichten Verwaltungs-, Labor- und Technikums- sowie Produktions- und Lagergebäude, Studios und Hallen, kaufen für die Fertigung zahlreiche Maschinen und Apparate und investieren in die Infrastruktur sowie in die Logistik. Bei den Industriegütern (z.B. Fabriken, Gewerbebetrieben, Bahnhöfen, Schienenwegen, Umschlagzentren, Transportmitteln) wird das Design auf einem Rechner (CAD) entwickelt und das Produkt in einer 3 D - Animation incl. Aufstellung optimiert. Anschließend erfolgt in geeigneten Fällen der Bau eines Modells, beispielsweise standardmäßig in der Automobilindustrie, für größere Bebauungen oder für komplexe Anlagen. Typische Investitionsgüter, die sich von den Konsum- und „konsum-ähnlichen" Industriegütern durch den Wert und den genutzten Zeitraum (> 5 Jahre) unterscheiden, sind der **Tab. 1.3** zu entnehmen.

Tabelle 1.3: Investitionsgüter (Beispiele)

Privatpersonen	Industrie
Haus (Wohn- / Ferienhaus, Grundstück / Eigentumswohnung) Möbel (Massivholzschränke / Echtholztüren / Schreibtische) Schmuck (Uhren / Armbänder / Ringe / Ketten / Ohrstecker / Anhänger / Broschen) Gemälde (alte Meister / moderne Kunst) Skulpturen (Bronze / Holz / Guss / Stahl) Silber / Porzellane Antiquitäten Fahrzeuge / Oldtimer Echte Teppiche Münzen / Briefmarken Sportgeräte / Wohnmobile	Gebäude (Wohn-, Büro-, Hoch-, Geschäfts-, Kranken- und Parkhäuser / Hotels / Sportstätten, Produktionsgebäude) Anlagen (Chemie / Kosmetik / Lebensmittel / Pharmazie / Maschinenbau / Energieversorgung/ Metallurgie / Automobile / Telekommunikation) Fahrzeuge (Gabelstapler / Hebebühnen/ Aufzüge / Löschfahrzeuge) Transportmittel (Bahn / Bus / Flugzeug / LKW / Schiff) Speicher/Hochregallager/Zwischenlager Airport, Bahnhof, Hafen Läden (Kaufhaus / Super- und Mediamarkt / Geschäft/ Einkaufspassagen) Gastronomie (Kneipe /Lokal / Restaurant) Verkaufshallen/Werkstätten/Tankstellen

In Großstädten mit knappem Baugrund im Zentrum werden vermehrt Hochhäuser errichtet, die in einigen Fällen eine attraktive Gestaltung mit einer Vielzahl von Funktionen und Nutzen verbinden. Ihre Anzahl nimmt permanent zu, insbesondere in den Großstädten mit Weltbedeutung und in den bedeutenden wirtschaftlichen Zentren. Interessante Beispiele von Hochhausgestaltungen aus Düsseldorf und Frankfurt sind in der **Abb. 1.13** dargestellt.

a)

b)

Abbildung 1.13: Modernes Häuserdesign im Kunst- und Medienzentrum, Rheinhafen in Düsseldorf;

a) Neuer Zollhof 1-3, Designarchitekt Frank Gehry, USA, 1998/99; b) rechtes Haus: Ingenhoven Overdiek, D; 2002; linkes Hochhaus: Colorium, 62 m, William Alsop, GB; 2001

c) d)

e)

Abbildung 1.13 (Fortsetzung)**:** Hochhäuser in Düsseldorf
c) *ThyssenKrupp,* 1960; d) 108 m- Turm der *Victoria*- Versicherungen; ca. 1998 (Architekten: Hentrich/ Petschnigg); e) GAP 15; 2005 (Architekt: JSK) und LVA

Da das Design (=Ästhetik, Image) in der Kombination mit der Funktion (=Nutzen, Produktleistung) für alle Produkte von Bedeutung ist, kann es sich bei dem zu gestaltenden Produkt beispielsweise um ein medizinisches Diagnosegerät, einen Mischer, ein Fahrzeug, einen Gebäudekomplex, eine Klimaanlage, ein Werkzeug oder um ein Möbelstück handeln.

Abbildung 1.13 (Fortsetzung): Design von Hochhäusern; Messeturm in Frankfurt, 257 m, 1990; Architekten: Murphy/Jahn

Wichtig ist die Abstimmung des Designs einerseits mit der Funktion und andererseits mit der Umgebung. Beispielweise sollte die komplette Büroeinrichtung, bestehend aus Schreibtisch, Stuhl, Lampe, Bildern, Teppich, Pflanzen, und Telefonanlage, in Farben und Materialien zueinander passen und ein harmonisches Gesamtbild abgeben. Ähnliches gilt für die Architektur von Häusern und Grünanlagen. Im optimalen Fall passen alle neuen Gebäude harmonisch in die bebaute Umgebung und fügen sich in die Landschaft ein. In einer Wandrandlage ist eine andere Gestaltung gefragt als in einer Innenstadtlage, auf dem Berg anders als im Tal.

Für die moderne Ästhetik im Inneren von Gebäuden ist in **Abb. 1.14** ein Bürogebäude wiedergegeben, das quadratisch mit großzügigem Innenhof als Kommunikationszentrum aufgebaut ist. Eine gläserne Überdachung stellt die Nutzung des Hofes bei jedem Wetter sicher.

Abbildung 1.14: Modernes Bürogebäude mit glasüberdachtem Innenhof; (*Henkel*, Düsseldorf; Architekten: BMP, Düsseldorf; Beucker, Maschlanka & Partner)

Ein weiteres Beispiel für moderne Architektur stellen Überdachungen, wie in **Abb. 1.15** gezeigt, oder Hallenkonstruktionen dar.

Abbildung 1.15: Überdachung des Stadtplatzes in Cottbus mit einer textilen PVC- Außenhaut (Quelle: *Koch Membranen* GmbH, Kunststofftechnologie)

Auf Tragwerken und Stützen werden textile Materialien und Folien gespannt, die dem Sicherheitsstandard und der Bauordnung entsprechen. Die Bauwerke mit textiler Außenhaut lassen sich beliebig in Form und Farbe gestalten.

Im Kontrast dazu steht die eher konservative Gestaltung eines Spitzenrestaurants (**Abb. 1.16**) mit viel Holz und gemütlicher Atmosphäre.

Abbildung 1.16: Schwarzwaldstube
(Quelle: Hotel *Traube*; Baiersbronn-Tonbach)

Auch Parks und Gärten werden gestaltet. Das Design eines angelegten Schlossparks kann der **Abb. 1.17** entnommen werden.

Abbildung 1.17: Park – und Gartendesign; Schlosspark Benrath/ Düsseldorf

In der modernen Architektur werden als Materialien Edelstahl und Holz, Legierungen, Stein, Beton, Schiefer, Putze, Ziegel, Glas, Marmor, Granit, Aluminium, Keramik, Porzellan, Textilien und Leder sowie Kunststoffe eingesetzt. Die Stoffe unterliegen einer Bearbeitung, die neben Herstellung der Funktion durchaus auch künstlerisch in Art und Farbe ausfallen kann. Neben dem Material und seiner Form ist die Art der Bearbeitung von Oberflächen entscheidend für die Qualität der Gegenstände. Die Oberflächen sollten sich angenehm anfühlen (Haptik). Hierfür erfolgt an vielen Materialien, wie am Holz, Stein, Marmor und Edelstahl, ein Feinschliff.

Im Bereich des Industriedesigns werden viele Entwürfe künstlerisch gestaltet. Diese Art der Gestaltung beruht auf der zeitlosen, eleganten Form, die meist auffällig ist und den Gebrauchnutzen mit der Ästhetik ideal verbindet. Einige Künstler haben sich beispielsweise um die optimale Gestaltung von Möbeln bemüht, insbesondere von Stühlen, Sesseln und Sofas oder Pult-Sitzkombinationen. Aber auch für Lastkraftwagen (siehe **Abb. 1.18**) oder für Container-Frachtschiffe, wie die Entwürfe von L. Colani zeigen, wurden zukunftweisende, künstlerische Konzepte entworfen.

Abbildung 1.18: LKW im Colani-Design
(Quelle: Fa. *SATA*)

Es gibt eine Anzahl von Hochschulinstituten (überwiegend FH), die das Entwickeln eines Designs und seiner grafischen Darstellung (Gebrauchs- und Industriegüter) lehren. Einige Beratungsfirmen haben sich auf das Produktdesign spezialisiert. Ihre Referenzen beziehen sich überwiegend auf das Design von Industriegütern. Für chemische Produkte gibt es dagegen noch keine Unterstützung durch Beratungsunternehmen.

2. Produkt- / Herstellermarken und Strategien

Nach dem Markengesetz (MarkenG) ist die Marke ein Zeichen zur Unterscheidung von Waren und Dienstleistungen verschiedener Unternehmen (Herkunftsfunktion). Die Marke ist auch unter dem Begriff „Warenzeichen" bekannt. Der ältere Begriff des Warenzeichens wurde 1995 im Verlauf einer Markenrechtsreform durch die „Marke" ersetzt. Trotzdem sind beide Begriffe in der Literatur weiterhin gebräuchlich. Amtlich registrierte Marken (Registermarke, § 4 Nr. 1 MarkenG) werden mit einem ® gekennzeichnet, während nicht eingetragene Marken häufig mit der Bezeichnung ™ für Trademark (Handelsmarke) versehen werden. Zur Vereinfachung werden Markennamen im Folgenden stets in *kursiver Schrift* dargestellt.

Eine Herkunftsbezeichnung wie „*Made in Germany*" wurde ursprünglich nicht als Qualitätssymbol eingeführt, sondern sollte britische Waren vor den als minderwertig geltenden deutschen Produkten schützen. Durch hochwertige Maschinen, Apparate und Fahrzeuge erreichte die Markierung den gegenteiligen Effekt und wurde über viele Jahre zum verkaufsfördernden Symbol für Qualität.

Das deutsche Patent- und Markenamt kennt eine Vielzahl von Marken. Hier werden nur die im täglichen Leben auffälligen

- Wort-
- Bild- und
- Bild-/Wortmarken
- (Hologramme)
- dreidimensionale Gestaltungen (Form,Verpackung)
- Farben und Farbzusammenstellungen

diskutiert, insbesondere die durch Eintragung in das Markenregister des Deutschen Patent- und Markenamtes (DPMA) in München geschützten Marken ®. Eine Marke kann auch durch Benutzung entstehen, wenn die Ware oder Dienstleistung Verkehrsgeltung erworben hat und einem Hersteller zugeordnet wird (Benutzungsmarke, § 4 Nr.2 MarkenG). Ferner kann durch notorische Bekanntheit (Notorietätsmarke § 4 Nr. 3 MarkenG) ein Markenschutz entstehen.

(Die Informationen wurden dem Wikipedia/ Warenzeichen mit Stand vom 16.2.2006 entnommen.)

2.1 Einsatz von Marken für Gebrauchs- und Verbrauchsprodukte

Hochwertige Konsumgüter aber auch Investitionsgüter werden oftmals unter einem Marken- oder einem markenadequaten (Künstler-) Namen vertrieben. Der Kunde kauft nicht ein Bild, sondern einen *Andy Warhol*, nicht eine Uhr, sondern eine *Rolex,* nicht ein Auto, sondern einen *Golf*, kein einfaches Waschmittel, sondern *Persil.* Die Marke, bekannt gemacht über das Radio und den Fernseher, über die Printmedien und Werbeplakate, steht für drei verschiedene Funktionen:

- **Marke als gewerbliches Schutzrecht.**

Das Unternehmen meldet eine Wort- oder eine Bildmarke oder ihre Kombination für das Produkt/ die Produkte (Hersteller-, Dienstleistungs- oder Handelsmarke) in Deutschland beim Deutschen Patent- und Markenamt in München an. Diese wird in das Markenregister eingetragen. Die Marken dürfen keine allgemein gebräuchlichen Begriffe, wie Weizenbier, sondern sollen phantasievolle Begriffe sein (wie *Liquits* für portionierte Flüssigwaschmittel). Die Marke darf nach Erteilung exklusiv genutzt werden. Entgegenhaltungen oder Einwände können Inhaber von Marken mit älterem Zeitrang (meist Mitwettbewerber) innerhalb von 3 Monaten beim Deutschen Patent- und Markenamt nach der Veröffentlichung erheben. Nach dem Madrider Markenabkommen und Madrider Protokoll (MMA und PMMA) können nationale Marken international angemeldet (IR-Marke) werden. Der Schutz in den Mitgliedstaaten wird nach deren nationalen Gesetzen gewährt. Das Recht verfällt nach 10 Jahren, kann durch Zahlung von Gebühren beliebig verlängert werden.

Um einen europaweiten Vertrieb von Markenwaren/Dienstleistungen ohne Rücksicht auf Grenzen zu ermöglichen, hat der Rat der EU die Verordnung EG Nr.40/94 vom 20.12.1993 erlassen, die erstmals ein europäisches Markenrecht einführt. Seit Januar 1996 ist es möglich, Gemeinschaftsmarken bei dem Harmonisierungsamt (HABM) mit Sitz in Alicante nunmehr für alle 25 Staaten der EU als Gemeinschaftsmarke anzumelden. Auch hier gilt, dass die Marke eine phantasievolle Bezeichnung sein muss. Vorteil der Gemeinschaftsmarke ist, dass sie bei Schutzgewährung in nur einem Verfahren in allen 25 Mitgliedsstaaten gilt und nur in einem EU-Land benutzt werden muss, um bei der Verteidigung den erforderlichen Benutzungszwang zu erfüllen. Nachteil ist, dass ein gerechtfertigter Einwand aus einem Land der EU, der auch innerhalb von 3 Monaten nach Veröffentlichung eingereicht werden muss, die gesamte EU-Marke zunächst zu Fall bringt. Auch die Gemeinschaftsmarke kann gegen Gebühr beliebig verlängert werden.

- **Marke als Kennzeichen für ein Produkt** („markiertes Produkt") **oder für eine Produktlinie.**

Durch die Markierung wird das Produkt hervorgehoben (Produktmarke). Die Vorzüge des Produktes, vermittelt über die Werbung, lassen sich regional, national, kontinental oder weltweit bekannt machen. Der Name des Herstellers bleibt meist im Hintergrund oder erscheint gar nicht. Setzt sich der Markenname des Produktes über Jahre hinweg national oder europa-/weltweit durch, kann er für eine ganze Produktkategorie stehen, wie z.B. Walkman für tragbare Kassettenrekorder. Das birgt aber die Gefahr, dass solche Marken ihren Status als eingetragene Marken verlieren können. Der Österreichische Oberste Gerichtshof hat 2002 entschieden, dass „Walkman" in Österreich ein gebräuchlicher Begriff und damit aus dieser Marke eine Gattungsbezeichnung geworden ist (OHG, 29.01.2002,4 Ob 269/01i-Sony Walkman II)

Beispiele für bekannte Produkte mit einer Produkt- und/oder Herstellermarke befinden sich in **Abb. 2.1.**

a) b) c) d) e)

a) *Aspirin* von Bayer; b) *Coca Cola*; c) *Nescafé* von Nestlé; d) *Backin* von Dr. Oetker; e) *Persil* von Henkel

f) g) h) i)

f) *Marlboro* von Philip Morris; g) Tesafilm von *tesa;* h) *Apple* Computer IMAC G 5; i) *BMW 330 d*

j) k) l) m)

j) *Perrier* von *Nestlé*; k) Mini-Pralinen von *Lindt;* l) *Rotkäppchen*-Sekt; m) *Nokia* Communicator 9210i

Modernes Wohnzimmerdesign (Quelle: *Hülsta*)

Abbildung 2.1: Bekannte Markenprodukte

- **Herstellersymbole als Marke;**

  das geschützte Symbol steht im Vordergrund und soll zum einen die Kunden bereits aus der Ferne auf die Produkte (**Abb. 2.2**) aufmerksam machen, z. B. auf die *Shell*-Tankstelle oder auf eine *McDonald's* Gaststätte bzw. auf eine Firma (Kreuz von *Bayer*). Zum anderen unterstützen die Symbole den Herstellermarkennamen, wie die vier Ringe von *Audi,* die Emily von *Rolls-Royce*, der Kranich bei der *Lufthansa*, die Schachfigur (Springer) vom *Springer*-Verlag, das T von *Toyota,* die Harfe bei *Steinway & Sons*, und fördern die Erinnerung und die Zuordnung.

Abbildung 2.2: Markensymbole
McDonald's, Shell, mg technologies (früher Metallgesellschaft), *ThyssenKrupp, BP, General Electric, Telekom, Peugeot, General Motors, Königliche Porzellanmanufaktur, O_2 Genion, Porsche, Unilever, ARD- Fernsehen, Ferrari*

- **Herstellername als Marke.**

Einerseits nutzen viele Unternehmen ihren Firmennamen als Marke, weil sie mit einem Produkt bekannt geworden sind oder weil sie eine solche Vielfalt produzieren, die sich mit Produktmarken nicht mehr abdecken lässt. So gibt es eine große Anzahl an Herstellermarken. Der Name des Herstellers steht bei allen Produkten im Vordergrund (Beispiel: *L'Oréal, Colgate*). In einigen Fällen symbolisiert der Firmenname eine ganze Produktkategorie; Beispiele hierfür sind die Firmen *Miele* für Waschmaschinen, *Melitta* für Kaffeefilter, *Dr. Oetker* für Backpulver, *BMW* für sportliche Fahrzeuge, *Sony* für Audiogeräte, *Nokia* für Handys, *Thyssen* für Stahl, *Airbus* für europäische Flugzeuge, *Ikea* für preiswerte Möbel, *IBM* für große Rechneranlagen, *Shell* für Kraft- und Schmierstoffe, *McDonald's* für Fast Food, *Nike* für Sportbekleidung, *Kärcher* für Hochdruckreiniger.

Der farbig angelegte Firmenname wird häufig durch ein Bild oder Symbol ergänzt, um die Unverwechselbarkeit zu gewährleisten. In einigen Fällen unterstreicht zusätzlich ein Leitspruch das Logo. Beispiele hierfür können der **Abb. 2.3** entnommen werden.

Abbildung 2.3: Name des Herstellers und eines Symbols / Spruchs als Marke (geschütztes Firmenlogo)

Firmenlogos, die mit einfachen, in der Werbung ständig wiederholten Claims ausgestattet werden, lassen sich leichter merken und enthalten zusätzlich eine positive Botschaft, wie *Audi*- Vorsprung durch Technik, *BMW*- Freude am Fahren, *Toyota*- Nichts ist unmöglich. Die Botschaft wird nach einiger Zeit der Marke zugeschrieben, insbesondere bei „high interest"- Produkten (wie Autos). Einige Firmenlogos sind sehr prägnant, wie *Harley-Davidson*, andere auffällig und modern (*Ebay; TUI*) oder werden mit einem zusätzlichen Schriftzug versehen (*Henkel, Metro, Dow*). Einige Firmenlogos sind ohne zusätzlichen Schriftzug in **Abb. 2.4** dargestellt.

Abbildung 2.4: Firmenschriftzüge als geschützte Marken

2.2 Markenstrategien der Unternehmen

Die Unternehmen verfolgen verschiedene Markenstrategien. Es gibt drei übliche Strategien, nämlich gemäß **Abb. 2.5** die **Dach** – und **Einzelmarken-** sowie die **Mehrmarkenstrategie**. Die Dachmarkenstrategie unterteilt sich in die **Hersteller-** und/ oder in die **Produktmarke.** Unter jeder Strategie lassen sich einzelne Produkte bzw. Produktlinien und Produktfamilien aufbauen. Bei vielen Unternehmen herrscht eine dieser Strategien vor, andere mischen diese je nach Produkttyp und Marktlage. Ab und zu nutzt der Konzern eine andere Strategie als die Töchter. Dies lässt sich am Beispiel der Automobilindustrie (nur Personenwagen) demonstrieren: Der Volkswagen- Konzern führt sieben Marken (Mehrmarkenstrategie), wobei *Audi* (A 3, A 4, A 6, A 8) nach einer Dachmarkenstrategie arbeitet, während *VW* (*Lupo, Polo, Golf*, usw.) und *Skoda* (*Fabia, Octavia, Superb*) Einzelmarken bzw. ein Gemisch aus beiden („Doppelmarke"; Hersteller- und Produktmarke) bevorzugen. Ähnlich bei *DaimlerChrysler* mit insgesamt sechs Marken: Dachmarkenstrategie bei *Smart* und *Mercedes-Benz*, Einzelmarken bei Chrysler (*Crossfire, Voyager, PT Cruiser;* Ausnahme: die 300 C-Serie). *Porsche* nutzt auch den Mix von Dach- mit Einzelmarke (*911*-Reihe, *Boxster, Chayenne, Cayman*). Nur *BMW* bleibt weitgehend konsequent bei der Dachmarkenstrategie.

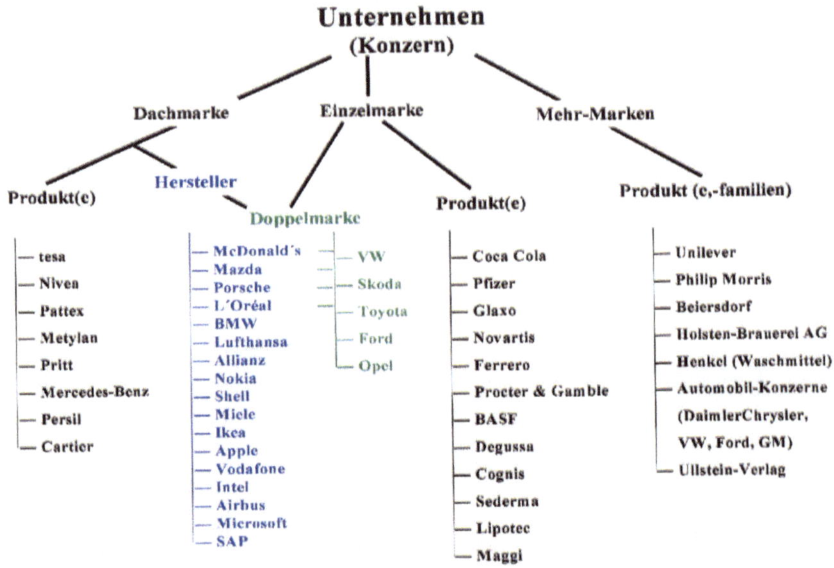

Abbildung 2.5: Markenstrategien verschiedener Unternehmen

2.2.1 Dachmarkenstrategie mit dem Unternehmensnamen

Die einzelnen Strategien sollen an Hand von Beispielen näher erläutert werden. Die erste Strategie stellt die Führung einer **Dachmarke** dar, wobei die Marke aus dem Namen und der Schreibweise des Unternehmensnamen besteht. Alle Produkte des Unternehmens werden unter diesem Namen geführt und in den Markt gebracht (Herstellermarke). Beispiele lassen sich in allen Bereichen finden, wie *Miele* und *Nokia, Shell* und *SAP* sowie *Airbus* (EADS, siehe **Tab. 2.1**) und *Vodafone,* ferner *L'Oréal* und *Burger King.* Überwiegend Dachmarken in der Automobilbranche sind *Audi, Smart* und *BMW*, im Computerbereich *Apple* und *Microsoft,* bei Kopiergeräten *Xerox* und bei Möbeln *Ikea* und *Hülsta* sowie bei Reifen *Continental* und *Michelin.* Das Arbeiten mit Dachmarken ist auch im Dienstleistungssektor üblich, zum Beispiel im Versicherungsbereich bei der *Allianz*, im Bankensektor die *Deutsche Bank* oder bei Fonds die *DWS,* im Luftverkehr die *Lufthansa* und in der Telekommunikation die *Telekom.*

Tabelle 2.1: *Airbus* im *EADS*- Konzern als Dachmarke für Passagierflugzeuge (vier „*Airbus*-Familien“, abgebildet ist der *Airbus* A 380)

Airbus	***EADS***
A 300 /A 310	*Airbus*
A 320/ A 318/ A 319/ A 321	*Eurocopter*
A 330/ A 340/ A 350	*Eurofighter*
A 380	A 400 M
	Meteor
	Galileo
	Ariane

Familienunternehmen nutzen gern die (Hersteller-) Dachmarkenstrategie. Ein Beispiel hierfür stellt die Fa. *Ritter Sport* dar, die ihre Schokolade (Werbeslogan: quadratisch, praktisch, gut) über eine andere Form in vielerlei Geschmacksrichtungen und drei Formaten (Normal, mini und Würfel) vermarktet. Sie gibt es in einigen Varianten auch als Diät-Schokolade (**Abb. 2.6**). Folgende Geschmacksrichtungen sind erhältlich (es kommen jedes Jahr neue hinzu): Pfefferminz, Voll-Nuss, Weiße Voll-Nuss, Rum-Trauben-Nuss, Joghurt, Marzipan, Cocas, Vollmilch, Knusperflakes, Trauben-Nuss, Halbbitter, Cappuccino, Alpenmilch, Ganze Mandel, Nugat, Kakaocreme, Dunkle Voll-Nuss und Knusperkeks, insgesamt 18 Varianten unter einer Marke („Schokoladen-Familie").

Abbildung 2.6: Dachmarken-Familienstrategie für Schokolade (Quelle: Fa. *Ritter Sport*)

Innenausstattungen für Küche / Bad sowie Gebrauchsgegenstände für das Essen und Trinken sowie für die Gemütlichkeit stellt die Fa. *Villeroy & Boch* her; ein Traditionsunternehmen, das heute als Aktiengesellschaft geführt wird. Wegen der Vielzahl an Artikeln, eine kleine Auswahl ist in **Abb. 2.7** dargestellt, eignet sich hier eigentlich nur die Dachmarkenstrategie mit dem Firmennamen als Marke. Der Firmenname ist bekannt und steht für hochwertige Produkte. Die Firma produziert neben Porzellanen, Kristallwaren und Bestecken auch keramische Fliesen für den Innen- und Außenbereich, insbesondere die Ausstattungen für Küche und Bad. Die Markenphilosophie (Zitat) lautet: „Eigenschaften wie Glaubwürdigkeit, Qualität, Image, Kompetenz, Eleganz, Harmonie, Design und Lifestyle, dazu Internationalität, Innovation und Tradition charakterisieren die Marke *Villeroy & Boch*".

Abbildung 2.7: Dachmarkenstrategie bei *Villeroy & Boch;* Services und Gläser

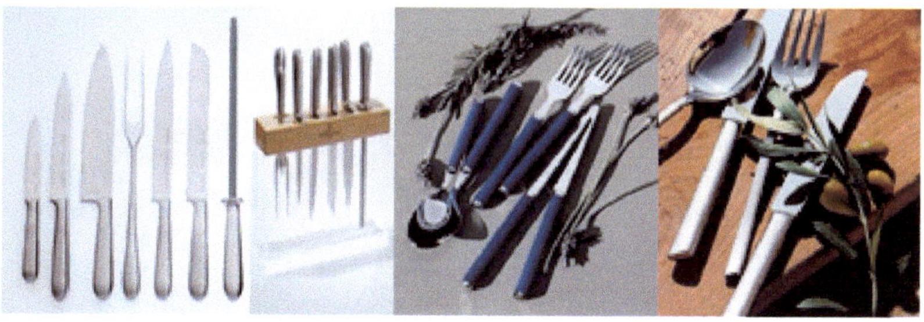

Abbildung 2.7 (Fortsetzung)**:** Dachmarkenstrategie bei *Villeroy & Boch;* Bestecke

Abbildung 2.7 (Fortsetzung): Dachmarkenstrategie bei *Villeroy & Boch;* Einrichtungen im Bad und im Wohnbereich (Quelle: Fa. *Villeroy & Boch*)

Ein völlig anderes Beispiel stammt aus einem Teil des Luxussegments für Armbanduhren: die Manufaktur (seit 1755) „*Vacheron Constantin*“ stellt z.Zt. für Damen und Herren folgende elegante Armbanduhren her: *Malte, Overseas, Kalla, Royal Eagle, Egérie, 1972* und *Patrimony* (eine Firma, sieben Marken im engen Segment). Für jede Marke gibt es Ausführungen, die sich im Zifferblatt, im Metall oder im Armband, in einigen Fällen auch im Gehäusedesign, unterscheiden.

Vergleichbar arbeiten alle Uhrenhersteller im Luxussegment (*Audemars Piguet, Patek Philippe, Cartier, Lange & Söhne, IWC*). Da bei diesen Manufakturen der Firmenname als Marke verstanden wird und nicht der Name des einzelnen Produktes, sollte auch hier von einer Dachmarkenstratregie gesprochen werden, obwohl formal eine Mehrmarkenstrategie vorliegt. Ein Beispiel ist in **Abb. 2.8** dargestellt. Während die Fa. *Cartièr* als Marke für Luxusuhren (keine Manufaktur, gehört zu *Richemont* wie auch *IWC* und *A. Lange & Söhne*) weltweit bekannt ist, sind die einzelnen Uhrennamen nur wenigen Fachleuten geläufig.

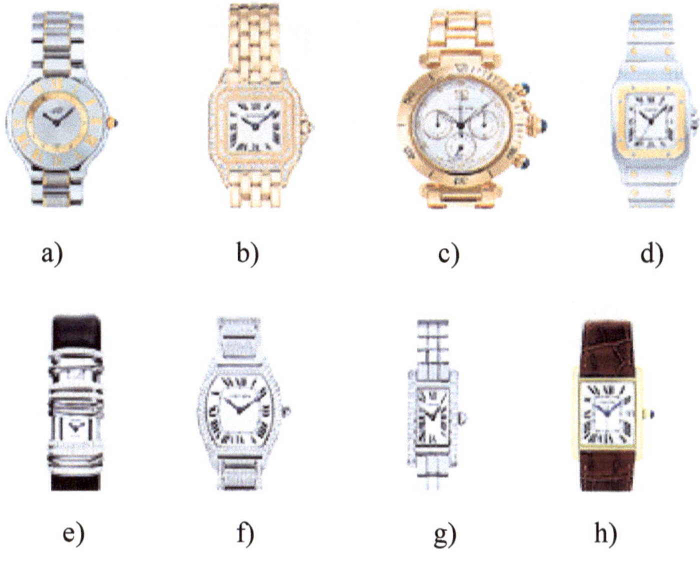

Abbildung 2.8: „Dachmarkenstrategie“ bei Armbanduhren am Beispiel der Damenuhren von *Cartièr* (Quelle: *Wempe*)
a) *Must 21;* b) *Panthère;* c) *Pasha;* d) *Santos;* e) *Tortue;* f) *Déclaration;* g) *Lanières;* h) *Louis Cartier*

Als Beispiel für eine auch optisch gelungene Dachmarkenstrategie im Automobilsektor sind im **Abb. 2.9** einige *Smart*- Automobile dargestellt. Der Mutterkonzern *DaimlerChrysler* arbeitet nach der Mehrmarkenstrategie, deren Töchter nach dem Dach- und Einzel- sowie Produktmarkenkonzept. Einige Konzerne lassen den Töchtern die Möglichkeit, ihre Produkte mit einer für sie günstigen Strategie zu vermarkten, die von der Konzernstrategie abweichen kann. Oder die Töchter waren früher selbständig und entwickelten ihre eigenen, erfolgreichen Strategien, mit der weiter gearbeitet wird.

Abbildung 2.9: Dachmarkenstrategie in der Automobilindustrie am Beispiel von *Smart* (Quelle: *Smart*)

Smart verfügt über eine Marke, fünf Linien mit insgesamt 16 unterscheidbaren Fahrzeugen (Mai/2005) und betont vorbildlich das Familien-Design. Bei allen Fahrzeugen ist auch von der Seite die Betonung des Schwellers und der B/C – Säule erkennbar. Dies stellt ein Beispiel für eine Familienstrategie aus dem Automobilbereich dar. Marke und Design bilden eine Einheit, die Autos werden sofort erkannt und richtig zugeordnet.

Die japanische Firma *Casio* ist im high-tec Bereich tätig, arbeitet mit dem Hersteller-Dachmarkenkonzept und versteht sich als Hersteller von bezahlbarer Spitzentechnologie. Unter der Marke *Casio* werden funkgesteuerte Armbanduhren, Musikinstrumente, Digitalkameras, Pocket Viewer, Rechner, elektronische Wörterbücher, Projektoren, mobile Datenerfassungs- und Kassensysteme sowie Printer und Mini TV-Anlagen produziert und weltweit vertrieben.

2.2.2 Dachmarkenstrategie unter einem Produktnamen

Das bekannteste (Lehr-) Beispiel für eine Dachmarkenstrategie unter einem Produktnamen stellt „*Nivea*" dar. Das Produkt ist als überall erhältliche Universal-/ Pflegecreme in der blauen Blechdose mit der weißen Schrift seit Jahrzehnten beliebt und bekannt. Unter der Marke „Nivea" wurden im Laufe der Zeit komplette Kosmetiklinien aufgebaut. Neben der Universalcreme gibt es Gesichtscreme, Nachtcreme, Hautmilch, Lotionen, Anti-Aging Serien (*Multi Talent, Perfect Contour*), Baby-Pflege, dekorative Kosmetik (ca. 40 Produkte), Haarpflege und –Styling (ca. 75 Produkte), Sonnenpflege (knapp 40 Produkte), Dusch- und Schaumbad (rd. 50 Varianten) und Männerpflege (Gesichtsreinigung, Rasierwasser, After Shave, Gesichtscreme). Abgeschätzt existieren rund 250 Pflegeprodukte unter dem Produktnamen „*Nivea*". Beispiele sind in **Abb. 2.10** aufgeführt.

Allen Produkten ist gemeinsam, dass zum einen auf der Verpackung ein nivea-blaues Feld existiert mit dem weißen, genormten Schriftzug der Marke und dass sie zum anderen in die Bereiche Haut und Haar gehören.

NIVEA VISAGE
AUGEN MAKE-UP ENTFERNER LOTION
YOUNG
AQUA BEAUTY
CREME OPTIMALE 3
NEW SKIN

Abbildung 2.10: Produktdachmarke „*Nivea*"
(Quelle: *Nivea/BDF*)

Es ist erstaunlich, dass sich die Marke ohne Verluste an Glaubwürdigkeit so breit aufstellen ließ (Lehrbeispiel für Markenübertragungen bei der Dachmarkenstrategie). Auch die Verpackung, normalerweise für die Markenidentität sehr ähnlich gestaltet, variiert bei dem Nivea-Sortiment beachtlich.

Eine beispielhafte Umsetzung ist im Klebstoffbereich mit der Marke *Pattex* (Fa. *Henkel*) gelungen. Die entsprechenden Produkte sind in **Abb. 2.11** zu sehen. Jedes Produkt steht für vier bis sechs Varianten (insgesamt ca. 50 Produkte), die nahezu jedes Klebeproblem abdecken. Daneben gibt es noch mehrere Varianten des Tapetenklebers *Metylan,* des Papierklebers *Pritt*-Stift und des Holzklebers *Ponal* (auch alles Produkt- Dachmarken).

Abbildung 2.11: Produktdachmarkenstrategie im Klebstoffbereich (*Pattex*, Quelle: Fa. *Henkel*)
oben: a) Kraftkleber classic; b) Haushaltskleber; c) Power Knete; Mitte: d) Zwei-Komponentenkleber; e) Blitz-Plastic-Kleber; f) Montage Kraft Kleber; unten: g) Sekundenkleber (Plastic); h) Heißkleber; i) Power Spray; unterst: j) Power Tape

Die Vielzahl von Produkten sowohl im Klebstoff- als auch im Kosmetikbereich kann allerdings zu einer Verunsicherung der Kunden führen. Da die Verbrauchermärkte und die Fachgeschäfte zum einen beraten und zum anderen eine Vorauswahl treffen, nämlich die meist nachgefragten Produkte ins Sortiment übernehmen, findet der Kunde spätestens nach Studium der Verpackungsaufschriften das für seinen Anwendungsfall geeignete Produkt.

Ein weiteres Beispiel für eine Produktdachmarke stellt *tesa* dar, ehemals Sparte der *Beiersdorf* AG, heute selbständig unter *tesa* AG und damit Produkt- und Herstellermarke in einem. Unter der Dachmarke sind 13 000 Produkte vereint, wie *tesa Film*, *tesa* Malerkrepp, Verlegeband und Powerstrips. Mikrochips können mit *tesa*'s Hitze aktivierbaren Folien fixiert werden. *Tesa* Klebebänder lassen sich beim Lackieren und Streichen nicht mehr wegdenken.

Die relativ kleine Firma Dr. Kurt Wolff, Bielefeld, vertreibt unter der Marke *„Alpecin"* medizinisch positionierte Haarpflegeprodukte. *Alpecin* stellt eine bekannte nationale Produktmarke dar.

2.2.3 Einzelmarkenstrategie

Neben den Dachmarkenstrategien gibt es weitere Möglichkeiten zur Markenführung. Einige Unternehmen arbeiten mit **Einzelmarken**: Jedes Produkt des Unternehmens stellt eine eigene Marke dar. Diese Vorgehensweise ist typisch für die Pharmaindustrie, wo jedes Medikament einen eigenen, geschützten Namen erhält (siehe auch Kap. 5.2), und für die Kosmetikindustrie (Kap. 5.3), in der die zentralen Wirkstoffe als Marken (früher Warenzeichen) angemeldet werden. Die chemische Industrie registriert Marken für ihre Spezialchemikalien (Kap. 5.2). Bei den eingetragenen Einzelmarken handelt es sich oft um (Phantasie-) Namen, evt. mit nachgestellter Nummer und/oder Buchstabenfolge.

Auch in der Nahrungsmittelindustrie gibt es einige Beispiele. Die Fa. *Ferrero* nutzt überwiegend diese Strategie und bietet unterschiedliche Produkte wie *Nutella, Duplo, Giotto* und *tic tac* sowie *Yogurette* mit jeweils eigenem Markennamen an. An diesem Beispiel lässt sich auch die Bedeutung des Produktdesigns incl. der Verpackung aufzeigen (**Abb. 2.12**). Die *Rocher*-Kugel wirkt wertvoll durch die Goldfolienumhüllung mit dem *Rocher*-Aufkleber, die *Raffaello*- und *Giottto*-Kugeln durch die außen aufgebrachten Raspeln. Form, Farbe und Geschmack sowie die attraktive Verpackung sind die wesentlichen Elemente zum Markterfolg.

Unter dem Obergriff „ *Kinder*“ werden verschiedene Schokoladenprodukte verkauft. Drei Beispiele können der **Abb. 2.13** (bueno, Überraschung, Riegel) entnommen werden.

Abbildung 2.12: Einzelmarkenstrategie bei Süßigkeiten/Nahrungsmitteln (Quelle: Fa. *Ferrero*)
a) *Rocher;* b) *Mon Chéri ;* c) *Ferrero Küsschen ;* d) *Raffaello ;*e) *Giotto*; f) *Yogurette*

Abbildung 2.13: Dachmarke „*Kinder +*“ von *Ferrero*
(Quelle: Fa. *Ferrero*)

Der Begriff ist unterdessen von *Ferrero* zu einer Dachmarke ausgebaut worden. Im *Kinder*-Angebot befinden sich: *Schokolade, Überraschung, Riegel, country, Schoko-Bons, Happy Hippo Cacao, pinguí, Maxi King* und *Chocofresh.*

Dieses Beispiel zeigt, dass ein Konzern auf der einen Seite konsequent die Einzelmarkenstrategie vertritt, auf der anderen Seite aber eine Dachmarkenstrategie nutzt. Die zu Grunde liegende Marketingidee, die ursprüngliche Zielgruppe *„Kinder"* zum Teil des Markennamens „*Kinder Schokolade*" zu machen und später damit eine Dachmarke zu etablieren, war erfolgreich. Die Produkte werden heute nicht nur von Kindern geschätzt, sondern auch von Erwachsenen gern konsumiert.

Auch der Coca Cola-Konzern setzt die Einzelmarkenstrategie auf dem Gebiet der Erfrischungsgetränke ein. Folgende Marken gehören zu Konzern: *Coca Cola, Fanta, Sprite, mezzo mix, Bonaqa, burn, Lift, Powerade, Minute Maid Selection, Kinley, NESTEA, Qoo* und *ípsei.* Die meisten dieser Marken wurden auch in Europa über die Werbung bekannt, allerdings meist nicht unter dem Absender *Coca Cola.*

Einzelmarken sind im Pharmabereich die Regel. Gleiches gilt für den rezeptfreien Gesundheitsbereich der Apotheke (Consumer HealthCare). *Bayer* verkauft neben den weltweit bekannten Varianten von *Aspirin* (Produktdachmarke; **Abb. 2.14**) beispielsweise Produkte wie *Talcid* gegen das Sodbrennen im Magen, *Alka Selzer* als Kopfschmerzmittel, *Aktren* als modernes Mittel gegen starke Schmerzen, *Canesten* gegen (Fuß-)Pilze und *Lanosil* gegen Verstauchungen und Prellungen.

Nach dem gleichen methodischen Ansatz der Einzelmarken arbeitet die Fa. *Maggi*, eine Tochtergesellschaft des *Nestlé*-Konzerns. Der Name des Mutterkonzerns taucht in der Produktwerbung nicht auf. Unter den vier Marken *Maggi, Thomy, Buitoni* und *Libby's* werden völlig unterschiedliche Produkte vermarktet. Unter *Maggi* die Würzen, Soßen und Suppen sowie Brühen, unter *Thomy* die Mayonnaisen und Remouladen, Senf und Meerrettich sowie Speiseöl und Tomatenmark. Über die Marke *Buitoni* verkauft das Unternehmen einerseits Pasta im klassischen und frischen Bereich sowie andererseits Saucen und Pizzen. *Libby's* steht für verschiedene Kaffeesahnen.

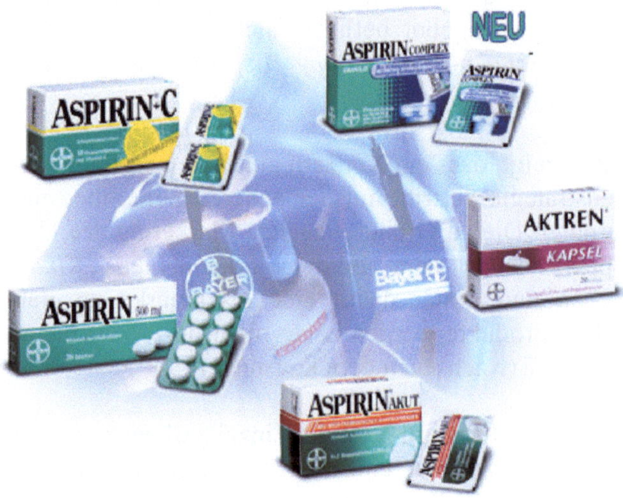

Abbildung 2.14: Rezeptfreie Medikamente der Firma *Bayer*, Einzelmarken und die Produktfamilie *„Aspirin"*
(Quelle: Fa. *Bayer AG*)

2.2.4 Mehrmarken- und Mehrmarkenfamilienstrategie

Die dritte Strategie stellt die **Mehrmarkenstrategie** dar. Bei konsequenter Anwendung wird in Konkurrenz zum eigenen Marktprodukt ein vergleichbares bzw. sehr ähnliches Produkt unter einer anderen Marke produziert und vermarktet. Das neue Produkt soll aber möglichst einen anderen Kundenkreis ansprechen und so zur Vergrößerung des eigenen Marktanteils führen. Durch diese Maßnahme lässt sich relativ einfach der Einfluss der Konkurrenz verringern. Ein perfektes Beispiel für eine reine Mehrmarkenstrategie zur Beherrschung des Margarinemarktes liefert die Fa. *Unilever*: *Rama, Flora Soft, SB, Sanella, Bonella, Du Darfst, Becel und Lätta* kommen aus einem Haus und sichern Unilever im Handel die (gesamte) Regalfläche für die Margarine.

In der Zigarettenindustrie sind lupenreine Mehrmarkenstrategien weltweit üblich. Jedes Unternehmen produziert und vermarktet mehrere, meist internationale Marken. *Philip Morris* stellt 18 Zigarettenvarianten (Geschmacksrichtungen) her, die beispielsweise unter den Handelsnamen *Marlboro*, *Benson & Hedges, Chesterfield, L&M* und *Players* im europäischen Markt zu kaufen sind.

Im Biermarkt bieten zahlreiche Brauereien mehrere Marken an, die sich in verschiedene Sorten, Geschmacksrichtungen und Preisschienen aufteilen lassen. Der gesamte deutsche Markt wird auf 5.000 verschiedene Biere geschätzt, die sich in Art, Gattung, Typ, Sorte und Marke unterscheiden. Der Biermarkt ist gekennzeichnet durch viele lokale Spezialitäten (Alt-Bier, Kölsch, Weizenbier, Rauchbier, Bock). Die Mehrzahl der 1.280 Brauereien arbeitet lokal oder regional und bringt nur eine Marke (Monomarkenstrategie) auf den Markt. Große nationale Brauereien, wie *Radeberger* oder *Bitburger*, verfügen über mehrere Marken.

Auch die *Holsten-Brauerei*, übernommen von der dänischen *Carlsberg*-Gruppe, ist eine Sortimentsbrauerei und bietet ein Portfolio unterschiedlich positionierter Marken: Als Konsumbiere die lokale Marke *Astra* (Hamburg und Umgebung), die regionalen Marken *Feldschlößchen* (Braunschweig und Dresden) und *Landskron* (Görlitz) sowie die nationale Marke *Holsten*. Premiumbiere sind die überregionale Marke *Lübzer* (Mecklenburgische Brauerei *Lübz*) und die internationale Marke *Carlsberg* (**Abb. 2.15**). *Duckstein* ist als nationale Superpremiummarke positioniert. Die Marke *Holsten* stellt, wie auch *Lübzer, Feldschlößchen* und andere, eine Dachmarke dar, unter der verschiedene Biersorten vertrieben werden.

a) b) c) d)

Abbildung 2.15: Mehrmarkenstrategie im Biermarkt am Beispiel von *Carlsberg/Holsten* mit lokalen, regionalen, nationalen und internationalen Marken (Quelle: Fa. *Holsten*)
a) lokal: *Astra* (Hamburg); b) regional: *Lübzer* Pils (Mecklenburg /Vorpommern, Brandenburg, Sachsen-Anhalt); c) national: *Holsten* Pilsener (Deutschland); d) international: *Carlsberg*

Die Biere lassen sich neben der Reichweite (lokal bis international) und Preisklasse (Preiseinstiegs-, Konsum-, Premium- und Superpremium-Bier) einteilen in:

- Biertyp (Pilsener, Dortmunder und Münchener Typ)
- Bierart (unter- oder obergärig)
- Biergattung (niedriger Stammwürzegehalt, Schank-, Voll- und Starkbier)
- Biersorte
  (Pils, Export, Kölsch, Alt, Weizen, Diät, Alkoholfrei, Bock, Rauchbier, Weiße, u.a.)

Biermarken stellen häufig Hersteller- Dachmarken mit mehreren Biersorten dar. Größere Konzerne arbeiten meist, auch wegen Übernahmen, nach der Mehrmarkenstrategie.

Die beiden großen Hersteller von „weißer Ware“ (Kühlschränke, Herde, Gefrierschränke, Waschmaschinen und Trockner) *Bosch* und *Siemens* haben sich vor einiger Zeit zur *BSH*-Gruppe (*Bosch/Siemens*-Haushaltsgeräte) zusammengeschlossen. Mehrere Haushaltsgeräte-Hersteller sind hinzugekommen, so die Firmen *Neff* und *Constructa.* Damit steht der *BSH*-Gruppe eine Reihe von Marken für gleiche und für in Preis und Qualität unterscheidbare Produktlinien zur Verfügung.

Bei der Mehrmarkenstrategie geht es oft nicht nur um die Abdeckung der unterschiedlichen Kundenbedürfnisse, sondern auch um die finanzielle Situation der Konsumenten. Daher versuchen die Unternehmen durch Anwendung dieser Strategie, möglichst viele Preissegmente zu besetzen. So werden preislich unterschiedliche Modell-/Produktreihen und über Sonderausstattungen preislich gestaffelte Modelle/Produkte angeboten. Diese Vorgehensweisen sind in der Literatur als **Markenfamilien-** sowie **Mehrmarkenfamilienstrategie** bekannt.

Die *Ford Motor Company* ist in den letzten Jahren durch Akquisitionen ständig gewachsen und umfasst gemäß **Abb. 2.16** acht unterschiedliche Herstellermarken aus dem Familien- bis in den Luxusbereich. Zwischen den Herstellern *Ford, Mazda, Volvo* und *Jaguar* gibt es im Sortiment Überschneidungen (Mehrmarkenstrategie). Alle Beteiligungen/ Tochterunternehmen produzieren im Design eigenständige Modelle bzw. Modellfamilien.

Abbildung 2.16: Mehrmarkenstrategie bei Personenkraftfahrzeugen der *FORD Motor Company;* Töchter mit Doppel-, Einzel- und Dachmarken (Quelle*: Ford*)

In Deutschland werden überwiegend die *Ford*-Modelle (Hersteller-Dachmarke) verkauft, wie *Ka, Streetka, Fiesta, Fusion, Focus, Mondeo* und *Galaxy* (Produkteinzelmarken). Jede Fahrzeuglinie (z.B. *Fiesta*) besteht aus mehreren Fahrzeugen (Familie), die sich in der Ausstattung und/oder Motorisierung unterscheiden. Die „Doppelmarke“ lässt sich am Beispiel des *Ford Mondeo* erläutern: Der Name besteht aus der Herstellermarke *„Ford“* und der Produktmarke *„Mondeo“*.

Ein weiteres Beispiel für die Mehrmarken-Familienstrategie stellt der Personenwagen-Bereich des *Volkswagen*konzerns [12] dar: Neben der Stamm-Marke *VW* existieren noch *Audi, Seat, Skoda, Bentley*, *Bugatti* und *Lamborghini.* Insbesondere in den unteren und mittleren Kategorien gibt es die Fahrzeuge in unterschiedlichen Ausführungen (Limousine, Kombi, Allrad, Van, *GTI*) und Motorisierungen. Dadurch wird es möglich, ein großes Anforderungs- und Preisspektrum abzudecken.

Der Name *„Volkswagen“* steht für Autos, die sich jeder leisten kann. Daher ist zu fragen, ob sich ein Luxusklassefahrzeug wie den *Phaeton* unter der Herstellermarke *VW* erfolgreich verkaufen lässt. Dieses Problem kennen auch andere Fahrzeughersteller wie *GM* oder *Ford. Toyota* hat für den Luxusbereich mit *Lexus* eine eigenständige Marke aufgebaut. Dieser Weg mit der Einführung einer neuen Hersteller-, Vertriebs- und Servicemarke bietet sich an. Die Luxusfahrzeuge müssen aber ein eigenständiges Design aufweisen.

Die Komplexitäten und die Überschneidungen der Konzernmarken mit einer oder mit mehreren, eigenen Herstellermarke(n) lassen sich gemäß **Abb. 2.17** am Beispiel der Marken des *VW*-Konzerns demonstrieren. Neben *VW* (Einzelmarken) ist *Audi* (Dachmarke) vergleichbar breit aufgestellt, so dass es in jeder Preiskategorie alternative Angebote gibt. Der Kunde darf wählen. So kämpft der *Passat* gegen den *A 4* und der *Golf* gegen den *A 3*. Ein *Phaeton* ist in einer ähnlichen Preiskategorie angesiedelt wie *Audi* mit dem *A 8* (Mehrmarkenstrategie des Konzerns).

Der *VW*-Konzern produziert an verschiedenen, überwiegend europäischen Standorten (*VW, Audi, Seat, Skoda*) und führt seine verschiedenen Marken (Werbung / Verkauf / Service) voneinander getrennt. Es wird immer versucht, innerhalb einer Marke eine durchgängige Ähnlichkeit herzustellen, sich aber von den anderen Konzernmarken optisch abzusetzen. Die Ähnlichkeit beginnt beim Kühlergrill und der Anordnung von Scheinwerfer und Blinker, sollte die Form einschließen und endet bei der Heckansicht.

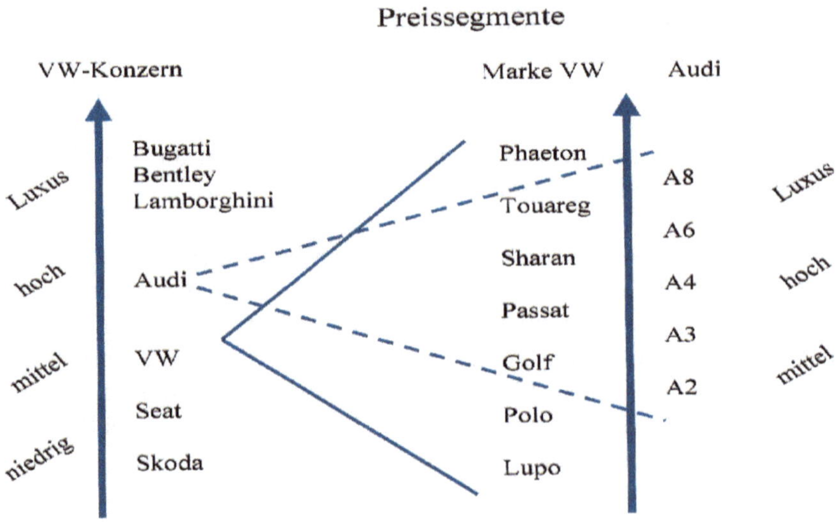

Abbildung 2.17: Abdeckung der Preissegmente im *VW*-Konzern sowie bei den Herstellern *VW* und *Audi*

VW hat für einige Fahrzeuge das „*Phaeton*- Design" adaptiert. Vom gelungenen Design profitieren mehrere Baureihen gemäß **Abb. 2.18**. In Anlehnung zeigen *Jetta* und *Passat* die moderne Frontansicht. Außerdem könnte es ein *Passat*- oder *Jetta*- Käufer angenehm finden, einen „kleinen *Phaeton*" zu fahren. Dieses Gefühl wurde von der „*Jetta*"-Werbung gestützt.

Abbildung 2.18: Markenidentität bei einigen *VW*-Personenfahrzeugen (Quelle: *Volkswagen, 2005*)
a) *Phaeton;* b) *Tuareg;* c) *Passat;* d) *Jetta;* e) *Sharan;* f) *Touran;* g) *Golf;* h) *Polo*; i) *Fox;* j) *Beetle*

Vergleichbar zum *VW*-Konzern arbeitet auch *DaimlerChrysler* mit der Mehrmarkenstrategie (mehrere Marken im Konzern gemäß **Abb. 2.19**), wobei die Töchter nach der Dachmarken- oder der Einzelmarken-Familienstrategie (mehrere Fahrzeuge pro Klasse, unterschiedlich im Hubraum, in der Ausstattung und im Kraftstoff: Benzin/Diesel) agieren.

Durch die Akquisition von *Chrysler*, dem Aufbau der Marke *Smart* im Kleinwagenbereich und der Marke *Maybach* im oberen Luxus-Segment hat der *DaimlerChrysler*-Konzern die Anzahl seiner Marken deutlich erhöht. Früher gab es als Produktdachmarke nur *Mercedes-Benz* mit Personenfahrzeugen in der gehobenen Mittelklasse (E) und in der Oberklasse (S). Später wurden die C- und A-Klasse unten angesetzt. Das Sortiment ist durch mehrere Gelände- und Sportwagen abgerundet worden, so dass es in den wichtigsten Klassen demnächst Limousine, Coupé und Geländefahrzeug gibt.

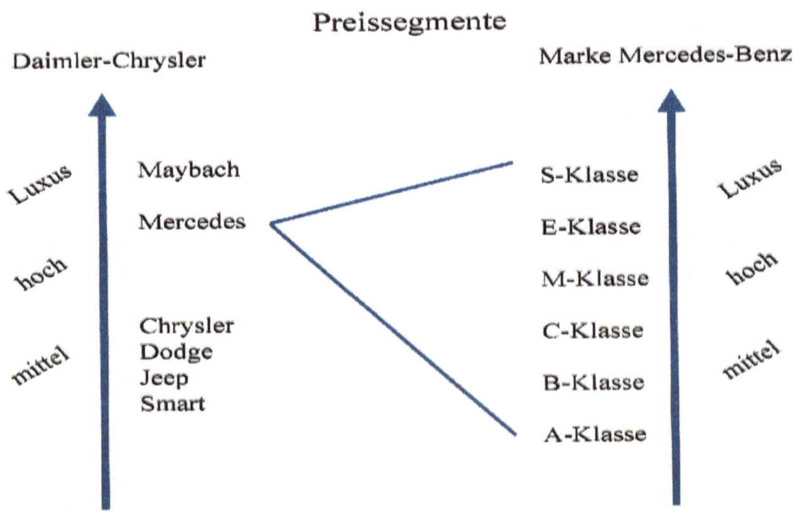

Abbildung 2.19: Mehrmarkenstrategie im *DaimlerChrysler*- Konzern; mit der starken Produktdachmarke *Mercedes-Benz*

Durch die Vielzahl von Modellen und Varianten (Mini, Van, Geländefahrzeug) stellt die Marke oft keine Einheit mehr dar. Es lassen sich markenuntypische Designabweichungen beobachten. Bei den neuen Modellen wird wieder verstärkt auf die Markenidentität gesetzt, die sich im Innenraum fortsetzt (*Mercedes*).

Ähnlich der Beispiele *VW* und *DaimlerChrysler* nutzen einige Firmen, die direkt an die Konsumenten verkaufen, eine Mehrmarkenstrategie in Kombination mit der Familienstrategie. Die Ansammlung mehrerer Marken ist in einigen Fällen durch Firmenübernahmen entstanden, wobei mit dem Kauf der Firmen auch die Marken und Märkte erworben wurden.

In anderen Fällen setzen Unternehmer trotz der Mehrkosten diese Strategie bewusst ein, um das Potenzial des Marktes auszuschöpfen. Hierbei spielt es keine Rolle, ob es sich um Automobile, Kühlschränke oder Nahrungsmittel handelt. Die Mehrmarken-, insbesondere in Kombination mit der Familienstrategie, bietet eine breitere Marktabdeckung als andere Vorgehensweisen (siehe *Unilever* mit der Margarine). Nachteile stellen die Komplexität und die Kannibalisierung dar. So lässt es sich nicht immer vermeiden, dass einige Kunden aus dem Hochpreissegment in einen für sie günstigeren Bereich wechseln.

Im Buchsektor verfügt der *Ullstein*-Verlag neben den eigenen Marken durch Akquisitionen der Verlage *Claassen, Econ, List, List Taschenbuch, Marion von Schröder* und *Propyläen* über sechs zusätzliche Marken, unter denen jeweils eine Vielzahl von markenadäquaten Büchern erscheinen. Der *Ullstein*-Verlag arbeitet also, wie andere Verlage auch, nach einer Mehrmarken-Familienstrategie

Die Firma *Dr. Oetker* (bekannte Produkt- und Herstellermarke) arbeitet bei Fertiggerichten gemäß **Abb. 2.20** nach der Mehrmarken-/ Familienstrategie („Qualität ist das beste Rezept“). Hierbei steht der Hersteller als Marke zunächst im Vordergrund. Es gibt darunter vier Produktmarken mit insgesamt 42 Pizzen zur Abdeckung verschiedener Geschmacksrichtungen, von *Calzone* über Schinken und Thunfisch bis zur Salami-Pizza.

Die Anbietung erfolgt unter den Handelsbezeichnungen *Ristorante, Die Ofenfrische, Culinaria* und *Big Americans* (früher auch noch *Flambiata*). Unter dem Namen *Picanterie* werden Pastalinos, Mini Pizzen, Muffins und Ciabatta angeboten.

Abbildung 2.20: Mehrmarken/-familienstrategie bei Nahrungsmitteln mit starker Herstellermarke (Quelle: *Dr. Oetker*)

Die Firma *Henkel* verfolgt im Waschmittelbereich den strategischen Mehrmarkenansatz seit vielen Jahren. So gibt es bei den *Megaperls* (Gattungsmarke wie auch *Tabs* oder *Gel*) gemäß **Abb. 2.21** neben *Persil* (gehobenes Preissegment) noch den *Weißen Riesen* im Mittelpreissegment und die Marke *Spee* im eher unteren Preisbereich. Gleichzeitig werden noch Color- und Sensitiv-Perlen angeboten, ferner unter den gleichen Marken *(Persil, Weißer Riese, Spee)* auch übliche Pulver und Flüssigwaschmittel.

Abbildung 2.21: Mehrmarkenstrategie bei den *Megaperls* -Perlen (Produktmarken: *Persil, Weißer Riese, Spee*) unter der Herstellermarke *Henkel* (Quelle: Fa. *Henkel*)

Diese Vorgehensweise stellt für den Produkttyp *Megaperls* eine Mehrmarkenstrategie dar, insgesamt für die Waschmittelmarken eine Kombination aus Mehrmarken- und Markenfamilienstategie.

In **Abb. 2.22** sind einige *Persil*- Produkte wiedergegeben. Sie stellen Markenfamilien dar. So gibt es im Bereich der Universalwaschmittel unter der Marke *Persil* ein Pulverwaschmittel, die *Megaperls* und die Tabs sowie das Gel. Ähnlich ist es bei den Colorwaschmitteln. Im Sensitiv- Bereich kann der Kunde zwischen einem festen Produkt (*Megaperls Sensitive*) und einer Gelvariante wählen.

Neben den Universalwaschmitteln gibt es noch die Feinwaschmittel (Marke: *Perwoll*) sowie die Weichspüler (Marke: *Vernel*, **Abb. 2.23**). Parfümeure komponierten eine Reihe von angenehmen Düften für den Weichspüler, um alle Geschmacksrichtungen der Kunden abzudecken, und schufen so eine Produktfamilie, ergänzt durch die hautsensitiv- Variante.

Abbildung 2.22: *Persil*- Markenfamilien; (Quelle: Fa. *Henkel*)
oben: Feste Universalwaschmittel mit Pulver, *Megaperls* und Tabs; unten: Flüssige Waschmittel mit dem Universal-, dem Color- und Sensitiv- Gel

a) b) c) d)

e) f) g) h)

Abbildung 2.23: *Vernel*- Weichspüler als Produktfamilie
a) Blue Sky; b) Wild-Rose; c) Mandel & Honigblüte; d) Pfirsich & Limonenblüte; e) Hautsensitiv; f) Energy; g) Relax; h) Sensual)
(Quelle: Fa. *Henkel*)

Um einen Eindruck von der Markenvielfalt eines Unternehmensbereichs in einem großen Konzern zu gewinnen, sind in **Abb. 2.24** die ca. zwanzig aktiven Marken des deutschen Henkel-Waschmittelbereichs für Waschen, Spülen und Reinigen aufgeführt.

Abbildung 2.24: Deutsche *Henkel*- Marken im Waschmittelbereich

3. Bedeutung der Marke

Bei dem Verkauf von Konsumgütern spielt die Marke eine entscheidende Rolle, weil der Markenname mit einem Qualitätsversprechen eines bekannten Unternehmens verbunden ist. Die Discounter und Handelsketten wollten mit billigen „no name"-Artikeln die Markenartikel verdrängen. Dieses Vorhaben ist nur ansatzweise gelungen. Es gibt Kunden, die beim Einkauf auf eine vernünftige Produktpräsentation in moderner Umgebung verzichten, um einen Kostenvorteil zu realisieren. Doch nur wenige sind bereit, Zugeständnisse bei der Qualität zu machen und günstig minderwertige Alternativen zu kaufen.

Der Kunde wünscht preiswerte Spitzenqualität, d.h. Marken- und markenäquivalente Produkte, von einem bekannten Hersteller zu einem niedrigen Preis. Der Preis gilt als günstig, wenn in der Umgebung das gleiche Produkt zu einem höheren Preis angeboten wird. Der Kunde legt Wert auf moderne Produkte, er will den höchsten technischen Standard von einem renommierten, weltbekannten Hersteller (für das Image; denn wer telefoniert schon mit einem „no name"- Handy?). Moderne Produkte in höchster Qualität, telefonische Beratung und kostenloser Umtausch bei Mängeln bieten aber gerade die Markenartikel-Hersteller.

Der Kunde sucht im Geschäft in vielen Fällen selbst bei einfachen Gegenständen die entsprechenden Markenartikel, seien es die *Fischer*- Dübel, der *Gardena*- Schlauch oder die *Alpina*-Wandfarbe, weil er im Laufe von Jahren mit no name- Artikeln irgendwann schlechte Erfahrungen gemacht hat. Auch die Kinder achten nicht nur bei ihrer Kleidung auf angesagte Marken. Jungen spielen mit *Lego*steinen oder mit der *Märklin* - Eisenbahn, Mädchen mit *Barbie*-Puppen von *Mattel;* auch die Spielzeuge müssen Markenartikel sein.

Dieses Dilemma haben die Handelsketten erkannt und arbeiten nun mit drei abgestimmten Ansätzen, um auch vom positiven Markenimage zu profitieren. Erstens schufen sie „Eigenmarken". Diese stellen oft Kopien in Funktion und Aussehen erfolgreicher Markenartikel dar, bewusst „auf dem ersten Blick zum Verwechseln ähnlich" gestaltet. Die Originale werden im Preis teilweise deutlich unterboten.

Zweitens verzichten sie nicht ganz auf Markenartikel, sondern behalten starke Markenprodukte im Regal oder holen sich neue Produkte mit bekanntem Namen ins Sortiment. Diese werden vergleichsweise günstig angeboten (Werbung vom *Real*-Markt: „Jetzt über 3000 Markenartikel dauerhaft preisgesenkt“).

Markenartikel werden neben Eigenmarken an mehreren Stellen alternativ angeboten: In Regal des Supermarktes stehen die Discounter-Cola und die teueren *Pepsi*-Cola nebeneinander. Im Baumarkt finden sich unbekannte Hochdruckreiniger als Billigangebote neben zahlreichen *Kärcher*-Geräten. Die kosten zwar mehr, dafür findet der Kunde eine auf seine Wünsche zugeschnittene Lösung (z.B. längeres Kabel). Auch die Baumärkte mischen „no name“- Produkte mit eingeführten Markenartikeln, verzichten aber in keinem Fall auf bekannte Marken. Andere Märkte, wie der *Pro*- und der *Media*-Markt sowie *Saturn*, leben überwiegend vom Verkauf der weltweit bekannten Hersteller- und Produktmarken.

Drittens versuchen sie sich selbst als Dachmarke zu positionieren, wie beispielsweise *Aldi*. Mit dem Verkauf des Computers von *Medion* („*Aldi*-Computer“), der intensiv beworben wird, arbeitet *Aldi* ähnlich wie ein Fachmarkt, denn die Rechner sind mit einer Garantie und einem Service versehen, der vergleichbar zu Markencomputern aufgezogen ist. Die Rechner verfügen serienmäßig über mehr Funktionen als viele andere und zeichnen sich durch Leistungsschwerpunkte aus (großer Festplattenspeicher; TV- Kopplung). Der Preis ist relativ günstig (wird über die hohe Abnahmemenge erreicht).

Arzneimittel werden weltweit als Produktmarkenartikel verkauft. Der Kunde schätzt hohe Qualität und Wirksamkeit, die ein namhaftes, für seine Kompetenz bekanntes Unternehmen bei der Entwicklung und Herstellung der Medikamente garantiert. Die Generika- Hersteller haben ihren Nachteil im Markt erkannt und versuchen nun über Werbung, eine Hersteller-Dachmarke aufzubauen (Beispiele: *Hexal, ratiopharm*). Auch zahlreiche Spezialchemikalien werden über Markennamen vertrieben (Kap. 5 f).

Generika- Hersteller forschen überwiegend nicht, sondern synthetisieren Wirkstoffe, deren Patentschutz abgelaufen ist. Die Eigenmarken der Handelsketten stellen häufig Kopien erfolgreicher Markenprodukte dar. Auch hier erfolgt keine wirkliche Eigenentwicklung. Markenhersteller zeichnen sich dagegen durch eine intensive Forschung und Entwicklung aus. Sie verbessern anwendungstechnische Testmethoden, bringen europäische Richtlinien voran und tauschen wissenschaftliche Resultate aus. Markenartikelunternehmen sind dafür bekannt, dass sich für Soziales und für die Umwelt engagieren.

3.1 Markentypen

Markenartikel dominieren im privaten sowie im geschäftlichen Leben. Der Kunde verlangt nach Markenartikeln, auch beim Discounter. Neben den im Kap. 2.2 diskutierten Produkt- und Herstellermarken gibt es weitere Markenarten, wie Konzernmarken sowie Marken für den Vertrieb, den Handel und für den Service (Dienstleistungsbereich). Für den Kunden ist es am einfachsten, wenn alle sechs Möglichkeiten für die Etablierung einer Marke mit einem Namen belegt werden, wie in der **Tab. 3.1** unter Typ Ia für *BMW* oder *Porsche* aufgezeigt. Bei den großen Ölkonzernen ist es ähnlich (Typ Ib), vom Bohrturm bis zur Zapfsäule wird überall der gleiche Markenname genutzt. Auch die Bausparkassen arbeiten mit einer ähnlichen Markenstrategie: das Produkt, der Bausparvertrag, das Unternehmen, der Vertrieb und Handel, die Berater und Service. Alle Einrichtungen nutzen den gleichen Marktaufritt und das gleiche Logo; beispielsweise „*Wüstenrot*".

Als Beispiel für eine Produktmarke wurde *Persil* (Typ IV) gewählt. In Deutschland steht dieser Markenname für ein Waschmittel der Spitzenklasse. Er ist überall bekannt und sehr positiv besetzt. Der Konzern und Produzent (*Henkel*) wird auf dem Paket ausgewiesen, steht aber im Hintergrund.

Bei Medikamenten wie *Voltaren* (Typ VII) kennen und schätzen viele Leute das Produkt, aber nur wenige wissen, dass *Novartis* der Hersteller ist. Der Vertrieb erfolgt über Pharma-Großhändler, der Verkauf über die Apotheken. Bei Marken-Arzneimitteln steht der Produktname im Vordergrund, bei Generika-Herstellern der Hersteller (*Hexal, ratiopharm*).

Mercedes-Benz (Typ VIII) ist eine weltweit bekannte Produkt- und Servicemarke für hochwertige (Luxus-) Fahrzeuge, die von der Fa. *Daimler* produziert werden. Der Name des Konzerns „*DaimlerChrysler*" steht für ein breites, deutsch/ amerikanisches Fahrzeugprogramm incl. Nutzfahrzeuge.

Eine bekannte Marke wie *Cartier* (Typ X) stellt eine reine Vertriebsfirma dar, da sie weder produziert noch an Endkunden verkauft. Der Service wird vermittelt. Die Fa. *Medion* ist ebenfalls eine Vertriebsgesellschaft, bietet aber zusätzlich Hotlinie und Service. *Saturn* oder *Media-Markt* stellen als Töchter des *Metro*-Konzerns reine Handelsmarken dar (Typ XI, nicht in der Tabelle enthalten).

Tabelle 3.1: Marken für die sechs Unternehmensarten

Marken / Typ	Ia	Ib	II	III	IV	V
Konzern	+	+	0	+	0	0
Produzent	+	+	+	+	0	+
Produkt	+	+	+	0	+	+
Vertrieb	+	+	+	-	+	+
Handel	+	+	+	+	-	-
Service	+	-	+	-	0	+
Produktbeispiel	**BMW**	**Shell**	**Smart**	**McDonalds**	**Persil**	**Airbus**
Marken / Typ	**VI**	**VII**	**VIII**	**IX**	**X**	
Konzern	+	0	0	+	-	
Produzent	-	0	0	+	-	
Produkt	+	+	+	+	+	
Vertrieb	?	-	+	?	+	
Handel	-	-	+	-	-	
Service	-	-	+	-	-	
Produktbeispiel	**Coca-Cola**	**Voltaren**	**Mercedes**	**Nokia**	**Cartier**	

+ gleicher Markenname
0 unterschiedlicher Markenname
- andere Organisation / nicht vorhanden

In den weiteren Kapiteln wird der Fokus des Begriffes der Marke wieder auf die Produkte und auf die Hersteller gelegt.

3.2 Markenwert

Die Marke steht meist für einen durch intensive Werbung bekannt gemachten Namen eines Unternehmens, eines Produktes bzw. einer Produktlinie. In einigen Fällen sind Unternehmen und Produkte gleich benannt (siehe Dachmarke im Kap. 2.21). Das Unternehmen gilt als Hersteller/ Absender des Markenproduktes und der Werbebotschaft.

Eine gut eingeführte Marke kann deutlich mehr wert sein als das produzierende Unternehmen (Beispiel: *Nivea/BDF*). Kostbare Marken sind *Coca*

Cola, Microsoft, IBM, GE, Ford, Disney, Intel, McDonald's, AT&T, Marlboro, Nokia, Mercedes-Benz, Nescafé, Hewlett-Packard, Gillette, Kodak, usw [10].

Die wesentliche Frage lautet, welche Vorstellungsbilder bei der Nennung des Markennamens in den Köpfen der Konsumenten ausgelöst werden, d.h. welches subjektive Markenverständnis in der Gesellschaft existiert. Die Marke soll, gestützt durch die Werbung, eine festverankerte, unverwechselbare Vorstellung über das Produkt auslösen sowie ein positives Image vermitteln. Sie beinhaltet ein Qualitätsversprechen (hohe, gleichbleibende Qualität zum angemessenen Preis) [11]. Über das Einhalten der Werbeaussagen wird ein Vertrauen aufgebaut, so dass der Kunde nach seinen Erfahrungen und den Meinungen in seinem Umfeld schließlich dem Markenhersteller eine hohe Produktkompetenz zubilligt. Das Vertrauen zum Hersteller bewirkt eine Markentreue, die wiederum die Marke stärkt und den Bekanntheitsgrad erhöht. Daher schafft eine bekannte, positiv besetzte Marke einen „added value" für das Unternehmen.

Der Vorteil des Kunden besteht darin, dass er beim Einkauf Zeit und Nerven spart, weil er nicht umständlich wählen muss und das Produkt sofort an der typischen Aufmachung erkennt. Er greift nach der vertrauten Marke mit den gelernten und garantierten Produkteigenschaften sowie Qualitätsstandards und mindert dadurch das Risiko einer Produktenttäuschung. Des Weiteren sind die Konsumenten- Markenprodukte nahezu überall erhältlich (Ubiquität).

Dies spielt bei den häufig gekauften Artikeln eine Rolle, wie beispielweise bei Hygiene- (Toiletten- und Küchenpapier, Taschentücher) und Kosmetikprodukten (Seife, Zahnpasta, Gesichtscreme). Aber auch bei Lebensmitteln *(Maggi/ Barilla)*, Zeitungen *(Frankfurter Allgemeine/ Bild)*, Waschmitteln *(Persil/ Spee)*, Möbeln *(Hülsta/ Ikea)* fixieren sich die Verbraucher auf die von ihnen geschätzten Produkte.

Ferner bieten die Marken aufgrund ihrer Bekanntheit sowie ihres Qualitätsniveaus häufig die Möglichkeit der Identifikation und sorgen zusätzlich für ein positives Image. Dies gilt für Konsumartikel ebenso wie für hochwertige Güter, Luxusmarken (Prestige-, Öko-, Kultmarken) und Investitionsgüter. Symbole für die Marke helfen bei der Identifikation, beispielsweise der Stern von *Mercedes*, weil nur ausgewählte C, E und S-Klassen ihn tragen. Oder die Taube im Firmenlogo von *Nestlé,* die als Friedenssymbol gilt und eine tiefe Naturverbundenheit signalisiert.

Zur schnellen und sicheren Erkennung der Markenprodukte dienen typische Farben auf dem Produkt und auf der Umverpackung, wie das rot/grün auf den *Persil*-Paketen oder das gelb/rot/schwarz auf den Tuben der *Pattex*-Kleber. Einfach genial ist die Flaschenform der 0.2 l-Flasche von *Coca Cola*, die weltweit erkannt und eindeutig zugeordnet wird. In einer Fallstudie von Coca Cola ist beschrieben, dass die Flaschenform einen Bestandteil der Marke darstellt und dass eine andere Flaschenform vom Kunden nicht akzeptiert wird [priv.Mitteilung]. In einer anderen Studie wird gezeigt, dass bei einer Blindverkostung von *Coca Cola* vs. *Pepsi* etwa gleich viel Probanden jeweils das eine Produkt bevorzugen. Mit der richtigen Flasche und Markenoffenlegung siegt eindeutig *Coca Cola* [12], eine Überlegenheit, die weitgehend auf der Marke beruht und nicht auf dem Geschmack.

3.3 Aufbau einer Marke

Am Anfang stehen Markendefinition (Wellness, Zielgruppe, Historie) und Markenwerte („innere", Kompetenz und praktische Werte). Der Marke werden einerseits Eigenschaftsprofile wie einer Persönlichkeit zugeschrieben (ehrlich, vertrauenswürdig, wertvoll, bekannt) und andererseits Leistungsprofile (effektiv, innovativ, einfach anwendbar). Die Beschreibung der Marke muss einerseits mit dem Produktprofil und den Eigenschaften übereinstimmen und andererseits die Erwartungen der Zielgruppe abdecken. Der Markenname sollte zur Produktkategorie passen und der Zielgruppe gefallen. Hilfreich für die Produkteinführung ist ein international renommiertes Unternehmen als Absender, insbesondere wenn der Hersteller bereits in der Produktkategorie oder in einer angrenzenden im Markt erfolgreich agiert.

Für den Aufbau einer Marke eines neuartigen Produktes existieren einige Möglichkeiten, wovon sechs im Folgenden angesprochen werden. Die erste Möglichkeit besteht in der Produkteinführung unter einem neuen Namen. Für die Namensfindung gibt es spezialisierte Institute. Diese Vorgehensweise empfiehlt sich bei der Einführung einer echten Innovation mit Marktpotenzial. Die Marketinginvestitionen für Werbung, Verteilung von Produktproben sowie Listung in den Verkaufsmärkten sind beachtlich, insbesondere bei einer europäischen bzw. weltweiten Einführung. Der Aufbau einer eigenen Marke benötigt Zeit und kostet viel Geld (abgeschätzt ca. 30 bis 100 Mio. €). Der Markenname sollte in den wichtigen Sprachen einfach und leicht zu merken sein, möglichst einen Bezug zum

Produkt und einen markanten Schriftzug sowie einen positiven Klang bei der Aussprache aufweisen (Beispiel: *Smart*).

Die Nutzung einer eigenen, alten Marke, die längere Zeit nicht genutzt wurde, oder der Zukauf eines alten bekannten Markennamens stellt die Möglichkeit zwei dar. Der Markenname muss heute noch bekannt sein und positive Erinnerungen auslösen. Als Beispiele aus dem Automobilsektor seien *Audi, Bugatti, Borgward, DKW* und *Maybach* genannt.

Wegen der vielen Schwierigkeiten, die mit der Neueinführung oder dem Kauf einer Marke verbunden sind, bevorzugen eine Reihe von Unternehmen die Möglichkeit drei, nämlich das Produkt unter einem bereits vorhandenen, erfolgreichen Markennamen als Range-Erweiterung einzuführen. Voraussetzung hierfür ist ein glaubhafter Imagetransfer. Die Firma *Continental* liefert für die Automobilindustrie neben Reifen auch Bremssysteme und hat für diesen Geschäftsbereich die Marke *Continental Teves* eingeführt (nach der Akquisition von *Teves*). *V-power* stellt einen Markennamen von *Shell* dar, der für eine neue hochwertige Super Benzinqualität (Oktanzahl >= 100) steht. Dieser wurde erfolgreich übertragen auf eine neue Dieselqualität mit Synthesedieselanteil. *V-power* signalisiert Kraftstoffe in Spitzenqualität.

Die vierte Möglichkeit besteht darin, den Unternehmensnamen als Dachmarke zu nutzen und wenigstens eine Kernkompetenz des Unternehmens auf das Produkt abzubilden. Als Beispiel kann der Kommunikator von *Nokia* (steht für high-tec Kommunikation) herangezogen werden, bei dem das Telefonieren in den Hintergrund gerückt ist. Dafür verfügt er zusätzlich über die Funktionen eines Computers incl. eines drahtlosen Internet-Zuganges. Die Einführung eines Rasierwassers unter der Marke *Davidoff* stellt einen ungewöhnlichen Vorgang dar, weil Rasierwasser nichts mit Zigarren zu tun hat. Die Brücke dürfte in der „Kompetenz für Männer“ liegen, die die Marke *Davidoff* ausdrückt. Ähnliches gilt für die Damenmode von *Dior*, wertvoll, tragbar, elegant, hochpreisig; Attribute, die sich auch auf den Parfümsektor übertragen lassen.

Die Transferierung eines Produktmarkennamens und des Markenimages auf andere, passende Produkte stellt die Möglichkeit Nummer fünf dar. Typische Beispiele finden sich insbesondere in der Kosmetikindustrie, wie die bereits erwähnte Marke *Nivea (BDF):* Ausgehend von der altbekannten Handcreme wurde eine ganze Pflegeserie unter dem *Nivea*-Dach entwickelt (Kap. 2.22). Im Haarpflege-, Färbe- und Stylingbereich gibt es die *Poly*-Serie mit entsprechenden Produkten von *Schwarzkopf & Henkel*. Bei

Spezialwaschmitteln findet der Kunde unter der Marke *Perwoll (Henkel)* ein auf seine Probleme abgestimmtes Produkt für Farbiges, Schwarzes oder für Synthetik.

Ein eigenes, erfolgreiches Design zu entwickeln ist zeitaufwändig. Möglichkeit Nummer sechs stellt daher die Nutzung einer bekannten Marke oder die Einschaltung eines bekannten Designers (designed by *Porsche*, by *Colani*, by *Giugiaro*) dar. Die Firma *Porsche* hat sich mit der Tochter *Porsche Design* auf die Gestaltung von Gebrauchsgütern spezialisiert. *F.A. Porsche* gründete das Unternehmen vor etwa 30 Jahren und gestaltete Uhren für *IWC*, Brillen für *Rodenstock* und Schreibgeräte für *Faber-Castell.* Heute existieren von der Fa. *Porsche Design* auch Parfüms, Handys, Notebooks, Akten-, Brief- und Gepäcktaschen, Geldbörsen, Schuhe, Uhren, Sonnenbrillen, Tabakpfeifen, Schweizer Taschenmesser und Golf-Zubehör. Neuerdings können auch Küchengeräte (z.B. Kaffeemaschinen, Toaster) im *Porsche Design* gekauft werden. Die Umsetzung eines zeitlosen, funktionellen und glaubwürdigen Designs steht bei der Entwicklung der Herren-Accessoires im Lastenheft. Die Magie von *Porsche* besteht in Begehrlichkeit, Luxus und Erfolg. Spitzenprodukte mit passendem Image können die Marke erfolgreich übernehmen (Imagetransfer). Der Kunde soll in hochwertiger Gestaltung technologische und funktionale Perfektion erleben. Die neuen Produkte werden überwiegend exklusiv vertrieben.

3.4 Übertragung von Marken

Ausgangspunkt für die Vertriebsfirma *Etienne Aigner* waren exklusive Lederwaren wie Handtaschen, Gürtel und auch Schuhe, die über ausgesuchte Boutiquen verkauft wurden. Die Produkte galten als Ausdruck eines besonderen, exklusiven Lebensstils, der sich auf andere Produktbereiche übertragen ließ. So expandierte das Sortiment durch die Einführung von Oberbekleidung, Accessoires, Schmuck und Kosmetika. Die Ausdehnung des *Aigner*-Markensystems auf Möbel funktionierte dagegen nicht [11].

Ein anderes Beispiel stellen die bekannten Modeschöpfer dar. Sie setzen ihren bekannten Namen, der mit Schönheit, Exklusivität und Extravaganz (nur für Prominente und ganz Reiche) und mit Paris, Rom und New York verbunden wird, für andere Produktkategorie(n) ein. Die Imageübertragung gelingt bei Produkten, die direkt oder indirekt mit der Mode verbunden werden. Besonders beliebt bei den Couturiers sind zum einen die Duftwässer sowie zum anderen die Kosmetiklinien (Kap. 8.5) für Damen und Herren. So werden Parfüms und Eau de Toilettes unter *Dior, Lager-*

feld, Hugo Boss, Armani, Chanel, Escada, Gucci, Laura Biagiotti, Toni Gard und *Versace* angeboten, um nur einige zu nennen. Als Beispiel für eine zwar unterschiedliche Gestaltung aber erkennbare Familienähnlichkeit sind in **Abb. 3.1** Flakons von *Dior* wiedergegeben.

Abbildung 3.1: Design von Parfüm-Flakons (Beispiel *DIOR)*
a) *Dolce Vita;* b) *Eau de Dolce Vita ;* c) *Pure Poison ;* d) *Poison ;* e) *J'adore ;* f) *Tendre Poison ;* g) *Hypnotic Poison ;* h) *Miss Dior ;* i) *Dioressence ;* j) *Dune* (Quelle: *Douglas*)

Abbildung 3.2: *Davidoff*- Produktfamilie (Quelle: *Douglas*)

In **Abb. 3.2** wurden die verschiedenen Produkte einer Marke zusammen fotografiert. Einige Flaschen zeigen interessante Farben und Gestaltungen, eine Familienähnlichkeit ist wahrscheinlich nicht beabsichtigt.

Die für Damen angebotenen Parfümflakons und Behältnisse für die Eau de Toilettes sind zum einen unterschiedlich groß und zum anderen in Herz- oder Eiform bzw. klassisch für das Bad oder für die Handtasche gestaltet (**Abb.3.3**).

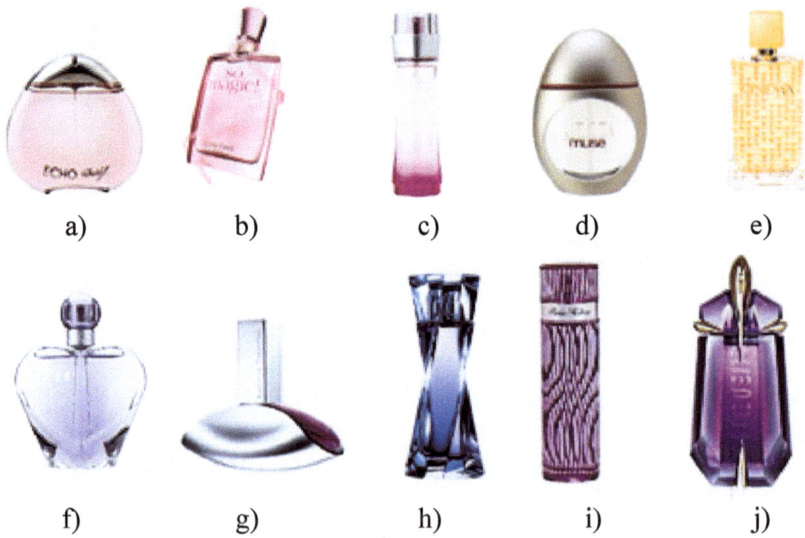

Abbildung 3.3: Flakondesign unterschiedlicher Hersteller für Eau de Toilettes (Quelle: *Douglas*)
a) *Davidoff* Echo; b) *miracle* so magic; c) *Lacoste* touch of Pink; d) *Joop* Muse ; e) *Yves Saint Laurent* Cinéma ; f) *Jette (Joop);* g) *Calvin Klein;* h) *Lancome Hypnose;* i) *Euphoria;* j) *Thierry Mugler Alien*

Die Hersteller von Rasierwässern, After Shaves und Eau de Toilettes für Herren gelangten zu völlig anderen Formgestaltungen, wie die **Abb. 3.4** zeigt. Die Behältnisse heben sich nennenswert von den Damen-Flakons ab und signalisieren einen maskulinen Touch.

Abbildung 3.4: Flaschen-Design für Herren-Düfte (Quelle: *Douglas*)
a) *Baldessarini* After Shave ; Eau de Toilette: b) *Hugo Boss* in Motion; c) *Jean Paul Gaultier* Le Male ; d) *Chanel* Allure; e) *Lagerfeld;* f) *Cerruti 1881;* g) *Gucci* Envy; h) *La coste;* i) *Dior* Fahrenheit; j) *Giorgio Armani- Armani* Code; k) *Kenneth Cole-* Black for him; l) *Hugo Boss- Hugo* Energie; m) *Joop!*

Die Duftwasserflaschen weisen Unterschiede in Größe, Form, Farbe, Verschluss, Produktentnahme, Haptik und in den Materialien auf, also in allen Kriterien, die das Design bestimmen. Es gibt eine Vielzahl von Couturiers, Sängern und Sportlern, die ihren bekannten Namen für eine Duftserie zur Verfügung stellen und so eine Marke kreieren. Neben den bereits genannten Prominenten gibt es weitere Beispiele für Namen aus der Modebranche, wie *Ungaro, Bogner, Jil Sander* und *Kenzo* sowie *Valentino*, für Sängerinnen *Celine Dion, Jennifer Lopez, Britney Spears* und für Sportler *Gabriella Sabatini*. Aber auch typische männliche Marken aus den Bereichen der hochwertigen Sportwagen, Zigarren, Zigaretten, Sportkleidung oder Rasierklingen werden übertragen, wie *Ferrari, Davidoff, Puma, Dunhill, Gillette* oder *Wilkinson.* Solange der Name der Person oder des Unternehmens auf Grund des positiven Images und der Exklusivität auf das Produkt/die Produktlinie passt, gibt es meist keine Akzeptanzprobleme beim Kunden.

3.5 Gütezeichen

Anders als die Marke (hohe Qualität) stehen die verschiedenen Güte- oder Prüfzeichen für eine eingehaltene (Mindest-) Qualität oder für einen Öko-Standard (frei von Konservierungsmitteln, aus kontrolliertem Anbau, minimaler Energieverbrauch). Das Gütezeichen (Gütesiegel) ist daher nicht Eigentum eines Unternehmens, sondern wird von einem Verband, Institut oder Amt vergeben. Es soll dem Verbraucher eine kontrollierte Produktqualität vermitteln. Beispiele sind das Bio-Siegel, das Gütesiegel der CMA (Centrale Marketinggesellschaft der dt. Agrarwirtschaft) und das RAL-Gütezeichen „Markenbutter". Die Gütesiegel sollen den Einkauf erleichtern, wie auch das QS- Prüfzeichen für Lebensmittel oder das Umweltzeichen „Blauer Engel".

4. Funktionen der Verpackung

Die Verpackung ist einerseits ein wesentlicher oder sogar unverzichtbarer Bestandteil des Produktes, andererseits kann der Wert auch nur in der Ästhetik oder im künstlerischen Ausdruck liegen, wie in **Abb. 4.1** dargestellt.

Einige Produkte, wie Zucker und Mehl, lassen sich ohne eine Verpackung nicht vermarkten, dagegen werden Stühle und Tische ohne Verpackung oder nur mit einem Stoß- (Wellpappe) und Wetterschutz (Folie) verkauft.

In der Waschmittel-, Klebstoff-, Pharma- und Kosmetik- sowie Lebensmittelindustrie spielen Verpackungen eine große Rolle, weil sie neben dem mechanischen Schutz eine Vielzahl von Aufgaben übernehmen. Voraussetzung ist die Verwendung eines total inerten und beständigen Verpackungsmaterials. Wechselwirkungen mit dem Produkt dürfen unter keinen Bedingungen auftreten.

Die Verpackung stellt bei Handelswaren eine zur Aufnahme, zum Zusammenhalt und zum Schutz des Gutes gegen äußere Einflüsse dienende Umhüllung [13] dar.

Abbildung 4.1: Verhüllter Reichstag in Berlin, Christo 1995; 100.000 m^2 Polypropylengewebe; (Quelle: R. Bergner; private Aufnahme)

Sie besteht aus Pappe, Papier, Kunststoffen, Holz, Textilien, Metallfolien, Blech oder Glas. Metallische Röhrchen und Behältnisse bestehen überwiegend aus Aluminium. Für viele Verpackungen haben sich Kunststoffe, insbesondere ein- und mehrlagige Folien [14], aus Polyvinylchlorid (PVC), Polyethylen (PE) und Polypropylen (PP) sowie aus Polyethylenterephthalat (PET), Polyamid (PA) und Polystyrol (PS) durchgesetzt. Glas als Flaschenmaterial wird zunehmend durch PET abgelöst.

4.1 Verpackungen bei Konsumgütern

Die Verpackung der Ware ist zur Kennzeichnung mit dem Markennamen und zur Verbraucherinformation mit Angaben zum Inhalt sowie in einigen Fällen auch mit Warnhinweisen, wie „nicht für Kinder geeignet", bedruckt. Ferner befinden sich auf dem Etikett des Produktes und auf der Verpackung einige Anwendungs- und Wirkhinweise (Bedienungsanleitung und Produktleistung).

Es lassen sich Einfach- und Mehrfach-Verpackungen (Umkarton oder Schrumpffolie) unterscheiden. Ein alter Transportkarton ist in **Abb. 4.2** dargestellt. Der Umkarton wird für den Produkttransport und für den Transportschutz benötigt.

Abbildung 4.2: Alter Transportkarton

Die eigentliche Umhüllung der Verbrauchereinheit (Verpackung) lässt sich als ein Bestandteil des Produktes ansehen. Die Verpackungsform und das Verpackungsmaterial müssen gemäß **Tab. 4.1** mehrere Anforderungen erfüllen.

Zusätzlich zum mechanischen und chemischen Schutz muss die Verpackung kommunikative Aufgaben übernehmen. Die Hauptaufgabe der Verpackung eines Markenartikels beinhaltet die Gestaltung der Marke als Verkaufshilfe. Dabei sind ästhetische sowie imageprägende Gestaltungselemente (Farben) besonders wichtig, wie **Abb. 4.3** zeigt.

Die Verpackung sowie das Produktetikett repräsentieren die Marke und stellen ein wesentliches Element des Produktdesigns dar. Daher bilden sie das Zentrum, d.h. den wichtigsten Teil bei der Gestaltung einer Verpackung, bzw. die „Nabe" im „Verpackungsrad", um die sich die acht physikalisch/chemischen Funktionen drehen.

Tabelle 4.1: Eignung des Verpackungsmaterials und der Verpackungsform

Verpackungsmaterial/-formen	Anforderungen
Produktinertes Material	Keine chemischen Reaktionen, Gasundurchlässigkeit; Feuchtigkeits-/ Wasserschutz, UV-Schutz; mechanische und thermische sowie optische und elektrische Eigenschaften, Siegelbarkeit.
Zusatzfunktionen	Form, Griff, Dosier-, Sprüh-, Verteileinrichtung, Öffnen, Wiederverschließen, Kindersicherung, Applikationen.
Wirtschaftliche Produzierbarkeit	Einsatz üblicher Produktions- und Abfüllmaschinen mit hoher Leistung; Bedruckbarkeit des Verpackungsmaterials in allen Farben.
Paletteneignung, Stapelbarkeit	Mehrere Lagen übereinander stapelbar, evtl. mit Umkarton; optimale Paletten-Nutzung.

Abbildung 4.3: Marke im Mittelpunkt der Kommunikation mit den markentypischen Schriftzügen und Farben (Quelle: Fa. *Henkel*)

Das „Verpackungsrad“ in **Abb. 4.4** gibt die wesentlichen Funktionen der Verpackung an und zeigt, dass der häufig in den Mittelpunkt gerückte Transportschutz nur einen Aspekt der Verpackung darstellt. Die physikalischen und chemischen Aufgaben der Verpackung, wie Standfestigkeit, Dichtigkeit und Lichtschutz, Dosierhilfe, Wiederverschließbarkeit sowie biologische Abbaubarkeit [15], müssen unter wirtschaftlichen Gesichtspunkten optimal gelöst werden.

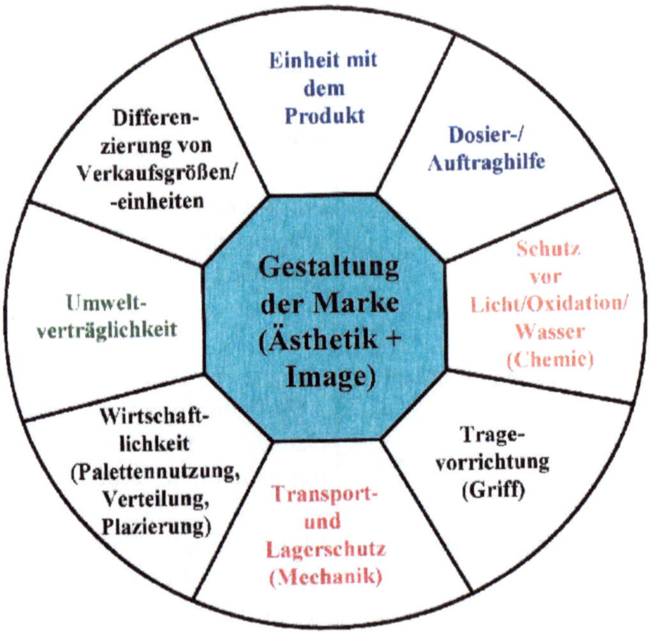

Abbildung 4.4: Aufgaben der Verpackung („Verpackungsrad“) bei Konsumgütern

Bei Konsumgütern wird von den Markenartikelherstellern die komplette Verpackung (incl. der Beschriftung) auf Kundenzufriedenheit getestet. Die Größe einer Einheit richtet sich nach den Marktgegebenheiten. Die Verpackung muss alle Vorgaben an die Ästhetik, Markenidentifikation, Produktbeschreibung, Leistung und Handhabung erfüllen. Der Test erfolgt üblicherweise unter Einbeziehung einer Alternativentwicklung, eines Vorgängerproduktes sowie einer oder mehrerer Konkurrenzverpackungen. Das Ergebnis stellt ein Ranking der verschiedenen Formen und Farben dar. Die Beurteilung wird von Kunden oder von potenziellen Käufern durchgeführt.

Konsumgüter benötigen eine auf das Produkt abgestimmte Verpackung, die eine kundengerechte Anwendung ermöglicht. Die Verpackungen werden daher als Einheit mit Dosier- und Applikationsvorrichtungen ausgestattet, zum einen weil nur auf diese Weise eine Anwendung möglich ist oder zum anderen der Gebrauch erleichtert wird. Bei Flüssigkeiten, Pasten, Gelen, Suspensionen und Pulvern, wie sie in der Kosmetik verkauft werden, ist eine Anwendung nur aus der Verpackung möglich, z.B. beim Haarspray, bei der Zahnpasta, der Flüssigseife, dem Lippenstift, der Mascara oder bei der Gesichtscreme. In diesen Fällen stellen Produkt und Verpackung eine (Anwendungs-/Verkaufs-) Einheit dar.

Andere Beispiele hierfür sind der Fleckenentferner mit Auftragsbürste, der Nagellack mit dem Pinsel, die Bügelhilfe mit einer Pumpsprüheinrichtung, die Haarpflege mit einer Schaumbereitung, die Schuhcreme mit einem Schwamm zum Auftragen und Verteilen, der Weichspüler mit einer Dosierkappe und die Waschmittelpulver mit einem Messbecher sowie der Schmelzkleber mit der Pistole.

Formen in unverwechselbarem Design und markentypischen Farben zeigt **Abb. 4.5.** Die Flaschenformen und die Farben der *Maggi*-Würze und des *Odol*-Mundwassers stehen für die Marke, ähnlich ist es bei der Perrier- oder der Original-Coca Cola-Flasche.

Andere Verpackungen sind aufwändiger, werden festgeklemmt und müssen eine Applikation über mehrere Wochen ermöglichen, wie am Beispiel des „WC-Reinigers mit integriertem Lufterfrischer“ in **Abb. 4.6** ersichtlich. Dieses Produkt verdankt seine Existenz dem Design der Verpackung mit der speziellen Dosierfunktion, wobei der kraftvolle Reiniger und der Duftstoff in getrennten Behältnissen vorliegen und gemeinsam automatisch beim Spülvorgang dosiert werden.

Abbildung 4.5: Unverwechselbare Produkte durch das Flaschendesign

Abbildung 4.6: Zwei-Kammer-Produkt mit Dosiereinrichtung
(Quelle: Fa. *Henkel*)

Die Verpackungen etwas größerer und damit unhandlicherer Konsumgüter, die nicht mehr mit einer Hand sicher beherrschbar sind, werden mit Griffen versehen. Die Gestaltung der Griffe erfolgt unter der Vorgabe der einfachen Handhabung (kundenfreundlich) sowie einer „Formschönheit".

Die Größen von einzelnen oder mehreren gemeinsam verpackten Produkten wird auf die Palettengröße abgestimmt, so dass der Platz auf der Palette optimal in der Fläche und in der Höhe nutzbar ist. Verpackungseinheiten erhalten zur mechanischen Stabilität eine Folienumhüllung, wobei eine erwärmte Folie im Automaten fest um die Einheit gewickelt wird. Die nach der Abkühlung geschrumpfte Folie (PE) stabilisiert und schützt vor Staub, Feuchtigkeit und Regenwasser. Die Produkte befinden sich nach der Herstellung häufig in mehreren Einheiten im Karton. Die Kartons werden auf einer Palette gestapelt und durch die Schrumpffolie geschützt ins Lager transportiert oder direkt ausgeliefert.

Neben den geschilderten und geforderten Funktionen der Verpackung spielen die Stückkosten eine wichtige Rolle, insbesondere bei Alternativen. Die ökologische Belastung der Umwelt bei der Entsorgung stellt ebenfalls einen Faktor bei der Entscheidung dar. Daher erfolgen viele Entwicklungen zur Minimierung des Verpackungsmaterials und damit auch zur Reduzierung des Abfalls, da jede Verpackung nach Gebrauch des Produktes als Abfall entsorgt werden muss. Aber zum einen können viele Materialien rezirkuliert werden, zum anderen ist bei Holz, Karton und Kunststoffen eine thermische Verwertung möglich. Einige Verpackungen bestehen auch aus kompostierbaren Materialien [15].
Eine Alternative stellt die Wiederverwendung der Verpackung dar. Einige sind attraktiv gestaltet und können nach Gebrauch einer anderen Nutzung zugeführt werden (Beispiel: Senfgläser, die später als Trinkglas nutzbar sind; Besteckkasten, für die Schublade verwendbar). Die häufig anzutreffenden Kunststoffe (Polyethylen-, Polypropylen- und Polyethylenterephthalat) lassen sich rezirkulieren oder thermisch verwerten.

4.2 Verpackung bei Industriegütern

Industriegüter werden auf Paletten transportiert und erhalten als Schutz häufig ein Gestell oder eine Kiste aus Holz oder aus Aluminium. Maschinen und Apparate sowie Zubehörteile lassen sich auf diese Weise auch über lange Strecken versenden. Bei chemischen Produkten erfolgt die Abfüllung von Feststoffen in Abhängigkeit von der Liefergröße in Säcken (PE-LD; 15 bis 40 kg) und in Hobbocks (PE-Fässer u.a.; 20 bis 200 kg) sowie in Big Bags (fexible, viereckige Kunststoffbehältnisse mit verschließbaren Öffnungen oben und unten) in Größen von ca. 500 kg bis 3 t. In **Abb. 4.7** sind einige Hobbocks aus „Karton" dargestellt; separate Behältnisse, gestapelt und im Hochregallager. Die heute für das Feststoffhandling üblichen Big Bags können der **Abb. 4.8** entnommen werden, hier eingesetzt für den Transport von Enzymgranulaten (Fa. *Biozym*).

Abbildung 4.7: Hobbocks auf Paletten (Hobbockmaterial: Kraftliner- Polyethylen- Kraftliner mit Stärkekleber verbunden; Deckel und Boden aus Stahlblech; Verschluss mit Dichtung und Spannring; Inhalt: ca. 50 kg Enzymgranulate) und in Folie im Hochregallager (oben im Lager: Sackware) (Quelle: Fa. *Biozym*)

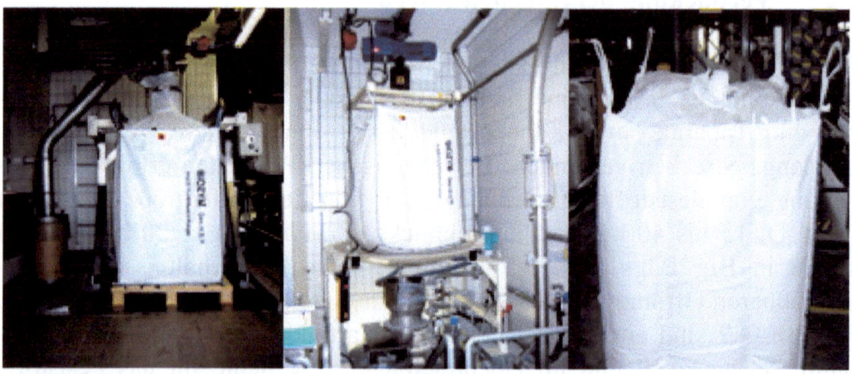

a) b) c)

d) e)

Abbildung 4.8: Big Bags (Material: UV-stabilisiertes Polypropylen; Inhalt: max. 1.4 m³; ca. 800 kg Enzymgranulate)
a) Befüllvorgang; b) Entleerung; c) Haltebänder; d) Lager: Big Bags auf Paletten; e) Hochregallager; (Quelle: Fa. *Biozym*)

Größere Mengen lassen sich in transportablen Silobehältern oder in Silofahrzeugen (5 bis 30 t) zum Kunden bringen. Flüssigkeiten können in Fässern (200 l) auf Paletten, in Containern (ca. 200 l bis 5 t) und in Tankfahrzeugen (15 bis 25 m³) versandt werden. Kühltransporte sind in Spezialfahrzeugen möglich; für den Transport flüssiger Schmelzen gibt es Tankfahrzeuge mit Begleitheizung.

Die Beschriftung auf Säcken und auf Fässern ist in den letzten Jahren größer, aufwändiger und informativer geworden. Der Produkt - und Firmenname mit Firmenlogo wird großflächig farbig herausgestellt, der Inhalt beschrieben und die Warnhinweise aufgeklebt. Auch diese Produkte sollen aus größerer Entfernung dem Hersteller zugeordnet werden können. Hierbei lässt sich eine Annäherung an die Vorgehensweise der Konsumgüterindustrie erkennen.

4.3 Chemische Einflüsse

Konsumgüter, Lebensmittel und chemische Produkte verändern sich im Laufe der Zeit. Bei einigen Produkten vergehen nur wenige Tage, bei anderen können Monate zwischen Herstellung und Verbrauch liegen. Zahlreiche Faktoren, die einerseits von außen bzw. von außen und innen einwirken oder nur von innen wirksam werden, tragen zu den chemischen Veränderungen bei. Diese sind neben den in **Abb. 4.9** graphisch dargestellten Einflussfaktoren zusätzlich zeit- und temperatur- sowie feuchtigkeitsabhängig.

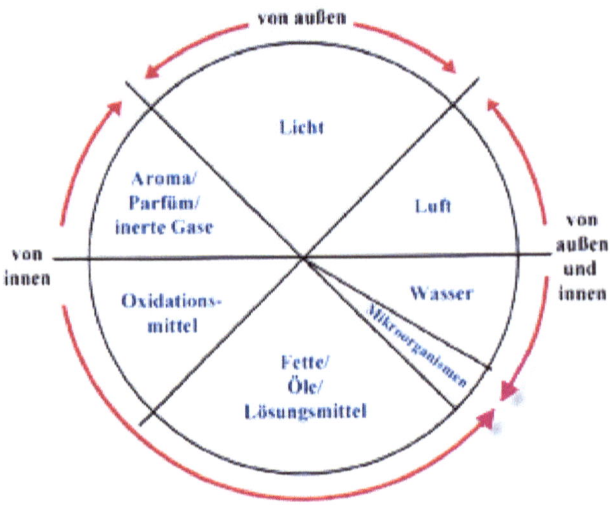

Abbildung 4.9: Chemische Einflüsse auf das Produkt

Die Verpackung übernimmt in vielen Fällen den Schutz des Produktes vor chemischen Veränderungen. Der in der Luft enthaltene Sauerstoff kann Inhaltsstoffe durch Oxidation verändern und dadurch das Produkt unbrauchbar machen. Beispielsweise nimmt der Gehalt an den Vitaminen A, B_1, B_{12}, C, D und E durch Oxidation rasch ab. So verlieren Orangensäfte in Gegenwart von bereits 1 mg Sauerstoff ca. 10 mg Vitamin C [16]. Geschältes Obst verfärbt sich durch Oxidation braun (Polyphenole). Auch Vitamin A oxidiert sehr leicht. Für den Fall sauerstoffempfindlicher Inhaltsstoffe sollte eine weitgehend luftundurchlässige Verpackung, meist bestehend aus Verbundfolien, gewählt werden. Eine Abfüllung unter inerten Bedingungen ist empfehlenswert. Produktseitig können Antioxidanzien zum Einsatz gelangen, oder das empfindliche Produkt lässt sich im Falle einer Flüssigkeit verkapseln oder bei Feststoffen mit einer Coatingschicht überziehen.

Der UV-Anteil des Lichtes katalysiert Oxidationsreaktionen. So können in Fetten (Lipiden) unter Einwirkung von starker UV-Strahlung Radikale entstehen, die mit dem Luftsauerstoff reagieren (Autoxidation). Die Bildung der Radikale hängt von der Anzahl der Doppelbindungen ab. Bei den C-18 Fettsäuren ist die Reaktionsgeschwindigkeit der Stearinsäure (gesättigt; 18-0) am geringsten. Sie steigt mit der Anzahl der Doppelbindungen über die Öl- (18-1) und Linol- (18-2) bis hin zur Linolensäure (18-3) um den Faktor 2500 [17] an. Neben den Oxidationsreaktionen initiiert der UV-Anteil des (Sonnen-) Lichtes radikalische Polymerisationsreaktionen oder Zerfallsreaktionen, abhängig von der Strahlungsintensität und von der Zeit.

Falls das Verpackungsmaterial nicht wasserdampfundurchlässig bzw. weitgehend undurchlässig ist, können Zersetzungsreaktionen (Peroxide), Anlösungsprozesse und Neutralisationsreaktionen (Citronensäure) oder Umkristallisationsvorgänge (Soda) sowie Klumpenbildungen stattfinden, die das Produkt meist unbrauchbar werden lassen.

Ein großes Problem stellt der mikrobielle Befall dar, der überwiegend in wässrigen Lösungen oder wasserhaltigen Produkten bei leicht erhöhten Temperaturen (25-45 °C) auftritt. In der Pharma-Industrie werden daher die Wirkstoffe oftmals nicht nur unter sterilen Bedingungen hergestellt, sondern auch abgefüllt. Eine sterile Abfüllung von Injektionslösungen erfolgt beispielsweise in Glasampullen, die vor dem Abfüllen thermisch entkeimt und unmittelbar nach der Befüllung mit einer Flamme zugeschmolzen werden.

Bei einigen Lebensmitteln und bei zahlreichen Konsumgütern hilft vor mikrobiellem Befall zum einen die Abwesenheit von Wasser. Daher sollte das Verpackungsmaterial ein Schutz vor Wasserdampf bieten, beispielsweise mittels einer Sperrschicht im Karton. Zum anderen lässt sich das Produkt thermisch oder über Zusätze behandeln. Vorbild ist die Lebensmittelindustrie, die zur Haltbarmachung der Milch einige Verfahren entwickelt hat. Möglichkeiten hierfür stellen das Sterilisieren des Produktes (ca. 10 min bei 121 °C), das Pasteurisieren, wie das Kurzzeiterhitzen auf 85 °C für 2-3 sec oder das Dauererhitzen für 30 min bei 65 °C, bzw. das Ultrahocherhitzen für 5 –8 sec bei 136-138 °C [18] dar. In der Biotechnologie erfolgt die Sterilisation im diskontinuierlichen Fermenter bei 121 °C über 30 Minuten. Eine andere Methode besteht in der Zugabe von Konservierungsmitteln. Bei Lebensmitteln sind beispielsweise die Benzoe- und Sorbinsäure (<0.5 %) üblich, in der Kosmetik werden bevorzugt Parabengemische eingesetzt.

Die Produktionsanlagen sollten dem GMP-Standard (Good Manufacturing Practice; Kap. 5.6) gebaut sein und über eine integrierte Reinigungsanlage verfügen. Üblicherweise werden kontaminationsgefährdete Produkte in Edelstahlanlagen gefertigt und in Edelstahlbehälter bevorratet. Eine Sterilisation des Wassers über Filter oder mittels UV-Licht ist empfehlenswert.

4.4 Kunststoffverpackungen

Kosmetische Produkte, die Öle, Fette oder Lösungsmittel enthalten, werden in Glas, Keramik und in geeignete Kunststoffbehältnisse abgefüllt. Auch die Lebensmittelindustrie nutzt gern das völlig inerte Verhalten von Glas und insbesondere von einigen Kunststoffen. So werden unterdessen viele Mineralwässer in PET-Flaschen angeboten. Das Fett von Butter und Margarine schlägt bei den Papierverbundfolien im Gegensatz zum reinen Papier nicht durch. Das Aroma bleibt bei vakuumverpacktem Kaffee dank Verbundfolien lange Zeit erhalten [14]. Fleisch und Fisch werden in Vakuumverpackungen angeboten. Wurst, Fleisch und Käse liegen verpackt in transparenten Kunststoff-Folien in den Regalen. Selbst Konservendosen sind immer öfter mit einer Innenbeschichtung aus Kunststoffen ausgestattet.

Die flüssigen und viele der festen Konsumgüter für den Haushalt befinden sich in reinen Kunststoffverpackungen oder in Materialien, die anteilsweise Polymere enthalten. Bad- und Fensterreiniger lassen sich genauso als Beispiele nennen wie Frostschutzmittel oder Felgenreiniger für das Auto. Die Konsumgüterindustrie setzt als Verpackungsmaterial auf Polymere.

Die Chemie arbeitet in großem Umfange mit Stahlfässern und -behältern, die innen eine Kunststoffbeschichtung aufweisen. Auch Papiersäcke, Pappfässer und Kartons sind in einigen Fällen zum Produktschutz mit Folien-Inlinern (Innensack aus Kunststoff) ausgestattet. In den Produktionsanlagen können Reaktoren, Maschinen, Apparate und Rohrleitungen mit einer innenseitigen Beschichtung aus einem inerten Polymermaterial zur Vermeidung von Korrosion und chemischem Abtrag versehen sein. Als Werkstoffe werden im Bereich der Chemie neben Edelstähle überwiegend Kunststoffe eingesetzt.

Kunststoffe sowie beschichtete Papiere (meist PE-LD; low density-Polyethylen) dienen zur Anfertigung von Etiketten. Für Papiersäcke mit besonderen Eigenschaften, wie Gas- und Fettdichtigkeit, eignen sich Papierverbunde mit Polyvinylidenchlorid (PVDC) oder Verbunde aus Papier/Al/PE-LD.

Für höchste Ansprüche haben sich reine Kunststoff-Verbundfolien bewährt, die aus drei, fünf oder sieben Schichten und mehr bestehen können und über einen Haftvermittler miteinander verbunden sind. Durch den Verbund werden mechanische und chemische Eigenschaften optimiert. Eine typische symmetrische Sieben-Schicht-Folie besteht aus: PE-X-PA-EVOH-PA-X-PE [14]. (Erläuterung der Abkürzungen: PE: Polyethylen; X: Haftvermittler; PA: Polyamid; EVOH: Ethylen-Vinylacetat-Copolymer). Folien lassen sich auch mit Metallen bedampfen.

Herstellverfahren für Kunststofffolien und Flaschen sind in **Abb. 4.10** schematisch dargestellt.

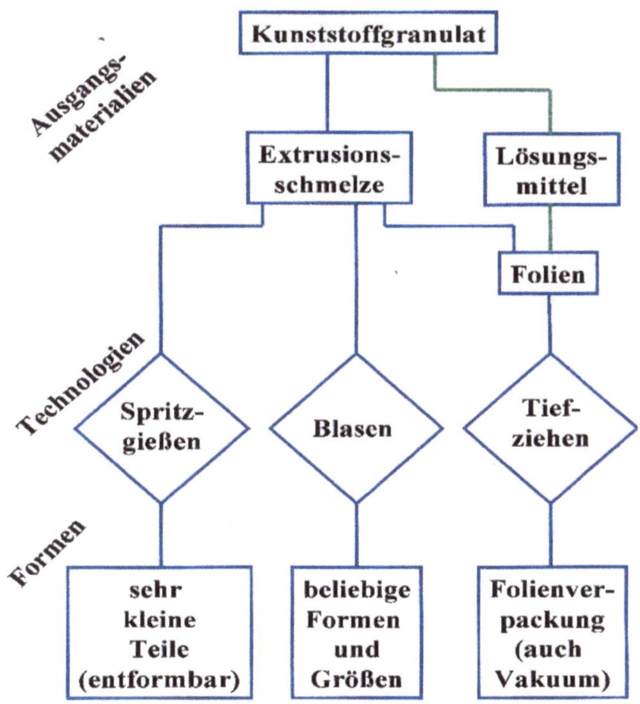

Abbildung 4.10: Herstellung von Kunststoffverpackungen

Übliche Kunststoffverpackungen in Form von Behältnissen sowie von Folien werden über die Extrusionstechnologie hergestellt. Kunststoffe dominieren den Verpackungsbereich, weil es auch für schwierige Probleme eine preisgünstige Lösung, z.B. über Verbundfolien, gibt.

Polymergranulate dienen als Ausgangsmaterial. Über die Einleitung von Scherkräften bei Temperaturzufuhr erfolgt der Aufschmelzvorgang im Doppelschneckenextruder. Die unter hohem Druck stehende Schmelze verlässt den Extruder am Kopf und wird einerseits in eine kühlbare Form gepresst (Spritzguss) oder andererseits über eine Düse in einen Schlauch (Blasverfahren) oder in eine Folie (Flach- oder Runddüse) geformt.

Beim Blasverfahren läuft der Schlauch durch Druck aus der Düse und folgt der Schwerkraft nach unten. Eine Form umschließt den Schlauch, der gleichzeitig oben abgeschnitten und anschließend mit Pressluft formschlüssig aufgeblasen wird. Nach Abkühlen der Schmelze über eine Wasserkühlung im Werkzeug öffnet sich die Form und das geblasene Kunststoffteil (Flasche, Eimer, Röhrchen, Doppelkammerbehälter) fällt heraus.

Folien, die aus Polymerlösungen über Band- oder Trommelmaschinen hergestellt werden, sind in der Literatur unter „Gießfolien" zu finden [14]. Die Herstellung der meisten Folien erfolgt, ausgehend von den Granulaten, mittels Extrusion, häufig über angeblasene Runddüsen in haushohen Anlagen. Über den Einsatz mehrerer Extruder und spezieller Düsen lassen sich die Verbundfolien in einem Arbeitsgang produzieren.

Die bedruckten, auf Rollen befindlichen Folien werden zum einen in Abfüllanlagen abgezogen, gefaltet, seitlich verschweißt, mit Produkt gefüllt und anschließend oben geschlossen (Refill- Beutel). Zum anderen erfolgt die Folienverarbeitung auf Tiefziehanlagen.

Das Haupteinsatzgebiet der Tiefziehanlagen liegt im Bereich der Verpackung von Lebensmitteln. Es können mehrere Kammern in einem Vorgang parallel gefüllt und verschweißt werden. Diese Technologien spielen im „Produktdesign" eine wichtige Rolle und sind im Folgenden als „Designtechnologien" bezeichnet.

4.5 Verpackungsformen und Materialien

Einige Beispiele für übliche Verpackungsformen und Materialien sowohl in der Lebensmittel-, Kosmetik- und Pharmaindustrie sowie bei Wasch-

und Reinigungsmitteln als auch in der chemischen Industrie lassen sich der **Tab. 4.2** entnehmen.

Tabelle 4.2: Verpackungen und Verpackungsmaterialien

Verpackungen	Materialien
Ampulle	Glas
Bag-in-Box	Kunststoff/Pappe
Behälter	Aluminium (Al), Kunststoff
Beutel	Schlauch-, Falt-, Siegelrandbeutel
Big Bag	Kunststoff
Blister	Kunststoff
Doppelflasche	Kunststoff
Dose	Aluminium, Glas, Keramik, Kunststoff
Fass	Metall, Kunststoff
Flakon	Glas, Keramik, Kunststoff
Flasche	Glas, Keramik, Kunststoff
Folie, Folienbeutel	Kunststoff
Flowpac	Kunststoff
Gefäß	Glas, Keramik, Metall, Kunststoff
Glas	Siliciumoxide
Hülle	Kunststoff
Infusionsbeutel	Polyvinylchlorid (PVC)
Karton	Pappe, Inliner-Folie/Verbundfolie
Keramik	Tone
Kiste	Holz, Papier, Pappe, Metall, Kunststoffe
Kugeln	Aluminium (Al), Glas, Kunststoff
Kunststoffbeschichtete Papiere	Polyethylen (PE) auch mit Al, Polyvinylidenchlorid (PVDC)
Kunststoff-Folie	Polyethylen (PE), Polypropylen (PP), Polyvinylchlorid PVC), Polyamid (PA), Polystyrol (PS), Polyethylenterephthalat (PET)
Laminattuben	Aluminium-Polyolefin-Verbundfolie; (z.B. PE/Al/PE)
Netz	Kunststoff
Papier	Cellulose
Pappe	Cellulose

Pouches	Polyvinylalkohol (PVOH), Polyethylen, Polyvinylchlorid
Pumpflasche	Kunststoff
Pumpsprayflasche	Kunststoff
Refill-Beutel	Folien, Verbundfolien
Röhrchen	Aluminium, Glas, Kunststoff
Sachets	Folien, Verbundfolien, Polyvinylalkohol
Schachtel (rund, 3 bis 8 Ecken, herzförmig)	Cellulose, Kunststoff, Folien
Sack	Papier, Kunststoff, Verbundfolien
Schaumfolien	Polystyrol, Polypropylen, Polyethylenterephthalat
Spender	Kunststoff
Spraydose	Aluminium, Kunststoff
Tetrapacks	Kunststoff, Verbundfolien
Tiegel	Glas, Keramik, Kunststoff, Metall
Tragetaschen	Polyethylen, low-density (PE-LD), Papier
Trommel	Pappe, Cellulose, Kunststoff, Verbundfolien
Tube ohne/mit Applikationen;	Aluminium, Kunststoff
Verbundfolie	Aluminiumfolie mit Kunststoff-Folien, Cellophan, Papier, Pappe; Polyamid-/Polyethylenfolie, u.a.
Tüte	Cellulose, Kunststoff
Verpackungsbeutel	Polyethylen (PE-LD)

4.6 Beispiele für Verpackungen

Für jedes Produkt, ob flüssig oder fest, muss eine geeignete Verpackung gefunden werden, die einerseits die Anforderungen des Verpackungsrades und andererseits die der Kunden optimal erfüllt. Als Beispiel für ein flüssiges Produkt soll auf die Verpackung von Bier (**Abb. 4.11**) eingegangen werden. Nach der Herstellung befindet sich das Bier in gekühlten Edelstahltanks und wird von dort für den Großverbrauch der Gaststätten in große Fässer abgefüllt. Für den direkten Verkauf an die Konsumenten haben sich Flaschen, Dosen und Partyfässer eingebürgert. Damit das Bier frisch bleibt, sind die Einheiten mit 0.33 bzw. 0.5 l relativ klein. Sie werden zusammengefasst in „Gebinden“, wie Sixpacks, Kartons oder Kästen. Die Flaschen sowie die Verpackungen zeigen durchgängig die charakteristische Aufmachung der Marke.

Abbildung 4.11: Verpackungen von Flüssigkeiten am Beispiel des Biers (Quelle: *Bitburger; designforbusiness*)

Im Falle der in **Abb. 4.12** dargestellten festen Oxi-Fleckentferner gibt es von der Chemie her zwei Voraussetzungen, die unbedingt zu erfüllen sind. Das Produkt ist zum einen ein Oxidationsmittel und kann mit anderen Bestandteilen reagieren, zum anderen zersetzt sich das Pulver bei längerem Kontakt mit feuchter Luft.

Daher wird das Oxidationsmittel mit einer Schutzschicht (Coating) versehen und vor Feuchtigkeit durch die Verpackung geschützt. In flüssiger Form ist es empfehlenswert, das starke Oxidationsmittel in einer separaten Kammer einer Zweikammerflasche stabil zu halten.

Um die Kundenwünsche zu befriedigen, gibt es das Pulver im Eimer für großflächige Anwendungen oder häufigen Gebrauch, im kleinen Karton für den gelegentlichen Einsatz sowie ein gelartiges Spray (haftet am Fleck) für die einfache und schnelle Anwendung, ferner ein Vorbehandlungsspray für das optimale Waschergebnis. Wie in Abb. 4.12 gezeigt, fällt hier die Marke durch die gewählten Farben und den Markenschriftzug auf.

Abbildung 4.12: *Sil*-Fleckentferner als Beispiel für unterschiedliche Anbietungsformen und Verpackungsgestaltungen (Quelle: Fa. *Henkel*)
a) *Oxi Perfect* Pulver im wiederverschließbaren Eimer; b) *Oxi Perfect* Gel in einer Flasche mit Tragegriff; c) *Oxi Perfect* Spray in einer Pumpsprühflasche; d) Feckensalz im Karton; e) Sray&Wash in einer Pumpsprühflasche und f) einer Drucksprühdose; g) Saptil; h) Oxi Perfect 2 in einer Zweikammerflasche

Eine anspruchsvolle Aufgabe stellt die „Verpackung" von Klebstoffen dar, weil hier eine Einheit, bestehend aus einer Patrone für die viskose Flüssigkeit und einer Applikationsvorrichtung für die problemlose Anwendung, entwickelt werden muss. Besonderes Augenmerk ist auf den Verschluss zu richten, der nicht verstopfen darf und dicht schließen muss, weil die Klebstoffe mit dem Sauerstoff der Luft reagieren und aushärten. Flaschen, Roller und Stifte sind für die Applikation geeignet. Nur auf die angebotene Art und Weise lassen sich die Klebstoffe bzw. Korrekturflüssigkeiten einfach auftragen. Produkt und Verpackungen incl. Dosierhilfe bilden gemäß **Abb. 4.13** eine Verkaufseinheit.

Abbildung 4.13: Applikation und Verpackung in einer Einheit (*Pritt;* Quelle: Fa. *Henkel*)
a) Klebebänder; b) Korrekturflüssigkeiten, Roller-Pens-Fluids; c) Kleber, flüssig-Gel-Roller-Stift-Klebequa-drate, Alleskleber

In **Abb. 4.14** sind verschiedene Verpackungen für die maschinellen Geschirrreiniger dargestellt. Neben den alkalischen Pulver- und Tablettenreinigern umfasst das Programm ein Desodorierungsmittel mit Duft, einen Klarspüler, den Maschinenpfleger sowie das Spezialsalz zur Wasserenthärtung.

a) b) c)

d) e) f) g) h)

Abbildung 4.14: Produkte für die maschinelle Geschirrreinigung; (Quelle: Fa. *Henkel*)
a) Pulver; b) Tabs 3 in 1; c) Somat 5 Tabs; d) Spezial-Salz; e) Reinigungsverstärker; f) Maschinenpfleger; g) Klarspüler; h) Deo-Perls

In **Abb. 4.15** sind luxuriöse Behältnisse für Waschmittel abgebildet, die zu bestimmten Ereignissen herausgegeben wurden.

Abbildung 4.14: Jubiläumsboxen, Jubiläumstrommel (Fa. *Henkel*)

Zum einen die attraktiven Blechdosen zum Aufbewahren von Waschmittelpulver oder von Nachfüllpackungen mit der historischen „Weißen Dame" und zum anderen die *Persil- Megaperl-* Trommel zum 125 igsten Firmenjubiläum von *Henkel.*

5. Marken in der chemischen Industrie

5.1 Definition und Einsatz

Die Handelsnamen chemischer Produkte sowie der Maschinen und Apparate für die chemische Industrie stellen oft auch Marken dar, obwohl sie nur den Fachleuten bekannt sind. Die Hersteller von Spezialchemikalien arbeiten mit Registermarken, während die Maschinenbauer auch gern die Benutzungsmarke (siehe Kap. 2) verwenden.

In der chemischen Industrie lässt sich zwischen Produkten, die direkt zum Verbraucher gelangen, und denen, die zur Weiterverarbeitung bzw. zur Veredelung an andere Unternehmen oder Gewerbebetriebe verkauft werden, unterschieden. Die Firmen bewerben insbesondere ihre Konsumentenprodukte, um diese bekannt zu machen, zur Auslobung von Vorteilen gegenüber der Konkurrenz oder zur Abgrenzung von älteren Produkten. Ein Beispiel hierfür stellt das Waschmittel *Persil* dar, bei dem der ökologische Wasserenthärter *SASIL* (Zeolith 4A) in den 80 iger Jahren intensiv beworben wurde. Das davor als Enthärter eingesetzte Natriumtripolyphosphat war Mitverursacher der Überdüngung der Binnengewässer, so dass der Zeolith einen großen Fortschritt für den Umweltschutz darstellte.

Konsumentenferne Substanzen werden über einen Handelsnamen, den Markennamen, eine chemischen Bezeichnung oder über einen Trivialnamen vermarktet. Einige der chemischen Begriffe sind auch für die Fachkunden schwer zu merken. Daher existieren sinnvolle, in der Chemie häufig anzutreffende Abkürzungen, wie EO, PO für Ethylen- bzw. Propylenoxid. Andere Beispiele sind PEG für Polyethylenglykol, wie PEG 2000, Polyethylenglykol mit einem Molekulargewicht von 2000 Dalton. Oder FA für Fettalkohole und FS für Fettsäuren sowie FAS für Fettalkoholsulfate.

Besonders in der Polymerchemie wird mit Buchstabenkombinationen gearbeitet. Beispielhaft für die rund 300 Abkürzungen [19] seien hier Celluloseacetat (CA) und Ethylcellulose (EC), glasfaserverstärkte Kunststoffe (GFK), Polyvinylidenfluorid (PVDF), Tetramethylsilan (TMS), Vinylacetat (VA/VAC) und Vinylchlorid (VC) genannt.

Bei einigen Produkten enthält die Abkürzung zusätzlich Informationen über das Herstellverfahren. S- oder E-PVC steht für Polyvinylchlorid, das in einem Suspensions- (S) bzw. in einem Emulsionsverfahren (E) hergestellt wurde. Gleiches gilt für Polyethylen (PE), wobei hier zwischen dem

Hochdruckverfahren (Low Density-PE=LDPE) und dem Niederdruckverfahren (High Density-PE=HDPE) unterschieden wird. Oder es lässt sich das Co-polymer identifizieren, beispielsweise in den Abkürzungen S/B oder SBR für Polystyrol-co-butadien bzw. L-SBR für seine Herstellung in Lösung. Auch allgemeine Angaben sind möglich. Ist im Polymer ein Weichmacher enthalten, so kann dies mit den Buchstaben WM gekennzeichnet werden.

5.2 Spezialchemie, Biotechnologie und Pharmazie

In der Spezialchemie werden Phantasienamen als Marken angemeldet, aus denen sich weder die Chemie noch der Anwendungszweck ableiten lassen. Leider bezeichnet jeder Hersteller bzw. Lieferant die Produkte anders. Fettalkoholpolyglycolether bzw. FA-ethoxylate (Niotenside) laufen bei Fa. *COGNIS* unter den Bezeichnungen *Dehydol* und *Eumulgin*, bei der *BASF* unter *Lutensol* und *Plurafac*, bei *SASOL* unter *Marlipal*, bei Fa. *KOLB* unter *Imbentin* und bei *ZSCHIMMER&SCHWARZ* unter *Oxetal* und *Zusolat*. Diese geschützten Bezeichnungen sind nur wenigen Spezialisten (den zuständigen Produktentwicklern) in der chemischen Industrie bekannt und geläufig. Üblicherweise wird ein Katalog oder Prospekt des Lieferanten zu Rate gezogen, um sich über die Produkte, ihre Einsatzgebiete und – mengen sowie über die Anwendungen zu informieren.

Nahezu alle Spezialchemikalien werden über ihren Markennamen verkauft, und zwar egal ob es sich um die Großchemie (*Akzo Nobel, BASF, Bayer/Lanxess, Ciba, Clariant, Cognis, Croda, Degussa, Dow Corning, DSM, Lonza, Wacker*) bzw. um kleine Spezialfirmen oder auch Handelsgesellschaften (*Brenntag, Jan Dekker, Impag, Henry Lamotte*) handelt.

Auch die biotechnologisch hergestellten, industriellen Enzyme haben Markennamen erhalten. Für die eiweißspaltenden Proteasen existieren die Bezeichnungen *Savinase* (Fa. *Novozymes*), *Properase* (Fa. *Genencor*) und *BLAP* (Fa. *Biozym*). In der Pharmazie ist es üblich, allen Medikamenten einen Produktmarkennamen zu geben, wie *Bepanthen, Paracetamol und Baldrian ratiopharm, Dolormin, Diclac, Maaloxan* und *Lipitor*. So gibt es Tausende von geschützten Handelnamen in der Apotheke, weil jedes Produkt eine andere Bezeichnung trägt. Für die gleiche Anwendung muss die Konkurrenz einen anderen Markennamen wählen, auch wenn der gleiche Wirkstoff aus der gleichen Wirkstofffamilie enthalten sein sollte. In einigen Fällen wird das Medikament auf Grund seiner außergewöhnlichen oder innovativen Produktleistung mit Hilfe der Werbung so bekannt, dass es den Status einer Weltmarke einnimmt.

5.3 Kosmetische Industrie

In der Kosmetik gelangen aus der Natur gewonnene und synthetisch hergestellte Wirkstoffe zum Einsatz. Die natürlichen Substanzen sind überwiegend pflanzlichen Ursprungs. Ihr Name bezeichnet die Herkunft und den Typ des Wirkstoffes (wie Aprikosenkernöl oder Perilla Samenextrakt). So werden die meisten Substanzen nach ihrer Herkunft bezeichnet und gehandelt. Allerdings erhalten interessante Wirkstoffe einen speziellen Markennamen.

Die pflanzlichen Naturstoffe werden durch kalte Pressung, Wasserdampfdestillation, Lösungsmittel-Extraktion, Ritzung von Pflanzen (Harz) sowie Trocknung und Mahlung von Pflanzenteilen gewonnen. Die Rohstoffe stellen die Rinden, Äste (Hölzer) und Gräser, Blüten oder Knospen, Blätter oder Wurzeln bzw. Früchte und Samen sowie Kerne dar. Natürliche Pflanzenöle zeichnen sich einerseits durch die stark ungesättigten Anteile (charakterisiert über hohe Jodzahlen-JZ-) und andererseits durch überwiegende C 18/20- Gehalte an essentiellen Fettsäuren, bevorzugt der Linolsäure, aus. Sie eignen sich optimal für die natürliche Lipid-Versorgung der Haut. Daneben enthalten kaltgepresste natürliche Öle wichtige Aminosäuren, Mineralstoffe und Vitamine.

Insbesondere benötigt die Haut die C 18- gamma- Linolensäure, die im Hanf- (JZ= 166), Nachtkerzen- (JZ= 145), Schwarzkümmel- und Borretschöl (JZ= 140) enthalten ist. Gute Pflegeeigenschaften weisen auch die Öle aus dem Mandelsamen (JZ= 100), der Avocadofrucht (JZ= 90) oder aus dem Aprikosenkern (JZ= 98) auf. Zum Vergleich: Die weniger interessanten Oliven-, Rizinus- und Haselnussöle liegen im Bereich von 80 bis 90 JZ.

Pflanzenfette wie die Kakao- und Mangokernbutter werden von einigen Creme-Herstellern ebenso eingesetzt wie die Wachse aus der Jojoba oder dem Reis. Bienenwachs erfreut sich einer breiten Anwendung, wobei das gebleichte, weiße Wachs bevorzugt ist. Pflanzenmilch aus der Kokusnuss oder der Baumwolle, wasserlösliche Gele wie Aloe Vera sowie alkoholische Pflanzenextrakte (Parfümöle) sind altbekannte Hautpflegemittel bzw. kosmetische Duftstoffe.

Für die Hautfeuchtigkeit werden als natürliche Substanzen Harnstoff, Glycerin und Aminosäuren und Salze eingesetzt. Neben der Hyaluronsäure, wesentlicher Bestandteil in der Haut, sind auch verschiedene Proteine und Pflanzenextrakte wirksam. Als empfehlenswerte Anti-Aging- Wirkstoffe wurden synthetische Peptide einer speziellen Aminosäurensequenz erkannt, insbesondere Tetra-, Penta- und Hexapeptide.

Parfümöle stellen eine abgestimmte Komposition aus rund einhundert verschiedenen Einzelstoffen dar, die zum einen aus der Natur gewonnen, zum anderen synthetisch hergestellt und in Konzentrationen von 15-30 % für Parfüms, 5-10 % für Eau de Toilette und 2-4 % für Eau de Cologne verarbeitet werden. Wegen des Allergisierungspotenzials lassen sich kaum noch interessante Düfte auf ausschließlich natürlicher Basis herstellen. Je nach Flüchtigkeit der Öle können Kopf- (leicht flüchtig) und Herznoten unterschieden werden. Die Herznote bestimmt den Charakter des Parfüms (nach Blumen und Blüten, Citrus, Gewürzen und Tabak; orientalisch, grün, fleural, fruchtig, balsamisch, puderig, aldehydisch, aromatisch, aquatisch, holzig, süß). Die Grundnote ist schwerflüchtig (z.B. Sandelholzöl).

Aus Blüten stammen Lavendel-, Rosmarin- und Patchouli- sowie das Ylang-Ylang- Öl, aus den Schalen wird das Orangenöl, aus Beeren das Wachholder-, aus Gräsern das Lemongrasöl, aus Harz das Galbanum-, aus Blüten das Rosen- und aus Holz das Sandelholzöl gewonnen. Tierischen Ursprungs sind das Moschus (Bisam), das Castoreum vom Biber sowie das Ambra vom Wal und das Zibet-Absolue von der gleichnamigen Katze.

Unter den Begriff der „Drogen“ fallen getrocknete, gemahlene Pflanzenteile (Pulver), die in der Naturmedizin und in der Kosmetik eingesetzt werden. Sie lassen sich aus Wurzeln (Ginseng), aus Blättern (Tee, Pfefferminz, Gingko), Samen (Pfirsich) und natürlich auch aus Früchten (chinesische Quite) gewinnen (Fa. *Maruzen*). Einige kosmetische Substanzen stammen aus dem Meer, wie Chitosan, Algen- und Austerextrakte.

Wirkstoffe werden in Naturprodukten identifiziert und dann in reiner Form isoliert. Zu diesen Vertretern zählen die Ferula- und Phytinsäure (Fa. *Jan Dekker*) aus dem Reis, Lecithine und Vitamin E aus der Soja sowie Polyphenole aus dem Grünen Tee (bis zu 95 %). Andere sind biotechnologisch hergestellt. Die Hyaluronsäure, natürlicher Bestandteil unserer Haut, ist einer der bekanntesten Vertreter. Oder *Antarcticine*/ Fa. *Lipotec*, ein exzelluläres Glycoprotein, das von einem natürlichen Stamm (Pseudoalteromonas Antartica NF 3) produziert wird. Dieser kommt in der Antarktis vor (die Marke ist vom Fundort des Stammes abgeleitet).

Andere Substanzen werden speziell aufbereitet, chemisch veredelt oder mit zusätzlichen Stoffen gemischt. Diese Aufbereitungen erhalten meist einen geschützten Namen, beispielsweise nennt die Fa. *Jan Dekker* ihr Teebaumöl (Pharma-Qualität) *„Dekasential TTO"*, das Vitamin-C-dipalmitat *„Nikkol CP"* oder den Grünen Tee-Extrakt *„Sunphenon"*. Polypeptide (Hexapeptid: *Argireline*/ Fa. *Lipotec*; Tetrapeptid: *Matrixyl*/ Fa. *Sederma*) als chemisch modellierte Substanzen werden synthetisiert oder von Naturstoffen abgeleitet, ebenso wie die viele Emulgatoren, Verdicker und Hilfsstoffe.

Viele Kosmetikhersteller arbeiten mit sogenannten Wirkkomplexen, für die Marken eingetragen sind. Beispiele stellen die Wirkkomplexe der Fa. *Vichy* (=*L'Oréal*) dar, die in der Creme *Novadiol* sogenannte *Phyto-Flavone* (Soja-Extrakt) einsetzen oder die den so genannten Feuchtigkeitsspeicher *Filladyn* im Produkt *Thermal Fix* 1 verwenden. Die Fa. Nestlé vertreibt Nahrungsergänzungsmittel in Form von Kapseln unter dem Namen „*inneov*" zur Verbesserung der Hautdichte und –Festigkeit mit dem Komplex *Lacto-Lykopen*.

Konservierungsmittel werden auch unter Handelsnamen angeboten, beispielsweise unter den Sammelbegriffen *Dekaben, Dekasol* und *Paridol* (überwiegend Parabene bzw. Mischungen der Fa. *Jan Dekker*). Sie liefern auch Antioxidationsmittel unter der Bezeichnung *Antrancine*.

5.4 Wertigkeit von Produktbezeichnungen und Marken

In der Chemie erhalten Produkte einen Namen, wie Vitamin E. Die chemische Bezeichnung lautet: D- oder DL-α- Tocopherol. Durch die genaue chemische Formel (Summenformel: $C_{29} H_{50} O_2$), die Reinheit und optische Aktivität sowie die Molmasse von 430.7 g/mol erfolgt eine exakte Charakterisierung des Produktes. Das natürlich gewonnene Produkt besteht aus der wertvollen, biologisch aktiven D-Variante, während das synthetische Vitamin E als Racemat (DL) weniger aktiv ist.

Die Unternehmen vermarkten das reine Produkt unter dem Handelsbegriff „Vitamin E" bzw. unter seiner chemischen Bezeichnung „Tocopherol". Diese allgemein gültigen Bezeichnungen können nicht geschützt werden. Jeder Hersteller, jede Handelsfirma und alle Apotheken können Vitamin E unter Tocopherol verkaufen. Marken sind hier nur für spezielle Abmischungen oder Modifikationen möglich, wie *RetiSTAR* als Gemisch der

Vitamine A (Retinol), C und E von der *BASF* oder *Tocomix* („Tocopherolgemisch"), Vitamin E in Abmischung mit Sonnenblumenöl, von *Jan Dekker*.

Für die Vermarktung der Produkte kann es wichtig sein, sich durch Besonderheiten von der Konkurrenz abzusetzen. Eine Möglichkeit stellt, wie im vorhergehenden Abschnitt beschrieben, eine breit einsetzbare Abmischung dar, für die eine Marke angemeldet werden kann. Der Vorteil (benefit) bzw. die Differenzierung zur Konkurrenz liegt in der optimierten Formulierung, die eine verbesserte Einarbeitung, hellere Farbe oder eine erhöhte Lagerstabilität ermöglicht.

Für Formulierungen sind Markennamen interessant, die einen Bezug auf das Produkt und/oder auf den Hersteller aufweisen und sich leicht merken lassen. In der **Abb. 5.1** ist diese Möglichkeit unter Punkt 3 (Marke für Spezialitäten) aufgeführt.

Abbildung 5.1: Wertigkeit der Produktbezeichnungen und Marken

Lokale und nationale Marken, wie in der Bierindustrie und im Zeitungsmarkt üblich, erlauben eine Abgrenzung zur Konkurrenz und fördern den Verkauf. Hierbei kann ein Gütesiegel (Punkt 4) helfen, weil der Kunde eine versprochene und überprüfte Qualität erhält. Kontinentale und insbesondere weltweit bekannte Marken bilden das Standbein für global agierende Unternehmen. Über weltweite Herstellermarken verfügen im Bereich der Telekommunikation die Fa. *Nokia* mit den Handys, die Fa. *Panasonic* und *Sony* im Bereich der Unterhaltungselektronik, die Fa. *L'Oréal* in der Kosmetikindustrie sowie Fa. *Nestlé* bei dem schnelllöslichen Kaffee. Die wahrscheinlich am schnellsten wachsende Marke dürfte *Samsung* sein.

Eine Ausnahmestellung wird erreicht, wenn das Unternehmen über eine weltweite Doppelmarke verfügt, d.h. Produkt und Unternehmen werden als Einheit gesehen. Beispiele hierfür sind *McDonald's, Coca Cola* und *Pepsi, Microsoft* und *SAP, Harley-Davidson* und *Caterpillar, BMW* und *Porsche, Google, AOL* und *Ebay.* Oder Produkt und Unternehmen besitzen eine weltweite wahrgenommene Präsenz als Marke, wie im Pharmabereich Fa. *Pfizer* mit dem Cholesterinsenker *Lipitor* und Fa. *Bayer* mit der Universaltablette *Aspirin.*

Bekannte Marken existieren in der Fachwelt auch im Bereich des Maschinenbaus (Kap. 5.5). Zahlreiche Hersteller haben mit ihren Produkten Weltgeltung erlangt. Einen Sprühturm nach Aufgabenstellung fertigt die Fa. *Niro/GEA. Niro* ist weltweit als Lieferant für Sprühtrocknungsanlagen, insbesondere für Produkte der Lebensmittelindustrie, bekannt.

Eine Sprühagglomerationsanlage oder eine komplette Pharmafabrik errichtet die Fa. *Glatt.* Universell einsetzbare Mischer mit den *Pflugscharen* fertigt die Fa. *Lödige.* Mehrstufige Rührer der Fa. *Ekato* für Behälter und für Bioreaktoren (Fermenter) werden weltweit eingesetzt. *Luwa* liefert Dünnschichtverdampfer, *Alpha Laval* ist ein bekannter Hersteller von Separatoren.

5.5 Marken bei Maschinen- und Apparateherstellern

Einige Hersteller von Laborbedarf, Maschinen und Apparaten sowie Verfahren haben ihre Produkte und/oder ihren Firmennamen als Marke angemeldet. Sie bieten ihre Ware unter einem Markennamen (Wortmarken, hervorgehoben im Text mittels *kursiver Schrift*) an. Insbesondere bei großen und häufig verkauften Anlagen wird mit Marken (Registrier- oder Benutzungsmarke) gearbeitet.

Einige beliebige Beispiele sollen diese Aussage belegen: Zur Herstellung einer Emulsion werden Rotor/ Stator-Geräte bzw. –Maschinen, Ultraschallstäbe oder Hochdruckhomogenisatoren eingesetzt. Das benötigte, vollentsalzte Wasser kann mit einer *Opticap*- Filtereinheit (Fa. *Millipore*) sterilisiert werden. Im Labor erfolgt die Einwiegung der Rohstoffe in ein thermostatisiertes *Duran*-Becherglas (Fa. *Schott*) unter Rühren mit einem zweistufigen *INTERMIG* (Fa. *Ekato*). Anschließend muss ein Dispergierorgan eingesetzt werden. Dafür eignen sich der *Ultraturrax* (*Janke & Kunkel*) oder der mit Ultraschall arbeitende *Labsonic* (Fa. *Sartorius*). Großtechnisch kann die Emulsionsherstellung im *Supraton* (Fa. *BWS* Technologie) erfolgen. Die Tröpfchengrößenverteilungen lassen sich mit dem *Horiba LB-550* (Fa. *Retsch*) bestimmen.

Im Technikum werden die einzelnen Anlagenteile mit metallischen Leitungen über *Swagelock*-Verbindungen, flexibel mittels *Corroflon*-PTFE-Schrägwellenschläuchen (Fa. *Tecno Plast*) und *Rectus*- Schnellverschlusskupplungen zusammengeschaltet. Schwierige Stellen bleiben druckfest dicht dank *Kalrez*- Dichtungen (Fa. *DuPont Dow Elastomers*); der maximale Anlagendruck wird mit einer *KUB*-Berstscheibe (Fa. *Rembe*) begrenzt und eine Feststoffverunreinigung über *Trislot*- Filterelemente (Fa. *FVG*) ausgeschlossen. Ein *Aprol*-Prozessleitsystem (Fa. *br-automation*) kann die Anlage steuern.

Die im Pilot- und Produktionsmaßstab durchgeführten Prozesse werden umso aufwändiger, je mehr Feststoffe, Suspensionen und Dispersionen zu verarbeiten sind. Auch die Umsetzung hochviskoser Phasen bringt eine Reihe zusätzlicher Probleme, wie die Zu- oder Abführung von Wärme, die Homogenisierung oder die Einarbeitung von Feststoffen. In den folgenden Beispielen werden in der chemischen Technik gebräuchliche Maschinen und Apparate vorgestellt, die zum einen über ihre Produkt- und/oder Firmenmarke bekannt sind und zum anderen einen Beitrag zum Produktdesign liefern.

Die Maschinen und Apparate in der chemischen Industrie werden anwendungsbezogen konstruiert. Für das „Design“ gibt eine viele Variationsmöglichkeiten, wie Form, Schliff und Anordnung der einzelnen Elemente. Beispiele sind im folgenden Text beschrieben: Hochgefüllte Pasten lassen sich im *Reflector* (Fa. *Lipp*) homogenisieren, desagglomerieren und dispergieren. Die Maschine stellt einen kontinuierlich betriebenen Rotor/ Stator-Scherkraftmischer dar. In **Abb. 5.2** lassen sich der Zulauf (von vorn, geöffnet) und der Ablauf (unten) identifizieren.

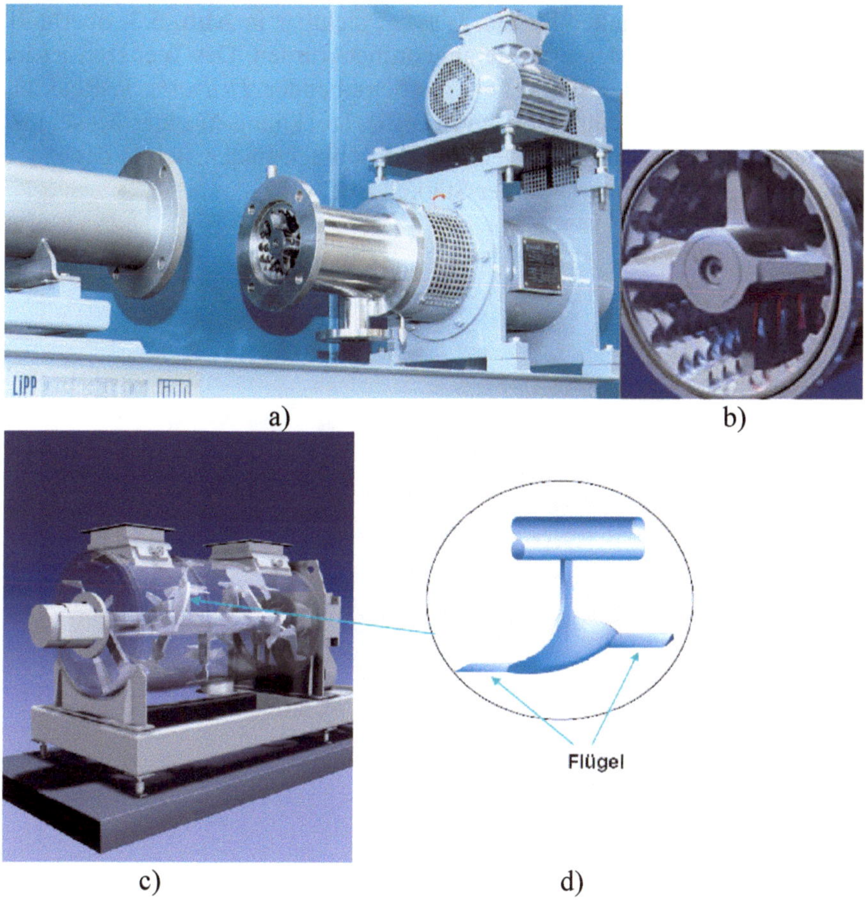

Abbildung 5.2: Anwendungsbezogenes Maschinendesign (Quelle: Fa. *Lipp*)
a) *Reflector*: Desagglomerierer und Fest-/Flüssig-Dispergator; b) Blick auf die Werkzeuge und die Wand des *Reflectors*; c) *Triquence:* Mischer mit wandgängigen Abstreifern; d) Mischelement mit Abstreifer

Die chemische Umsetzung eines Feststoffes bzw. einer plastischen Masse mit einer Flüssigkeit oder mit einem Gas kann in einer Druck-/Vakuumanlage (*Druvatherm*) erfolgen. Der druckfeste Apparat verfügt über eine zentrale, horizontal angeordneter Welle mit mehreren *Pflugschar*- Mischelementen (Fa. *Lödige*) sowie über seitlich angebrachte Messerköpfe, die bei Feststoffen einen Produktaufschluss ermöglichen. Für die seitlichen Messerköpfe sind Sperrwasser-Gleitringdichtungen vorgesehen, wobei die Vorratsbehälter für das Wasser, sichtbar in **Abb. 5.3**, oberhalb der Motoren für die Messerköpfe angeordnet wurden. Des Weiteren ist in der Abbildung ein kontinuierlich zu betreibender *Druvatherm*-Reaktor dargestellt, in dem Granulation und (Teil-) Trocknung in einer Maschine durchgeführt werden können. Derartige Maschinen finden sich in der Stärkeindustrie zur Agglomeration der Stärke.

a) *Drais* Turbulent- Schaufelmischer *TurbuMix*, 5 000 l Gesamtvolumen

b) *Druvatherm*- Granuliertrockner (3 m³, Stärkeverarbeitung)

c) *Druvathermreaktor* (10 m³ , für die Methylierung von Cellulose)

d) *Drais* Multifunktionaler Mischreaktor: *All in One Reactor*, 30 000 l Gesamtvolumen

Abbildung 5.3 a-d: Mischer für chemische Reaktionen, zum Granulieren und zum Granulieren/Trocknen (Fa. *Lödige*)

Die Firma *Drais* wurde von Fa. *Lödige* übernommen. Der Markenname blieb dabei erhalten. Die *Drais*- Mischer weisen Schaufeln als Mischelemente auf und lassen sich für Misch- und Granulieraufgaben (bis 50 m^3) sowie für chemische Umsetzungen im Druck- und im Vakuumbereich (bis 30 m^3) einsetzen, vergleichbar zu den *Lödige*- Mischern mit den *Pflugschar*mischelementen.

Vormischungen von Partikeln können in kontinuierlich arbeitenden, vertikalen *Schugi-Mischern* (**Abb. 5.4**), gegebenenfalls unter Aufdüsung von Flüssigkeiten, mit erstaunlich hohen Leistungen durchgeführt werden. Das oben neben dem Motor zudosierte Pulver erfährt eine Passage durch die im Mischer angebrachten rotierenden Messer, die auf eine stauende oder saugende Förderung einstellbar sind. In Folge der hohen Messerdrehzahl lässt sich allerdings eine Granulatzerkleinerung nicht völlig ausschließen.

Eine schonende Durchmischung von Pulvern oder Granulaten erlaubt der *Vrieco-Nauta* – Mischer (Fa. *Hosokawa*) und wird daher für die Herstellung von Endmischungen eingesetzt. Er kann bei Bedarf im Vakuum unter Trocknungsbedingungen arbeiten.

Eine *Alpine*-Mühlenanlage, in der das teilchenförmige Einsatzmaterial über eine Flugförderung in den Mahlraum gelangt und die noch zu groben Teilchen über einen integrierten Sichter wieder den Mahlelementen zurückgeführt werden, ist neben der Mischanlage zu sehen.

Das Gegenteil vom Mahlen (Zerkleinern großer Partikel), nämlich das Kompaktieren (Zusammenfügen feiner Teilchen unter Druck), erfolgt beispielsweise zwischen zwei Walzen, dargestellt im *Bepex*-Walzenkompaktor.

Alle Stoffe, die relativ einfach aufgeschmolzen werden können, nehmen nach Ablegen eines Tröpfchens auf ein gekühltes Stahlband oder einer Walze im *Rotoform-System* (Fa. *Sandvik*) die Form von Pastillen an und härten auf dem Weg zum Abwurf gemäß **Abb. 5.5** aus.

Mit dieser einfachen Technologie lassen sich nicht nur Mini- und normale Pastillen sondern auch Streifen oder dünne Schichten herstellen. Die Produktform und die Größe/Dicke hängen davon ab, wie die Schmelze auf das Band aufgebracht wird. Daher ist das Auftragssystem der Schlüssel zu qualitativ hochwertigen Produkten.

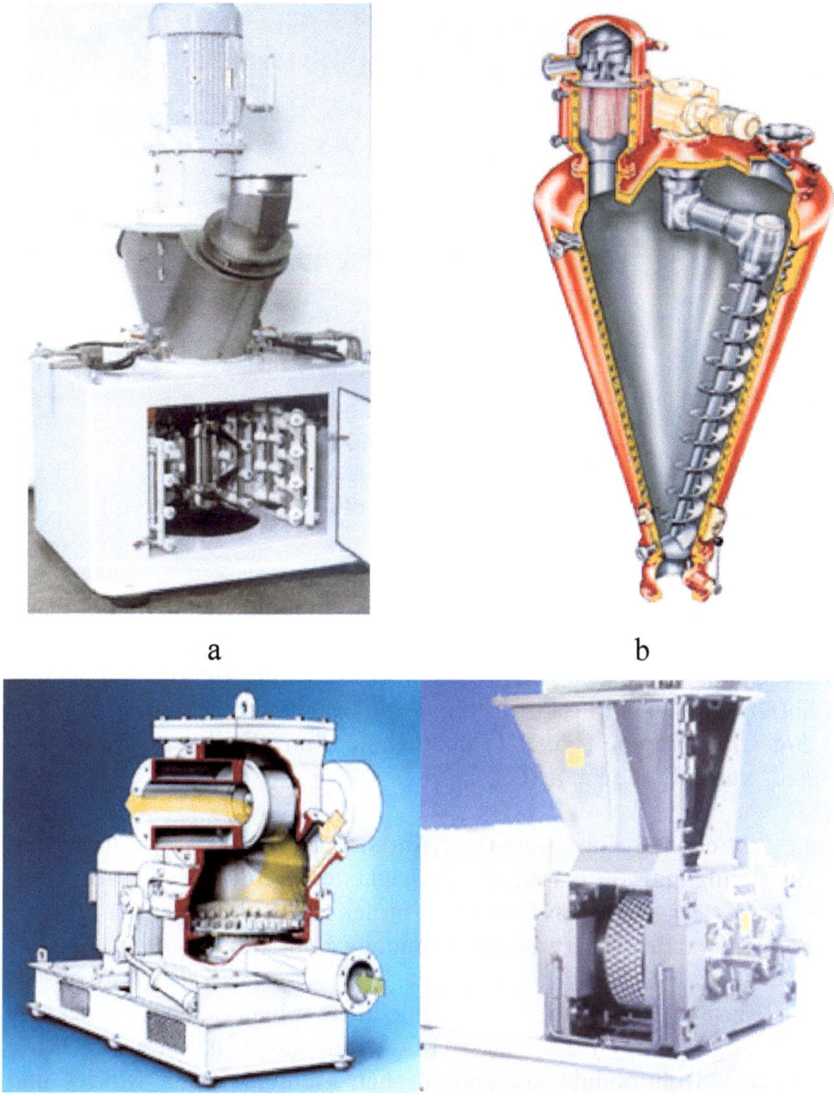

a b

c d

Abbildung 5.4: Mischen, Trocknen, Mahl-/Windsichten und Verdichten (Quelle: Fa. *Hosokawa*)

a) *Schugi*-Mischer (vertikaler konti-Mischer mit Messern und selbstreinigender flexibler Wand; aufgeklapptes Innenrohr); b) *Vrieco-Nauta*- Mischer mit integrierter Vakuumtrocknung; c) *Alpine* Windsichter-Mühle; d) *Bepex* Walzenkompaktor

Abbildung 5.5: Pastillieranlagen für Schwefel (Quelle: *Sandvik*)

Für die Aufkonzentrierung von empfindlichen Flüssigkeiten empfiehlt sich der Kurzwegverdampfer *SAMVAC* (Fa. Buss-SMS). Stärker thermisch belastbare Gemische lassen sich in einer Kolonne mit *Mellapak*- Packung (Fa. *Sulzer*) im Vakuum rektifizieren. Die Dosierung der Flüssigkeit kann eine *Blackline*- Pumpe (Fa. *IST*) übernehmen, und Stellventile vom Typ „*Ecotrol*" vertreibt die Fa. *ARCA*.

Für die Abtrennung von Biomasse, Aufkonzentrierung von Wirkstoffen und zur Reinigung von wässrigen Flüssigkeiten werden Membranverfahren bevorzugt eingesetzt, insbesondere in der Biotechnologie, der Abwasserreinigung und der Trinkwassergewinnung (**Abb. 5.6**).

Je nach Einsatzweck können unterschiedliche Membranen von der Fa. *Rhodia* bezogen werden: *Kerasep* (Al_2O_3-TiO_2)- und *Carbosep* (ZrO_2 auf Kohlenstoff)- Rohrmodule mit keramischen Membranen für Mikro- und Ultrafiltration, *Persep*-Wickelmodule auf organischer Basis für Mikro- bis Nanofiltration sowie Umkehrosmose. Fa. *Koch* nennt die Kohlenstoff-Composite-Membranen *CarboCor*, die Rohr- und Rohrbündel- sowie Spiralmodule *Abcor* und die Hohlfasereinheiten *Romicon,* Fa. *Pall* ihre keramischen Multikanaleinheiten *Schumasiv.*

Package Units und komplette Anlagen werden auch häufig unter dem Markennamen angeboten. Aufbereitungen von Grund- und Oberflächenwasser bietet die Fa. *Norit* unter *XIGA* und *AquaFlex* an. Abwasserreinigung mit Hilfe von Polyelektrolyten vertreibt die Fa. *ProMinent* über dem Namen „*Ultromat*". Das Herstellen von Kunststoffflaschen unter gleichzeitiger Befüllung mit einer Flüssigkeit, auf Wunsch auch unter sterilen Bedingungen, erfolgt in *Bottelpack*-Anlagen (Fa. *Rommelag*).

a) b)

Abbildung 5.6: Membranverfahren
a) *Kerasep*-Membranen (Quelle: *Rhodia*); b) Ultrafiltationsanlage (Fa. *Henkel*)

5.6 Design von Maschinen und Apparaten

Im Maschinenbau für die chemische Industrie wird verstärkt auf das funktionelle, aber auch auf das optische Design geachtet. Vorreiter ist hier die Pharmaindustrie, die an den Maschinen-, Apparate- und Anlagenbau wegen ihrer Hygieneanforderungen, insbesondere der Reinig- und Sterilisierbarkeit der Anlagen innen und außen sowie der Produktionsräume, hohe Anforderungen stellt. Diese sind in den erstmals 1968 von der Weltgesundheitsorganisation herausgegebenen GMP-Vorschriften (Good Manufacturing Practice) für die Pharmaindustrie niedergelegt. Heute gibt es GMP-Vorschriften auch für den Lebensmittel- und Kosmetikbereich, die insbesondere die Hygiene und die Qualität betreffen (**Abb. 5.6**). Die Anlagen müssen regelmäßig gereinigt werden. Hierbei hat sich ein zweistufiges Vorgehen (sauere und alkalische Reinigung bei erhöhten Temperaturen) unter Einsatz von Tensiden und Oxidationsmitteln (Wasserstoffperoxid, Peressigsäure, Natriumhypochlorit) bewährt.

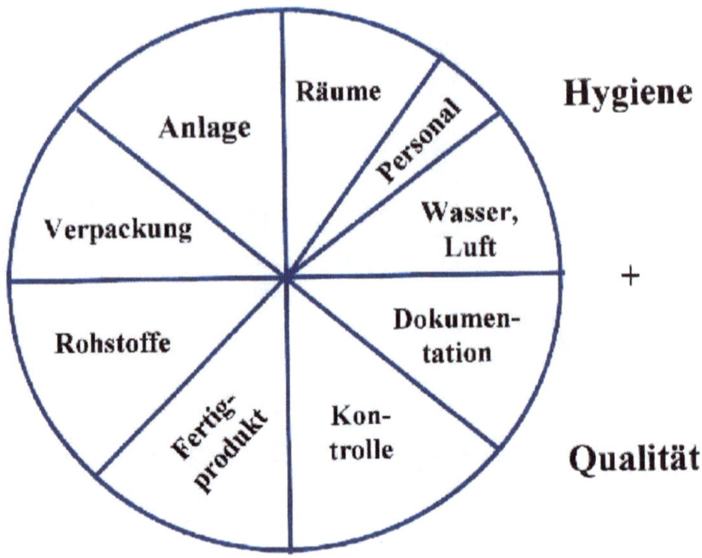

Abbildung 5.6: Punkte der GMP-Richtlinie

Neben einer Reihe von Vorschriften zur Hygiene der Räumlichkeiten, des Personals und zur Technischen Hygiene in den Anlagen und den Abfülllinien werden Anforderungen an die Qualitätskontrolle (Keime) des Wassers und der Rohstoffe sowie des Fertigproduktes gestellt. Für die Hygiene der Anlagen ist das Design der Maschinen und der Apparate wesentlich. Die Anlagen sollen zur Vermeidung von Biofilmen totraumfrei gebaut werden und total entleerbar sein. Zum Einsatz gelangen feingeschliffene Edelstahlqualitäten wie DIN 1.4404 oder vergleichbare Stähle. Die speziell konstruierten oder angepassten Maschinen und Apparate erfüllen die GMP-Bestimmungen, einige auch den Pharma- Standard. Beispiele sind in **Abb. 5.7 und 5.8** dargestellt.

Die chemische Industrie hat diesen hohen Standard noch nicht erreicht. Dies liegt insbesondere an den höheren Kosten für das Feinschleifen des Edelstahls, für die exakten Schweißnähte und für die teueren Armaturen.

a)

b)

Abbildung 5.7: Maschinen und Apparate in GMP-Ausführung (Quelle: *Nara Machinery*)
a) *GMF-Nara* Schaufeltrockner ; b) *Super Clean Mill*

Abbildung 5.8: Wirbelschicht-Coater und Mikrofiltrationsanlage (*Henkel*)

Der Aufwand ist erst zu rechtfertigen, wenn die Produkte eine GMP-Anlage erfordern. Aber immer mehr Maschinen und Apparate werden in dieser Qualität gefertigt. Das erleichterte Reinigen, evt. auch vollautomatisch über eine Cleaning in Place (CIP-) Anlage, und die Vermeidung von mikrobiellen Infektionen stellt bei vielen Produkten eine Kundenforderung dar. Des Weiteren soll die beim Reinigen entstehende Abwassermenge minimal sein, so dass Toträume vor Ventilen oder MSR-Fühlern sowie in den Rohrleitungen zu vermeiden sind.

Selbst Pumpen werden gestaltet, wie **Abb. 5.9** zeigt, und einige haben Designer- Preise erhalten.

Abbildung 5.9: Pumpendesign für Chemie- und Abwasserpumpen (Quelle: *Grundfos*)
a) Abwasserpumpe (28 m; 2600 m^3/h); b) Mehrstufige Druckkreiselpumpe (230 m; 90 m^3/h); c) Wasserdichte Pumpe (25 m; 70 m^3/h); d) Normpumpe mit elektronischer Drehzahlregelung (max. 150 m; max. 2000 m^3/h); e) Mehrstufige Druckkreiselpumpe (470 m; bis 120 m^3/h); f) 3-Zoll-Grundwasserpumpe zur Wasserförderung aus Tiefbrunnen

Die Pumpen in der chemischen Industrie werden in ihrer Gestaltung auf den Anwendungszweck zugeschnitten, je nachdem sie unterhalb der Flüssigkeitsoberfläche oder oberirdisch eingesetzt werden. Auch die Druckhöhe beeinflusst die Pumpengestaltung. Spezialpumpen für den Pharma- und Kosmetikbereich zeichnen sich durch eine einfache Zugänglichkeit zur schnellen Reinigung aus.

Das optimale Design eines Rührorgans in Abhängigkeit vom System (gas/flüssig, gas/flüssig/fest, flüssig/fest und flüssig/flüssig sowie fest/fest), von seiner Rühraufgabe, wie Homogenisieren, Suspendieren, Dispergieren, Begasen und Wärmeübertragung, sowie von seinem Einsatzbereich (Chemie, Lebensmittel, Pharma) wird nach verschiedenen Kriterien festgelegt und stellt das Know-how des Apparateherstellers gemäß **Abb. 5.10** und der Spezialisten dar.

Die Abmessungsverhältnisse zum Behälter sind in umfangreichen Forschungsarbeiten, unterstützt durch moderne Simulationsmethoden (CFD= computational fluid dynamics), erarbeitet worden, ebenso die Auslegung der Stromstörer und der innenliegenden Wärmetauscher. Die Festlegung der Rühreranordnung, -form, -größe und Leistung sollte nach hydrodynamischen Berechnungen unter Berücksichtigung der Rühraufgabe und den in der Rührtechnik üblichen Kennzahlen erfolgen.

Für die einzelnen Rühraufgaben existieren mehrere Lösungen, wobei die marktüblichen wegen der vorliegenden Erfahrungen bei gleicher Qualität bevorzugt sind. Nach den folgenden Kriterien erfolgen die Auswahl des Rührorgans und die Auslegung der gesamten Rühranordnung:

- Kundengerechte Lösung der Rühraufgabe bezüglich der Leistung und des Preises (Mischzeit, Phasengrenzfläche, Wärmeübergangskoeffizient, Homogenität, Stoffübergangskoeffizient, minimale Scherung empfindlicher Produkte).
- Minimaler spezifischer Energieverbrauch; stabile Bedingungen; reproduzierbare Ergebnisse.
- Scale-up-Fähigkeit vom Labor in den Betrieb.
- Korrosionsbeständigkeit.
- Betriebssicherheit, robuste Ausführung, schnelle Entleerung.
- Auslegung der Welle, des Antriebes und des Getriebes sowie der Abdichtungen.

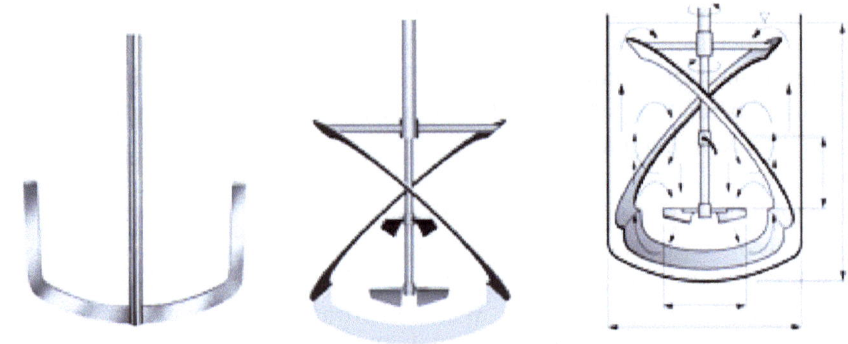

a) b) c)

a) Ankerrührer (für hochviskose Flüssigkeiten; Wärmeübergang); b) Koaxialrührer für hochviskose Flüssigkeiten, (Homogenisierung, Wärmeübergang); c) Strömungsbild des Koaxialrührers b)

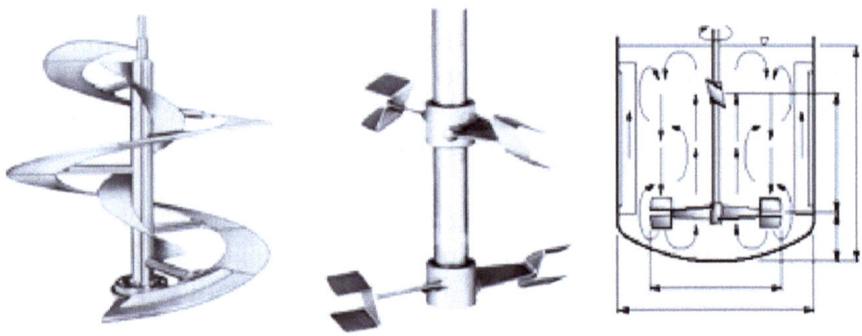

d) e) f)

d) Wendelrührer für hochviskose Flüssigkeiten, (Homogenisieren und Wärmeübergang); e) *Intermig* (Suspendieren, Dispergieren, Begasen, Wärmeübergang); f) Strömungsbild des *Intermig*- Rührers e)

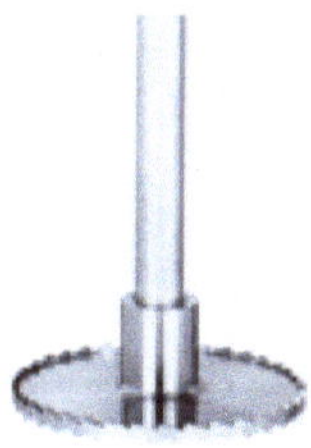
g)

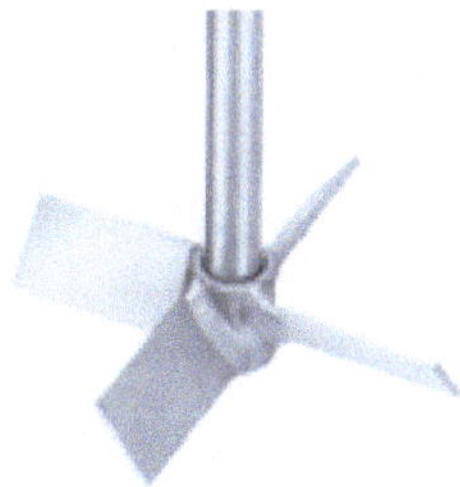
h)

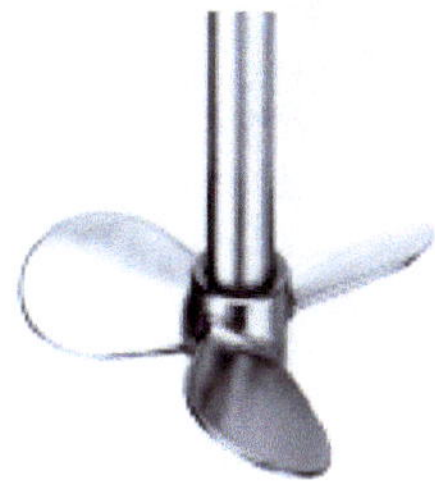
i)

g) Zahnscheibe (*Mizer*scheibe, Dispergieren, Emulgieren, Feststoffzerkleinerung); h) Schrägblattrührer (höhere Viskositäten; Homogenisieren, Suspendieren); i) Propellerrührer (Homogensieren, Suspendieren)

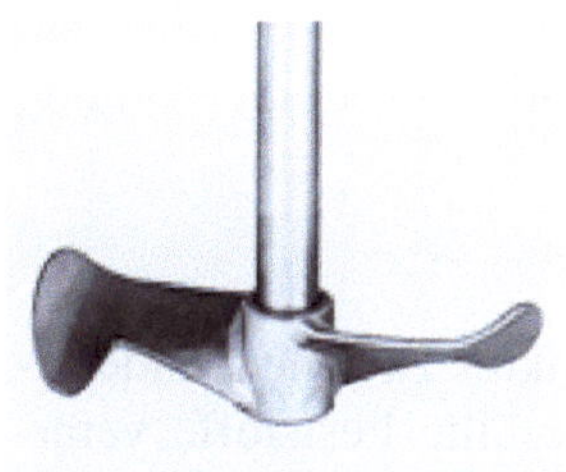
j)

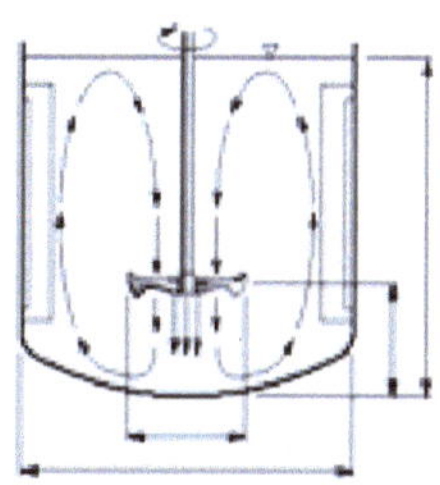
k)

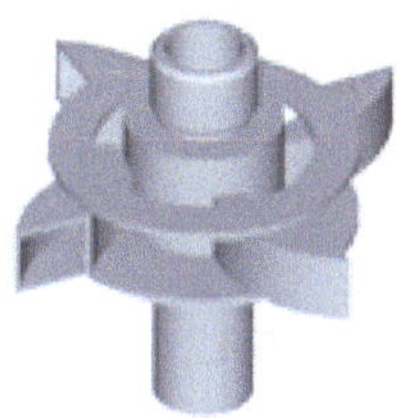
m)

j) *Isojet* (Homogenisieren); k) Strömungsbild des *Isojets* j); m) Gasjet (Begasen)

Abbildung 5.10: Design von Rührorganen (Quelle: Fa. *Ekato* Rühr- und Mischtechnik GmbH)

Die Rührorgane sind wesentliche Elemente von Mischern, wie in **Abb. 5.11** dargestellt, von Dünnschichtverdampfern sowie von chemischen Reaktoren. Sie werden für Flüssigkeiten, Begasungen (Fermenter), Suspensionen, Dispersionen, Gele, Pasten, Emulsionen, Schmelzen, hochgefüllte Feststoffe und Feststoffgemische eingesetzt.

Abbildung 5.11: Feststoffmischer mit schonender Produktbewegung (Quelle: Fa. *Ekato Solidmix* GmbH)

In **Abb. 5.12** ist einerseits ein druckfester Emailreaktor zu sehen, andererseits ein Mischreaktor dargestellt, mit dem hochgefüllte Feststoffe verarbeitet werden können.

Abbildung 5.12: Design von Reaktionskesseln/-mischern (Quellen: ehem. Ambs-apparate, rechts: Fa. *Eirich*)

In **Abb. 5.13** ist auf der linken Seite eine moderne Anlage aus Edelstahl zur Bevorratung von Flüssigkeiten zu sehen. Fachmännisch verschweißte Edelstahlbehälter setzen sich immer mehr durch, weil sich die Produkthygiene auf Grund ihrer Reinigbarkeit gewährleisten. Auf der rechten Seite der Abbildung werden Feststoffe in Silos gespeichert. Die Befüllung erfolgt über pneumatischen Transport. Die Entleerung geschieht im freien Fall über eine Mischanlage (verdeckt) zur Vereinigung mehrerer Komponenten. So erklärt sich die ungewöhnlich hohe Anordnung der Silos. Die von der Fa. *Eirich* gebaute Anlage eignet sich zur Herstellung von Putzen und von Trockenmörtel.

Abbildung 5.12: Design von Tank- und Silo-/Mischanlagen (Quellen: links: ehem. Ambs; rechts: Fa. *Eirich*)

6. Marke und Design

Jeder Markenhersteller versucht, seine Produkte über das äußere Erscheinungsbild einzigartig zu gestalten. Dazu gehört bei namhaften Herstellern auch der Aufdruck des Firmenlogos. Die Marke wird charakterisiert durch den Namen, die graphische und farbliche Gestaltung sowie evt. zusätzlich durch ein Markensymbol. Eine große Wiedererkennbarkeit unterstützt den Abverkauf. Bei einer Produktfamilie muss auf die Ähnlichkeit untereinander geachtet werden, d.h. es werden die gleichen Merkmale verwendet. Zur Gestaltung zählt die möglichst innovative Produktform.

Erwünscht ist ein neutraler oder unauffälliger Geruch bzw. eine markenkonforme Parfümierung. Ein ausgefallenes, aber gefälliges Design fördert die Bekanntheit der Marke. Bei verpackten Produkten spielt das Verpackungsdesign incl. Verschlussöffnung eine wesentliche Rolle. Die wichtigsten Merkmale der Markengestaltung können der **Abb. 6.1** entnommen werden.

Abbildung 6.1: Merkmale zur äußeren Gestaltung einer Marke

Die Markengestaltung ist gemäß **Abb. 6.2** ein wesentliches Element in der Markenkommunikation. Gemeinsam mit dem Produktdesign trägt sie entscheidend zur Imagebildung der Marke und des Herstellers bei. Hohe Qualität und ein angemessener Preis stellen weitere Voraussetzungen für einen Markterfolg dar. Details zur erfolgreichen Produktentwicklung werden in späteren Kapiteln diskutiert. Der Aufbau einer Marke mit den inneren und äußeren Werten sowie das Markenmanagement [12] gehören zur erfolgreichen Einführung.

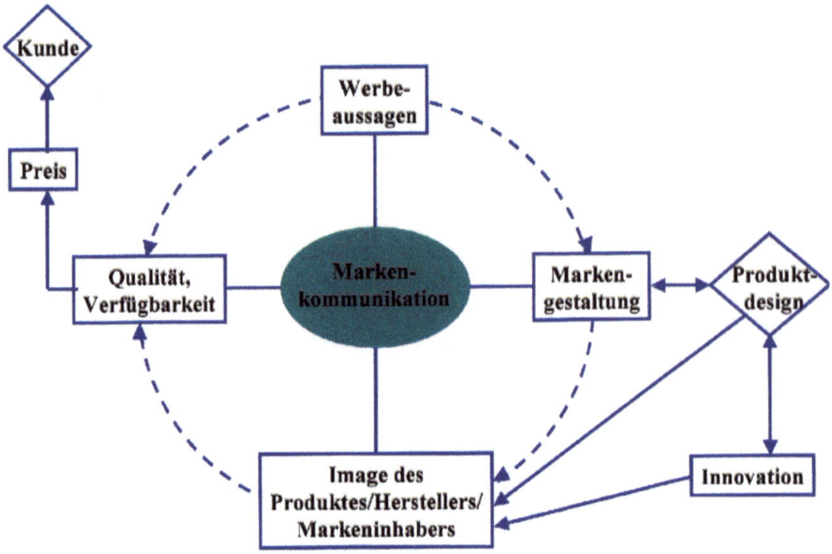

Abbildung 6.2: Markenkommunikation

Einige Beispiele für ein auffälliges, unverwechselbares Design sind der **Abb. 6.3** zu entnehmen. Gerade im Bereich der Haarpflege gibt es interessante Produktgestaltungen. Bei *Alpecin* fällt nicht nur die besondere Flaschenform mit passendem Verschluss auf, sondern auch die Farben und Markenzeichen signalisieren bereits von weitem die Sonderstellung. Bei *Dove* stellt die leicht gebogene Flasche eine Besonderheit dar. *Fructis* zeigt, dass auch heute noch auffällige Behältnisse entwickelt werden: Farbe und Form sind außergewöhnlich und ansprechend. *Guhl* – Shampoo gibt es in der eher klassischen Form mit transparentem Produkt. Im Bereich der Zahnpflege zeigt *meridol,* dass auch mit einem Symbol, hier der Zahn im Zahnfleisch, Aufmerksamkeit zu erreichen ist.

a) b) c)

d) e) f)

Abbildung 6.3: Produkte aus den Bereichen Haarkosmetik und Mundpflege
a) *Alpecin* Haarshampoo; b) *Alpecin* Haarpflege/Stärkung; c) *Dove* Shampoo; d) *Fructis* Anti Spliss; e) *Guhl* Biershampoo; f) *meridol* Mundspüllösung

Auch bei Tabletten spielt das Design eine Rolle. Form, Größe und Farbe von Tabletten können so gestaltet werden, dass sie auf den ersten Blick wieder erkennbar sind. So hat die Fa *Pfizer* ihre *Viagra*-Tablette unverwechselbar gestaltet. Das Design gemäß **Abb. 6.4** stützte den Markterfolg. Die Innovation setzte sich dank intensiver Werbung weltweit in kurzer Zeit durch.

Abbildung 6.4: Design von Kapseln/Tabletten (Vitamin E, *Aspirin, Viagra*)

Der Zusammenhang zwischen Marke und Design wird insbesondere in der Automobilindustrie gepflegt und mit dem Begriff „Familienähnlichkeit" belegt. Das Design des Kühlers, die Anordnung der Scheinwerfer und die der Heckleuchten sind zwischen den Modellreihen untereinander abgestimmt oder werden spätestens bei der Einführung der nächsten Modellreihe angepasst.

Die optische Anlehnung einer neuen Modellreihe an die Klasse darüber geht im Innenraum weiter, von den Armaturen bis hin zur Sitzverstellung und zur Einstellung der Spiegel. Der Kunde soll markentreu sein, deshalb findet er alle Funktionen am gewohnten Platz mit der gleichen Bedienbarkeit. Er muss bei hochpreisigen Fahrzeugen bereits am Kühlergrill eindeutig die Marke erkennen und zuordnen (Marke, Klasse, Preis) können.

Die Fa. *Peugeot* hat angekündigt, bis zum Jahre 2008 alle Fahrzeuge mit dem gleichen Frontdesign auszustatten, und zwar mit dem so genannten Haifischmaul. Zur Begründung wird zum einen auf das einheitliche, unverwechselbare Design als Markenkennzeichen verwiesen sowie zum anderen stellt es eine ideale Voraussetzungen für den Fußgängerschutz dar. Die Frontansicht umfasst für alle Modelle das Haifischmaul, das *Peugeot*-Enblem sowie die gleiche Anordnung der Scheinwerfer. Es dürfte gewöhnungsbedürfig sein, zeigt aber eine klare Ausrichtung der Marke bzw. Markenidentität.

Die Handys von *Nokia* lassen sich alle gleich bedienen, so dass ein Wechsel auf ein moderneres Gerät erleichtert wird und neben der optischen Ähnlichkeit auch eine funktionale eine Rolle spielt. Bei den Parfümflakons fällt in der *Dior*-Palette (Abb. 3.1) ebenfalls eine gewisse Familienähnlichkeit auf. Die Flakons sind im Design abgestimmt und damit untereinander deutlich ähnlicher als die Konkurrenzprodukte (Abb. 3.2 und 3.3). Noch stärker betont ist der Auftritt der *Pattex*-Familie im Klebstoffbereich: Gleicher Name, Schriftzug und Farben signalisieren die Zusammengehörigkeit, praktisch perfekt gestaltet. Der optische Markenauftritt wird zusätzlich über die Ähnlichkeit und Farben der Verpackung gesteuert.

7. Produkte der chemischen Industrie

Die Konsumenten kommen mit vielen chemischen Produkten (Vor- und Zwischenprodukten) nicht in Berührung, weil sie zur Weiterverarbeitung eingesetzt werden, wie Lösungsmittel, Säuren, Laugen, Katalysatoren. Andere stellen nur einen Teil des eigentlichen Produktes dar, wie Handy-Schalen, Stoßstangen oder Armaturenbrett des Autos, Kochfeld in der Küche oder die PET-Mineralwasserflasche.

Die dritte Gruppe interessiert den Konsumenten sehr; er erkennt die Produkte aber nicht als Chemieprodukte. Beispiele sind die Bekleidung, die Baustoffe im Haushalt, Farben und Laminat-Böden, Rollos usw. Wie in **Abb. 7.1** dargestellt, reicht die Chemie in alle Bereiche des täglichen Lebens, von der Energieversorgung bis zur Ernäherung und zur Gesunderhaltung.

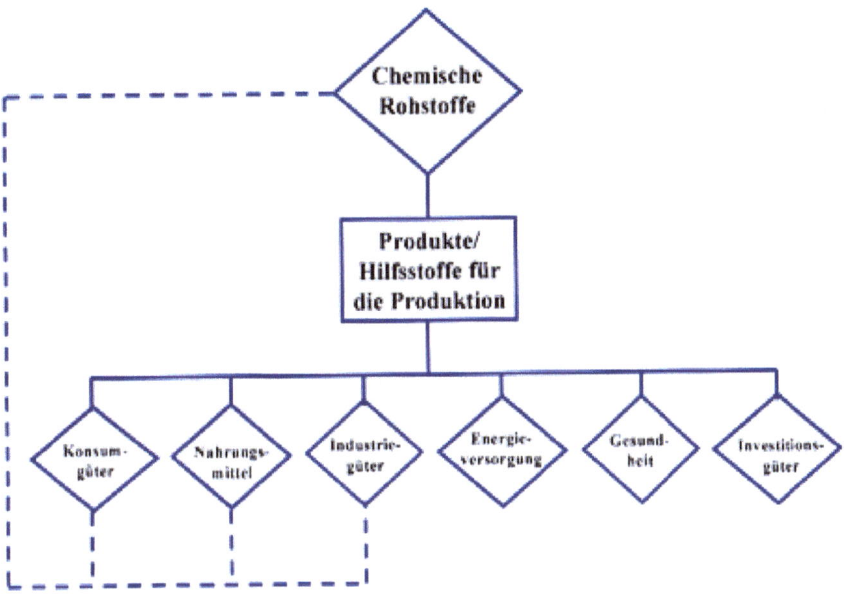

Abbildung 7.1: Einfluss der Chemie auf die Bereiche des Lebens

Tabelle 7.1: Gegenüberstellung der Konsumgüterbegriffe mit den Bezeichnungen aus dem Chemiebereich

Konsumgüter	**Chemische Produkte**
• **Gebrauchsnutzen** ▶	o **Leistung** und **Handhabung**
• Ergonomie ▶	o **Anwendung** und Handhabung, Verpackung (Öffnen / Entleeren, Transport)
• Ästhetik ▶	o **Ästhetik** / Gestaltung (Form, Farbe, Oberfläche, Geruch)
• Image, Qualität, *Marke* ® / *Trademark* ™, (Auflage/Hersteller/Preis/ Tradition)	o **Qualität**, Image, ***Marke*** ® /*Trademark* ™, Hersteller, Preis
• Differenzierung im Design, Werkstoff, Verarbeitung, Funktion	o **Ästhetik**, Produkt-/ Verpackungsgestaltung
• Wiedererkennung	o **Ästhetik**, *Marke*, Farben, Gestaltung, Verpackung
Geruch/Duft Haptik Ökologie Sicherheit Toxikologie	

Weiterhin sind die üblichen Konsumgüter in den meisten Fällen chemiebasiert oder enthalten zumindest eine chemische Komponente. Nahrungsmittel lassen sich auch als Konsumgüter verstehen, deren Vorprodukte (Vitamine, Mineralstoffe, Aromen) und Hilfsstoffe (Desinfektion, Pflanzenschutzmittel) müssen gesondert betrachtet werden.

Die Begrifflichkeit ändert sich beim Übergang von Konsumgütern hin zu reinen chemischen Produkten. Der Übergang ist allerdings fließend und ohne Grenze. Der bei den Konsumgütern übliche Begriff „Gebrauchsnutzen" steht in der Chemie gemäß **Tab. 7.1** für die Leistung des Produktes und für seine Handhabung. Eine Ergonomie existiert bei den Chemieprodukten nicht, wohl aber bei der Verpackung, Befüllung und Entleerung. Dagegen werden die Begriffe „Ästhetik, Image, Differenzierung und Wiedererkennung" auch bei Chemieprodukten verwendet und im konsumnahen Bereich durch die Marke und/oder die Produktgestaltung abgedeckt.

Bei den chemiebasierten Gütern ist neben der Einteilung in Konsumenten-, Gewerbe- und Industrieprodukten eine Unterteilung in Vor-, Zwischen- und Endprodukte gemäß **Tab. 7.2** möglich. Die Vor- und Zwischenprodukte sind als reine Chemikalien bekannt und werden überwiegend weiter veredelt oder als Hilfsstoffe eingesetzt.

Tabelle 7.2: Chemikalien / chemiebasierte Güter

Vorprodukte	**Zwischenprodukte**
Gase (aus Erdöl, -gas und Kohle, Abfall), bzw. aus einer Synthese • Synthesegas • Wasserstoff • Ammoniak • Kohlenmonoxid • Kohlendioxid • Halogene • Äthylen / Acetylen • Propen, u.a. Ruß Schwefel Phosphor Alkali-, Erdalkalimetalle Mineralien Erze Natürliche Öle	Lösungsmittel • Alkohole • Ketone • Aldehyde • Olefine • Aromaten Säuren / Laugen Silikone Metalle Aluminium Silikate Tenside Glas Pigmente Baustoffe Keramik Wasserstoffperoxid

Vorprodukte (Fortsetzung)	**Zwischenprodukte** (Fortsetzung)
Erdölfraktionen Holz / Cellulose	Fasern Folien Polymere (Granulate) Enzyme Zucker Stärke

Endprodukte	**Endprodukte**
Kraftstoffe Mineralöle Düngemittel Fliesen / Platten / Steine Hallen, Gebäude Baustoffe Insektizide / Fungizide Textilien / Stoffe Verpackungen (Kap.4) Klebstoffe Abdichtungen / Versiegelungen	Hygiene- / Haushalts- / Zeitungspapier / Karton Kunstharze / Lacke / Farbstoffe / Beschichtungen Pharmazeutika / Kosmetische Inhaltsstoffe Vitamine, Mineralstoffe, Spurenelemente Gebrauchsgegenstände aus Kunststoff, Glas, Keramik, Metall, Holz, Marmor

Während das Produktdesign bei Vorprodukten keine Rolle spielt, ist es für einige Zwischen- und für viele Endprodukte von Wichtigkeit. Die Endprodukte der Chemie gelangen direkt oder über Zwischenschritte zum Kunden und stellen überwiegend Konsumgüter dar. Zahlreiche chemische Produkte sind reine Verbrauchs-/ Industrieprodukte für die Produktion, z.B. Bäder zum Entfetten der Stahlkarosserien für Kraftfahrzeuge, Emaillierbäder zum Beschichten von Kesseln für die chemische Industrie, Epoxidharze als Fußbodenbelag in Produktionshallen, Isopropanol zum Desinfizieren der Kessel in der Kosmetikindustrie, verdünnte Hypochlorit-/Tensidlösungen zum Reinigen von Membrananlagen, heiße Natriumhydroxidlösung für die CIP-Anlage (Cleaning in Place = automatische Anlagenreinigung) in der Lebensmittelindustrie, Antischaummittel in der Biotechnologie, Schmieröle für Fahrzeuge und Anlagen, usw. Ganze Industriezweige leben von der

Effektivität der Hilfschemikalien, wie beispielsweise die Leder-, Textil- und Papierindustrie.

Nahezu alle Konsumgüter enthalten chemische Bausteine, insbesondere Polymere. Kunststofffasern und Farbstoffe sind in allen Textilien anzutreffen. Verschiedene Kunststoffe finden sich in den Gebrauchs- und Verpackungsprodukten, egal ob es sich um den Einspülkasten einer Waschmaschine, dem Gehäuse eines Computers oder um die Stoßstange eines Autos handelt. Die Farben und Lacke an den Wänden, Türen und Decken sowie an vielen Gebrauchsgegenständen stellt die chemische Industrie direkt oder indirekt zur Verfügung. Gleiches gilt für die täglich genutzten Verbrauchsmaterialien, wie Kunststoff- und Aluminiumfolien, Plastiktüten, Hygienepapiere, Seifen, Haarwaschmittel und Körperlotionen. Die enthaltenen Parfümöle und Duftstoffe werden zum großen Teil in Chemieanlagen synthetisiert und meist mit Naturstoffen vermischt.

Wärmedämmung (Styroporplatten) für das Haus, Isolierungen gegen Feuchte und gegen den elektrischen Strom bestehen aus Polymeren. Kupferkabel (**Abb. 7.2**) sind ohne den Einsatz von chemischen Prozessen, hier dem Raffinationsschmelzen und der anschließenden elektrolytischen Raffination, in reinster Form nicht herstellbar. Die Verlegbarkeit und die Sicherheit werden durch die elastische Ummantelung sichergestellt.

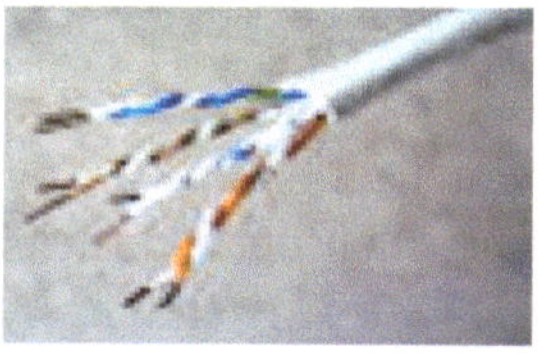

Abbildung 7.2: Elektrokabel für den Haushalt; Litzen: Kupfer; Isolierung und Ummantelung: Polyvinylchlorid (PVC)

Beschichtungen von Holz und Tapeten, die die Brenn- und die Benetzbarkeit herabsetzen, Überzüge von Marmor und Keramik zum Schutz gegen Säuren sowie Beschichtungen des Kochgeschirrs zur Reduzierung der Haftung von Lebensmitteln am Stahl sind von der chemischen Industrie entwickelt worden. Die Wirkstoffe der Pharmaindustrie beruhen im Wesentlichen auf einer chemischen oder biotechnologischen Darstellung. Auch die Lebensmittelindustrie ist auf Chemikalien zur Reinigung und Desinfizierung der Produktionsräume und –apparate angewiesen.

Das Produktdesign ist für viele Konsumgüter wichtig, egal ob es sich um modische Produkte, Gebrauchs- oder Verbrauchsprodukte handelt. Bei modischen Artikeln ist dieser Zusammenhang sofort einzusehen, weil die Bekleidung häufig an erster Stelle nach dem Aussehen, an zweiter Stelle nach der Praktikabilität und an dritter Stelle nach der Haltbarkeit (Qualität) gekauft wird.

Für den Verkauf der zum Verbrauch bestimmten Konsumgüter (Verbrauchsprodukte), wie Wasch- und Reinigungsmittel, Kosmetika, Hygieneartikel, Farben und Lacke, Pflege- und Düngemittel sowie Lebensmittel, ist ein gutes Produktdesign absolut notwendig, weil der Kunde seine Kaufentscheidung in vielen Fällen von der Ästhetik (Kap. 8.7) abhängig macht. Dies gilt auch beispielsweise für Bücher und Zeitschriften, die sich besser verkaufen lassen, wenn das Format, die Schrift, die Fotografien und der Glanz des Papiers die Kunden ansprechen. Selbst für Tabletten muss für die Wiederkaufsrate das Design stimmen, denn eine „falsche" Größe, Form, Farbe oder Haptik wird nicht akzeptiert.

Die positiven Erfahrungen des gezielten Designs bei einigen Gebrauchsgegenständen und Verbrauchsprodukten lassen sich auf die anderen Segmente des Konsumgüterbereichs übertragen. Die Chemie spielt in nahezu alle Konsum- und Industriegüter hinein, und zwar sowohl bei der Herstellung als Zwischenprodukt als auch im Endprodukt. Daher ist das Design von Chemieprodukten auch im täglichen Leben präsent.

Der Stellenwert des Produktdesigns bei chemischen Zwischenprodukten ist in Diskussion. Aber es lässt sich erklären, warum diese Arbeitsrichtung ständig an Bedeutung gewinnt. Auch der industrielle Kunde wünscht eine auf seine Bedürfnisse ausgerichtete Anwendungsform, z. B. in der verarbeitenden Industrie ein silierfähiges Natriumhydroxid oder eine staubfreie Fettsäure bzw. ein granuliertes Natrium-Fettalkoholsulfat.

Die Bauindustrie benötigt pumpbaren Beton, gezielt trocknende Putze, extrem haftende und gut verstreichbare Fliesenkleber sowie leicht zu verarbeitende Dichtungsmassen. Umweltfreundliche Bleichmittel, abgestimmt auf die zu produzierende Papierqualität, werden von der Celluloseindustrie gefordert.

Die Futtermittelindustrie möchte Carotinoide mit hoher Bioverfügbarkeit einsetzen, die sich als Nanoteilchen über Fällungen erzeugen lassen. Die Reifenindustrie versucht durch Zusätze die Haftung auf der Straße zu erhöhen, ohne die Lebensdauer zu reduzieren. Ein Armaturenbrett im Auto soll nicht nur hochwertig aussehen, sondern es muss sich angenehm anfühlen, und es darf nicht riechen. Alle Anforderungen gemeinsam stellen das Produktdesign dar, es ist also nicht auf das Aussehen beschränkt.

Die chemische Industrie lebt von der Herstellung und Vermarktung von Produkten. Ein Kennzeichen der Chemie ist die Produktvielfalt, weil durch Modifizierung der Moleküle mit verschiedenen Reaktionspartnern, durch Wahl verschiedener Reaktoren und durch Zusätze die Herstellung von maßgeschneiderten Produkten möglich ist. Für die Formgebung existieren eine Reihe von Verfahren und Technologien. Von diesen Voraussetzungen ausgehend könnte die Erfüllung von Kundenwünschen eine besondere Stärke der Chemie sein.

Bisher stehen die bekannten Marktprodukte im Mittelpunkt des Verkaufs. Die üblichen Grundchemikalien werden in großen Mengen kostengünstig produziert und in dieser Form an möglichst viele Kunden verkauft. Der Kunde hat häufig nur noch die Wahl der Gebindegröße. Ähnlich ist es bei den Spezialprodukten.

Direkt auf den Kunden zugeschnittene Produkte bilden in der Großchemie heute noch die Ausnahme, werden aber mit Sicherheit zunehmen, insbesondere für große Kunden oder für teure Spezialitäten. Unternehmen, die Konsumartikel herstellen, müssen sich stärker auf die Wünsche der Kunden einstellen, um weiterhin erfolgreich am Markt agieren zu können.

Neue, fortschrittliche Produkte sichern die Zukunft des Unternehmens. Ohne neue Produkte ist ein Unternehmen nicht überlebensfähig, es sei denn, dass neue Marktprodukte der Konkurrenz einfach kopiert werden. Aus diesem Grunde kommt der Produktentwicklung eine zentrale Bedeutung zu, in der das Produktdesign als wesentlicher Teil zunehmend an Bedeutung gewinnt. Das Design hängt entscheidend vom Verfahren, von den eingesetzten Technologien und den einzelnen Maschinen und Apparaten sowie deren Verschaltung ab (Kap.17). Einzelne Technologien ermöglichen mannigfaltige Gestaltungen und werden deshalb hier als Designtechnologien bezeichnet.

Die Produktentwicklungen zielen auf überlegene Produkte ab, die einen Fortschritt in der Produktleistung, in der Handhabung oder in der Ästhetik bringen. Verbesserungen in der Ökologie, in der Produktsicherheit oder in der Verpackung sind auch wichtig, werden aber vom Kunden üblicherweise nicht honoriert. In modernen Unternehmen wird vom Beginn der Entwicklung an der Kunde einbezogen.

Auch „alte“ Produkte lassen sich weiterentwickeln, ästhetischer gestalten oder in ihrer Handhabung verbessern. Oft können durch relativ geringe Veränderungen oder Ergänzungen des Verfahrens deutliche Fortschritte in der Qualität erreicht werden. Derartige Verbesserungen werden häufig von Großkunden initiiert, die eine bestimmte Qualität nicht länger akzeptieren und damit eine Überarbeitung des bestehenden Verfahrens anstoßen. Dies ist nur möglich, wenn die Chemieingenieure die Zusammenhänge zwischen Produktdesign und Verfahren begreifen oder kennen und in die Praxis umsetzen können.

8. Ästhetische (Chemie-)Produkte

8.1 Design von reinen Chemieprodukten

Innovative Produkte aus der Chemie und aus den angrenzenden Industrien zeichnen sich häufig durch ein differenzierendes Erscheinungsbild aus. Die äußere Form ist ästhetischer gestaltet, sie signalisiert die Fortschritte in der Handhabung (einfacher, sicherer) und/oder der Produktleistung. Diese wahrnehmbaren Verbesserungen werden in modernen Unternehmen in Zusammenarbeit mit dem Kunden entwickelt. Der Kunde muss frühzeitig seine Wünsche und Anforderungen einbringen, damit ein auf seine Bedürfnisse ausgerichtetes Produkt entsteht.

Wie sich das Design verändern und optimieren lässt, soll mit einigen positiven Beispielen belegt werden. Hierbei stehen neben Chemieprodukten einige typische Konsumprodukte im Vordergrund. Der Endverbraucher achtet normalerweise auf die Produktgestaltung und auf die Marke. Von seinen bisherigen Erfahrungen mit Produkten des Herstellers macht er häufig seine Kaufentscheidung abhängig.

Typische Beispiele aus der organischen Chemie, nämlich Wachse, Fettsäuren und Fettalkohole, sind in der **Abb. 8.1** dargestellt. Früher gab es die Produkte nur als staubende Pulver aus dem Prillturm (Versprühung der Schmelze im Sprühturm, Kühlung im Gegenstrom mit kalter Luft) oder als schuppige Ware aus der Schuppenwalze (zwei Kühlwalzen mit Schabereinrichtung). Die Lagerung und Weiterverarbeitung von staubenden Pulvern oder von Schuppen ist schwierig und im großtechnischen Maßstab kaum möglich. Daher wurden die Pulver und die Schuppen als Sackware vertrieben und verarbeitet.

Die heutigen Marktprodukte weisen diese Nachteile nicht mehr auf: Zum einen werden geschmolzene Fettalkohole, Fettsäuren und nicht-ionische Tenside als Tröpfchen auf einem wassergekühlten Stahlband (Pastillierband) abgelegt und erstarren in Form von Minipastillen. Zum anderen lassen sich Öle und Wachse aus der Schmelze über Abtropfanlagen durch eine Kühlung der Fallstrecke mit vorgekühlter Luft in weitgehend kugelförmige Partikel überführen.

Pastillen

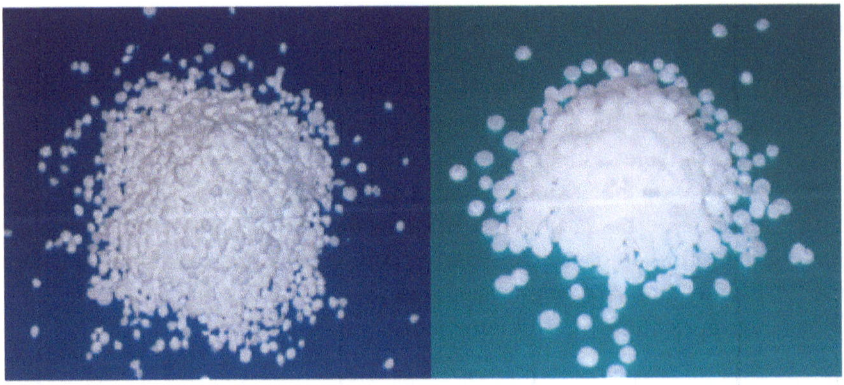

a) Octadecanol b) Octadecanol-30 EO

Pastillen **Kristalle**

c) Laurinsäurediethanolamid d) Polyvinylalkohol (*BASF*) (teilweise kristallin)

Kügelchen aus Abtropfanlage

e) Gehärtetes Ricinusöl mit Harz f) Wachs

Abbildung 8.1: Beispiele für geformte Spezialchemikalien (Produkte: *COGNIS*)

Beide Verfahren sind für alle Produkte einsetzbar, die sich im geschmolzenen Zustand verarbeiten lassen. Mit modernen Anlagen können auch sehr kleine Partikel realisiert werden, die einen minimalen Durchmesser von ca. 1mm aufweisen. Pastenförmige Fettalkoholsufate verlassen moderne Sprühagglomerationsanlagen als dichte, relativ runde Partikel.

Die Möglichkeiten des Produktdesigns für Grundchemikalien lässt sich am Beispiel des Natriumhydroxids gemäß **Tab. 8.1** belegen, das für eine Vielzahl unterschiedlicher Anwendungen benötigt wird.

Überwiegend erfolgt eine Weiterverarbeitung in der chemischen Industrie als Alkalisierungsmittel. Ferner wird Natriumhydroxid, meist in Form der 50% igen Lauge, für den Bauxit-Aufschluss, für Cellulose und –derivatenherstellung sowie als Reinigungsmittelzusatz eingesetzt. Die Produktform unterscheidet sich zwangsläufig, weil etwa der Bauxitaufschluss andere Anforderungen stellt als ein fester Abflussreiniger, trotz der gleichen chemischen Basis NaOH.

Viele Kunden aus der Großindustrie fordern eine feste, silierbare Anbietungsform, weil dann der Rohstoff über eine pneumatische Förderung automatisch transportiert werden kann. Oder sie benötigen eine flüssige Lauge, die sich einfach in Tanke bevorraten lässt und über Pumpen und Rohrleitungssysteme zum Verarbeitungsort gebracht werden kann. An diesem einfachen Beispiel wird klar, dass der Kunde in vielen Fällen ein gestaltetes, vielleicht sogar ein individuelles Produkt benötigt.

Tabelle 8.1: Anbietungsformen des Natriumhydroxids (NaOH)

Feststoff (100 %), Ätznatron	Technologie
• Schuppen	• gekühlte Walzen (Flaker) oder Bänder
• Perlen (silierbar) - Mikroprills (0,1 - 0,8 mm) - Makroprills (0,5 - 3 mm)	• Sprühverfahren (breite Türme mit rotierenden Düsen und Kühltrommel)
• Plättchen	• gekühlte Walzen oder Bänder
• Pastillen	• Pastillierband
• gegossene Blöcke	• Gießen der Schmelze in kühlbare Eisenformen
seltener:	
• Tabletten	• Brikettieranlagen
• Pellets	• Pastillierband
• Granulate	• Abtropfen im Kühlkanal
Flüssigkeiten	
• 50 % ige Lösung (üblich) • 20 -40 % ige Lösung	

8.2 Natursteine und Platten

Die keramische Industrie lebt von der Kombination aus Ästhetik, Handhabung und Produktleistung. Terrassensteine bzw. Bodenplatten für den Außenbereich werden einerseits aus Beton gefertigt (Betonsteinplatten gemäß **Abb. 8.2**). Eine Vergütung der Oberfläche erfolgt durch Zusatz von zerbröselten Natursteinchen, wie Marmor-, Dolomitsplitt oder andere Sorten. Die Natursteinkörnung wird einzementiert, gefärbt und in einigen Fällen anschließend in unterschiedlicher Güte geschliffen. Die Verschmutzungsneigung lässt sich durch Aufbringen von klaren oder farbigen Polymeren reduzieren. Andererseits werden nach dem Stand der Technik gebrochene Steine in großen Pressen in Wegsteine, Pflanzringe oder Straßenplatten überführt (trockengepresstes Feinsteingut).

Durch Schneiden und Schleifen von Natursteinen (Granit, Marmor) lassen sich besonders wertvolle und anspruchsvolle Steine und Platten oder Fliesen gewinnen. Diese können im Außen- und im Innenbereich eingesetzt werden. In einigen Fällen erfolgt eine zusätzliche Vergütung der Oberfläche durch Aufbringen von farblosen Polymeren, die den Marmor vor Säuren schützen.

Abbildung 8.2: Terrassen- und Wegesteine; konventionelle Bodenplatten und Steine mit Hinterbeton für den Außenbereich (Quelle: *Dasag*)

Abbildung 8.2 (Fortsetzung): Terrassen- und Wegesteine; Verlegebeispiele (Quelle: *Dasag*)

Asphaltplatten

Granit

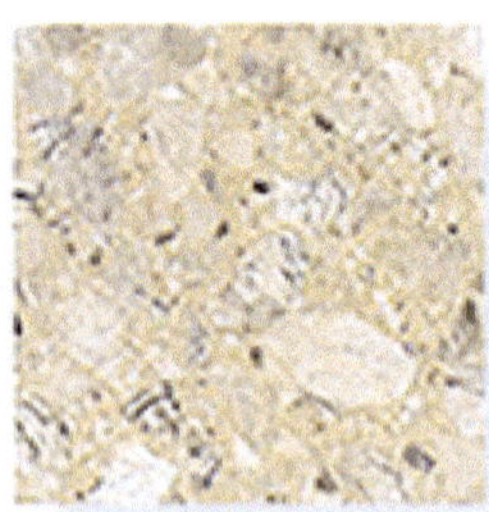

Geschliffene Betonsteinplatten

Agglo- Marmor

(Quelle: *Dasag*)

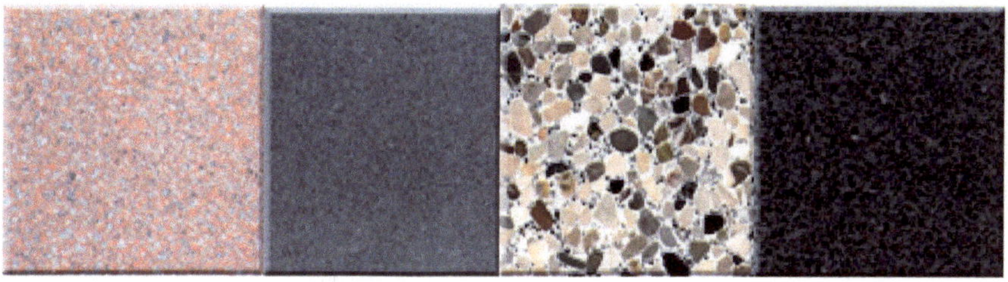

Granit Quarz Terra-Bodenplatten (gefärbte Granulate); Dicke: 1.6 bis 3.2 cm

(Quelle: *GreStone*)

Abbildung 8.3: Bodenplatten in verschiedenen Materialien für den Innenbereich, teilweise für den Innen- und Außenbereich geeignet

Bodenplatten, die bevorzugt im Innenbereich verlegt werden, sind in **Abb. 8.3** und **Abb. 8.4** dargestellt, und zwar zum einen geschnittene Natursteine wie Marmor, Granit und Quarz sowie gepresste Granulate aus diesen Materialien, zum anderen hochgepresste Naturasphaltplatten und mit Kunststoffen veredelte Betonsteinplatten. Die Platten sind teilweise mit Hinterbeton versehen.

Die in **Abb. 8.5** gezeigten Dünnsteinplatten werden aus verschiedenen Materialien (Kalkstein, Natursteingranulat, Quarz, Granit, Terra) nach neuartigem Verfahren hergestellt (vermutlich Pressen unter Vakuum, Fa. *DekoStone* und *GreStone*). Die dünnen Platten können auch ohne Hinterbeton verlegt werden. Dadurch ergibt sich eine große Gewichtseinsparung, die Verlegung ist erheblich einfacher. Die Steine eignen sich für den Innen- und Außenbereich.

(Quelle: *Dasag*) (Quelle: *GreStone*)

(Quelle: *GreStone*)

Abbildung 8.4: Feinstgeschliffene Steine für den Innenbereich; Fassadenverkleidung

Für viele Anwendungen lassen sich Stufen-, Fensterbänken- und Fassadenplatten kombinieren. Die Steine werden nach Bedarf geschliffen, sandgestrahlt, poliert und gebürstet.

Abbildung 8.5: Dünnsteinplatten (Quelle: *GreStone*)

Eine weitere, innovative Alternative sowohl vom Material als auch vom Herstellverfahren stellen gemäß **Abb. 8.6** keramische, gebrannte Platten dar. Im Vergleich zu den meist eingesetzten Betonsteinplatten weisen diese bei vergleichbarer Länge und Breite eine geringere Höhe auf. Diese keramischen Bodenplatten zeichnen sich durch Hohlräume aus, wodurch die Steine leichter werden und Wärme und Schall besser isolieren. Die keramische Oberfläche sorgt für eine reduzierte Verschmutzung der Platten im Vergleich zu den üblichen Terrassensteinen. Sie lassen sich auch dauerhaft leichter reinigen.

Abbildung 8.5: Extrudiertes Feinsteinzeug- Platten, Fliesen, Stufen; (Quelle: Fa. *Korzilius*)

Der Kunde erhält also neben den optischen Vorteilen einige Zusatznutzen für den täglichen Gebrauch, was den etwas höheren Preis relativiert. Ferner kann er aus gleichem Material angrenzende Wände und Treppenstufen fliesen, weil Platten und Fliesen im Design und im Farbton aufeinander abgestimmt sind.

Die neuartigen Terrassensteine werden in einer typischen Designtechnologie hergestellt, nämlich durch die Extrusion einer plastischen keramischen Masse, bestehend aus Ton, Schamotte, Feldspat und Wasser, über ein entsprechend geformtes Mundstück. Anschließend erfolgen das Brennen und das Färben der keramischen Steine. Durch die Wahl des Mundstückes lassen sich Rand- und Treppen- sowie Terrassensteine oder flache Steine und Fliesen für den Außen- und Wohnbereich in beliebigen Abmessungen im gleichen oder abgestimmten Design produzieren. Die Qualitätseigenschaften werden durch die Rezeptur und durch die Rohstoffe sowie durch den Brennprozess eingestellt (Chemiedesign).

8.3 Autoreifen

Autoreifen werden immer weiterentwickelt bezüglich Haftung auf der Straße, Aquaplaning-Eigenschafen, Handling, Komfort, Abrollgeräusche, Hochgeschwindigkeitseignung, Rollwiderstand und Lebensdauer. Neben den Funktionen achten die Hersteller vermehrt auch auf die Ästhetik des Profils, siehe **Abb. 8.7.** Die verbesserte Nassrutschfestigkeit, der verringerte Rollwiderstand und der verminderte Abrieb auch bei höheren Geschwindigkeiten werden gezielt über Zusätze im Kautschuk (vorzugsweise über Nanoteilchen aus Kohlenstoff und Siliziumdioxid) gesteuert. Das Handling gewinnt durch verstärkte Seitenwand- und Wulstkonstruktionen sowie durch eine besondere Laufflächenmischung (*Vredestein*: full silica silan).

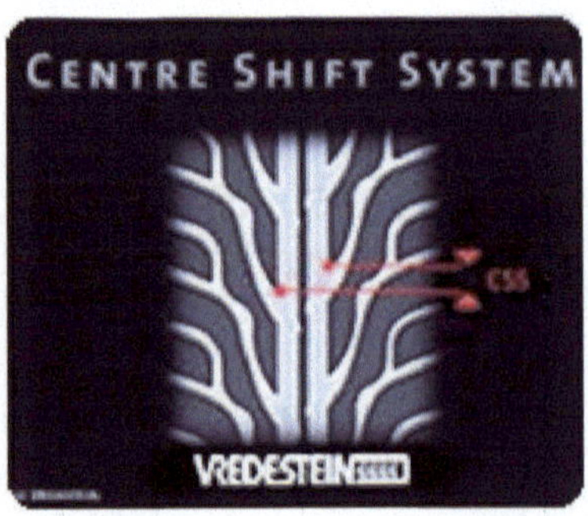

Abbildung 8.7: Sportreifen für schnelle Fahrzeuge; Design von *G. Giugiaro* (Quelle: *Vredestein*)

Die Ästhetik lässt sich in diesem Fall getrennt über die Reifenformen und insbesondere über die Gestaltung der Profile beeinflussen. Bei den vorgestellten Reifen stylte der Stardesigner *Giugiaro* die Profile. Im Falle der Sommerreifen ist es vom Bio- Design inspiriert; es verfügt über natürliche Formen und Linien (ähnlich den „Wasserleitungen" in den Blättern der Pflanzen). Der Kunde erwartet mehr als früher vom Reifenhersteller eine attraktive Produktgestaltung, insbesondere in Kombination mit einer Leichtmetallfelge, die sein Fahrzeug aufwertet.

8.4 Papier

Die Weiterentwicklung von Papier auf die Konsumentenwünsche lässt sich am Beispiel der Tapeten erläutern. Während es früher nur reine Papiertapeten zu kaufen gab (außer in Spezialgeschäften), die nach der Kleisterzugabe im nassen Zustand leicht reißen konnten und sich nur nass in mühevoller Arbeit ablösen ließen, gibt es heute Vliestapeten. Diese sind auch für Feuchträume geeignet, nass reißfest, schwer entflammbar sowie trocken abziehbar. Durch die Kunststoffbeschichtung lassen sich die Oberflächen feucht reinigen. Der große Fortschritt besteht darin, dass die Tapete direkt auf die mit Kleister eingestrichene Wand aufgebracht werden kann, so dass sich die Arbeit schneller und sauberer erledigen lässt. Das Längen / Abschneiden der Tapete erfolgt direkt an der Wand. Diese Tapeten gibt es in allen Geschmacksrichtungen. Der Tapetenkleister ist in seiner Zusammensetzung und in der Anwendungskonzentration (sehr dick) auf die Problemstellung abgestimmt.

Aber heute unterliegt selbst Toilettenpapier den Regeln des Produktdesigns: Weiche, optisch attraktive 3- bis 5-lagige Papiere mit Prägung und Farbe beginnen sich im Markt durchzusetzen, weil sich das erhöhte Saugvermögen mit einer ästhetischen Gestaltung kombinieren ließ.

8.5 Gestaltung von kosmetischen Cremes

Auch Flüssigkeiten lassen sich gestalten. In der Kosmetik gibt es eine Reihe von Produkten, mit denen sich diese Aussage belegen lässt. Hautcremes werden in Form von Dispersionen, o/w- oder w/o- Emulsionen (fl./fl. und fl./fl./f), Flüssigkeiten, Gelen oder Schäumen hergestellt.

Die Produkte können sich auch im Wassergehalt deutlich unterscheiden. So gibt es Körperlotionen und Cremes im Bereich von maximal ca. 85 % Wasseranteil bis hin zu etwa 30 % Wasser und weniger. Die üblichen Marktprodukte zeichnen sich durch eher hohe Wassergehalte (70 % und mehr) aus. Durch die Viskositätseinstellung mit Hilfe von verdickenden Substanzen kann der Kunde den Unterschied im Wassergehalt nicht erkennen. Auch im Ölanteil werden weite Bereiche überstrichen, und zwar von einigen wenigen Prozenten (< 3 %) bis zum Zehnfachen. Gute Cremes sollten natürliche, ungesättigte Öle mit hohen Anteilen an Linol- und Linolensäure enthalten.

Design bedeutet in der Kosmetik natürlich zunächst die äußere Erscheinung des Tiegels, Spenders oder der Tube und des Verschlusses. Auch die Beschriftung sowie die grafische Gestaltung des Produktes beeinflussen den Markterfolg. Der Inhalt wird auf die Wünsche der Kunden (maßgeschneiderte Produkte) abgestimmt. Für Augen, Gesicht, Brust, Hände und

Füße lassen sich verschiedenartige Rezepturen formulieren. Die Cremes werden auf die Bedürfnisse von Heranwachsenden sowie von Damen oder Herren in Abhängigkeit von der Altersgruppe zugeschnitten. Es gibt Produkte für den Tag, für die Nacht und für unterschiedliche Hauttypen (trocken, empfindlich, normal, fettig, strapaziert) sowie Witterungen (Sonne, Kälte, Wind, Temperatur).

Die Pflegeprodukte werden in Form einer Milch, Lotion und Creme sowie als Schäume, Gele oder reine Öle in natürlicher Farbe, transparent oder angefärbt angeboten. Die Herstellung erfolgt in fast allen Fällen über ein Emulsionsverfahren. Bevorzugt sind o/w- (Öltröpfchen in einer kontinuierlichen Wasserphase) Emulsionen mit einer Tröpfchengröße etwa zwischen 1 mμ und ca. 30 mμ (normale Emulsion).

Neuerdings gibt es auch Lotionen und Cremes in Form der Nanoemulsionen, in denen die Tröpfchengrößen eine bis zwei Zehnerpotenzen niedriger liegen. Diese o/w- Emulsions- Cremes wirken weniger fettig, die Öltröpfchen ziehen schneller ein und sind besser bioverfügbar. Es lassen sich auch die beiden Emulsionstypen kombinieren. Die Tröpfchen liegen dann in bimodaler Form vor.

Daneben existieren w/o- (Wassertröpfchen in einer kontinuierlichen Ölphase) Emulsionen, die stark schmieren, einen weißen Film bilden und lange auf der Haut bleiben, weil sie schlecht einziehen. Diese Cremeart wird häufiger für lang anhaltende Nacht- und für therapeutische Cremes eingesetzt. Üblich sind in diesem Bereich normale Emulsionen. W/o- Nanoemulsionen wären auch nicht besser geeignet, weil Wasser in die gesunde Haut praktisch nicht eindringen kann.

Gele stellen eine Spezialform für Moisture- und Anti-Aging Anwendungen dar, die bevorzugt ölfrei für den Augenbereich formuliert werden. Der Aufbau der kosmetischen Pflegeprodukte kann der **Abb. 8.8** entnommen werden (acht Varianten).

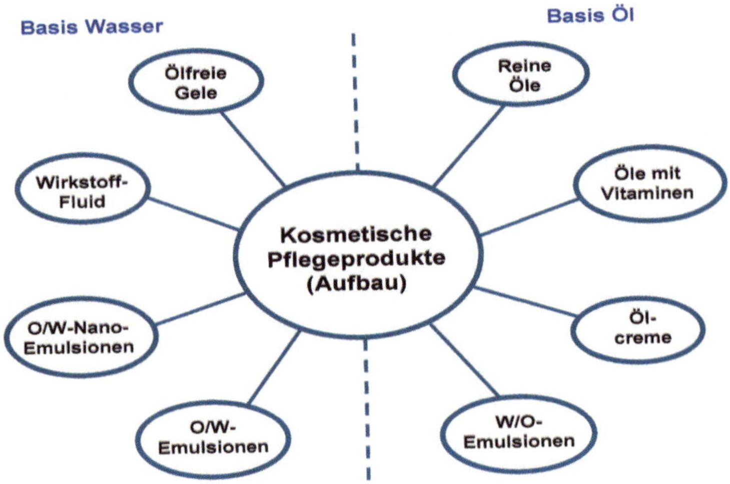

Abbildung 8.8: Aufbau kosmetischer Pflegeprodukte

Der Inhalt lässt sich unterschiedlich gestalten. Neben den bekannten Cremes und Lotionen gibt es gemäß **Abb. 8.9** u.a. Fluide, Gele und Schäume.

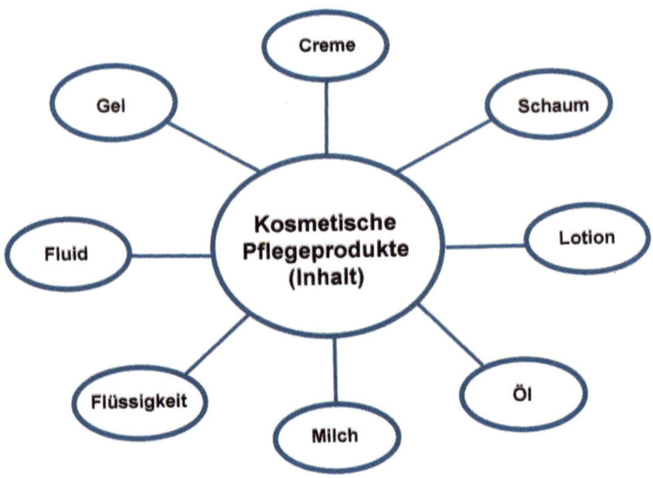

Abbildung 8.9: Art und Form des Inhaltes kosmetischer Pflegeprodukte

Für das Design der äußeren Form existieren viele Möglichkeiten. Einige Grundformen sind in **Abb. 8.10** aufgeführt.

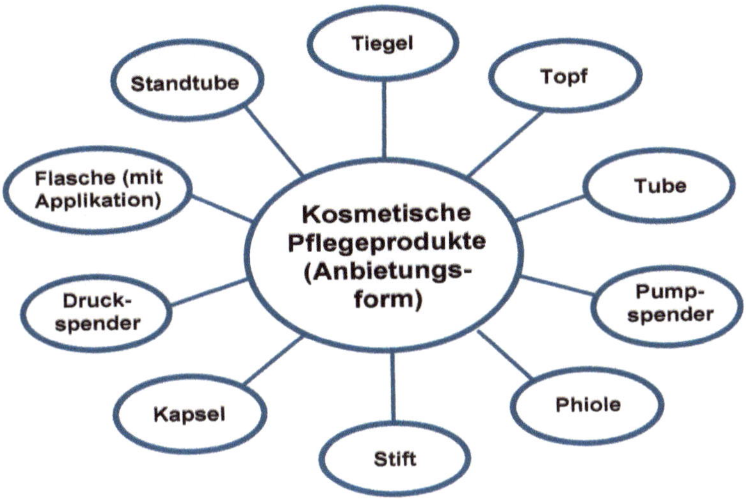

Abbildung 8.10: Anbietungsformen kosmetischer Pflegeprodukte

Die kosmetischen Pflegeprodukte stellen ein klassisches Beispiel für das chemiebasierte Produktdesign dar. Nahezu jeder Kunde kann ein auf seine Bedürfnisse zugeschnittenes Pflegeprodukt in unterschiedlichen Preiskategorien erwerben. Eingeschränkt auf Cremes / Lotionen ergibt eine grobe Abschätzung der Anzahl unterschiedlicher Formulierungen:

3	Emulsionstypen (o/w; w/o; o/w- nano)
2-3	Parfümhaltig, -frei, Aromatherapie
3	Tages-, Nachtcreme, Lotion
3-4	Hauttypen (trocken, empfindlich, normal, fettig)
3-4	Körperbereiche (Gesicht, Augen, Brust, Hand)
2	Feuchtigkeit und Anti-Aging
3	Altersbereiche (Jugendliche, jüngere und reifere Personen)
2	Geschlecht (weiblich, männlich)
3	Wetter (Sonne, Wind, Wasser/Berge)
4	Pflege, Aufbau, Peeling

Insgesamt weit mehr als 10 000 Kombinationen.

Für große Produkte muss das Marketing dementsprechend zum einen die interessantesten Märkte ermitteln und zum anderen starke Marken aufbauen. Einige willkürlich ausgewählte Marktbeispiele können der **Abb. 8.11** entnommen werden. Für den Verkauf spielt das Image der Marke eine wichtige Rolle. Auch Nischenprodukte haben einen Markt, wenn sie besondere Kundenbedürfnisse erfüllen.

Abbildung 8.11: Kosmetische Cremes

Gesichts-, Körper- und Handcremes; Spray sowie Aroma- und Peelingcreme (Quelle: *Douglas*)
a) *Estée Lauder*; Ultimate Lifting Eye Crème; b) *Estée Lauder;* Futurist, Age-Resisting Makeup; c) *Dior* Capture; Anti-Aging (24 h); d) *Biotherm;* Anti-Rides Line Peel; e) *Juvena Juvenance;* Advanced Face Lift (Konzentrat); f) *Lancôme;* Aroma Sun; g) *Origins;* Hand- und Fußcreme; h) *Molton Brown;* Body Therapy, Körperlotion; i) *Lancôme;* Gommage Caresse, Körperpeeling; j) *Biotherm;* Eau Vitaminée, Körpermilch; k) *Venus;* Körperpflegespray; l) *Sans Soucis;* Körperlotion; m) *Molton Brown;* Körperöl; n) *Lancaster;* After Sun Creme

Der Verbraucher bevorzugt je nach Geschlecht, Alter und Hautzustand eine optimale Plegecreme, die entweder schwerpunktmäßig die Haut mit Feuchtigkeit versorgt, die Heilung kleinerer Schäden durch Vitaminzufuhr unterstützt oder die Schuppigkeit über eine Lipidzufuhr beseitigt. Verstärkt werden Gesichtscremes nachgefragt, die spezielle Anti-Aging-Wirkstoffe enthalten, wie Proteine, Peptide und Pflanzenextrakte mit entsprechender Wirksamkeit. Die Konsistenz der Creme (Galenik) wird über bestimmte Hilfsstoffe eingestellt, wobei heute natürliche und synthetische Polymere zum Einsatz gelangen. Bevorzugt sollte die konsistenzgebende Wirkung der Proteine sowie der Hyaluronsäure genutzt werden. Bei ionenhaltigen Cremes wirken die Fettalkohole als Konsistenzgeber, vorteilhafter Weise in Kombination mit Silikonöl.

8.6 Wasser

In extensiver Auslegung des Begriffs „Produktdesign“ ließe sich auch Wasser [H_2O] als Beispiel aufführen. Reines, deionisiertes Wasser wird nur für Spezialanwendungen (Kesselspeisewasser, chemische Produkte) gebraucht und spielt von der Menge her keine Rolle. Es ist für Trinkwasser ungeeignet und schmeckt nicht. Der Frische-Geschmack des Wassers ist auf gelöstes Kohlendioxid und auf gelöstem Sauerstoff aus der Luft zurückzuführen.

Das für die Industrie und den Haushalt benötigte Wasser ist natürlichen Ursprungs und enthält Verunreinigungen sowie gelöste Substanzen, die teilweise stören und entfernt werden müssen. Für die meisten Einsatzgebiete, insbesondere für die Verwendung im Haushalt, sind Grenzwerte über die Trinkwasserverordnung (TrinkwV vom 1.1.2003) sowie über die EG-Richtlinie 80/778/ EWG [20] vorgegeben. Das Wasser muss den Anforderungen des Kunden entsprechen. Der Verbraucher verlangt reines und keimfreies Wasser.

Aus den Böden und Gesteinen werden Substanzen herausgelöst, die ins Trinkwasser gelangen. Für Schwermetallgehalte, organisch C sowie für einige Anionen (Nitrit, Nitrat, Cyanid, Fluorid, Sulfat, Borate, Chlorid) existieren Höchstwerte. Die Härte, verursacht von den Calcium- und Magnesiumionen, wird in mg CaO/l Wasser oder in mmol/l angegeben. Je nach Gegenion lassen sich die temporäre Härte (Carbonat, Hydrogencarbonat), die beim Kochen des Wassers verschwindet, und die permanente Härte (Sulfat, Chlorid, Nitrat) unterscheiden. Alle im Wasser gelösten Substanzen beeinflussen den Geschmack von Getränken (Bier, Tee, Kaffee, Mineralwasser, Limonade) und von einigen Speisen. Daher salzt Coca Cola das zuvor total entsalzte Wasser mit einer weltweit gleichen Rezeptur wieder auf, um einen einheitlichen Geschmack des Produktes zu gewährleisten.

Wasser steht als Quell-, Grund- und Brunnenwasser, als Fluss-, See- und Meerwasser sowie als aufgefangenes Niederschlagswasser zur Verfügung. Ferner existieren Naturspeicher in Form von atmosphärischem Wasser, von Gletschereis und den Eiskappen an den Polen. Das natürlich vorkommende Wasser kann zu Nutz- und Trinkwasser sowie zu Prozess- und Kühlwasser aufbereitet werden.

Die Nutzwassergewinnung erfolgt aus Brunnen für das Grundwasser, für das Uferfiltrat von Seen und Flüssen, d.h. als Gemisch aus Grund- und See- bzw. Flusswasser, oder aus Stauseen bzw. aus dem Meerwasser. Der Einsatz von Kapillarmembranen zur Meerwasserentsalzung ist in süßwasserarmen Gebieten verbreitet. Diese Technologie kann auch zur Reinigung industrieller und häuslicher Abwässer eingesetzt werden. Sie lassen sich über mehrere Schritte in eine Brauchwasser- oder sogar in eine Trinkwasserqualität überführen. Die Verfahren kommen dort zum Einsatz, wo das Recyceln der Abwässer wirtschaftlich sinnvoll ist.

Im Haushalt soll Wasser im geschlossenen Kreislauf einer Heizungsanlage keine Korrosionsschäden verursachen und jahrelang für den Wärmetransport zur Verfügung stehen. Bei offenem Gebrauch zum Waschen und Duschen sind Kalkablagerungen in den Leitungen und Perlatoren unerwünscht. Die Wasserhärte stört beim Waschen der Kleidung, des Geschirrs und des Körpers. Daher ist weiches Wasser für diese Anwendungen ideal. Dies steht in einigen Stauseen zur Verfügung oder lässt sich im Haushalt durch den Einsatz von Ionenaustauschern gewinnen. Bei der Kreislaufführung muss neben der Enthärtung auf einen Rostschutz (Korrosionsinhibitoren) geachtet werden. Zur Verhinderung der Bildung von Biofilmen ist der Zusatz von Bioziden erforderlich.

Zum Trinken wird natürliches Mineralwasser ohne Kohlensäure (stilles Mineralwasser) und mit Zusatz von Kohlensäure (normales Mineralwasser) verkauft. Ein Mineralwasser wird auch als „Sprudel" bezeichnet, wenn es von Natur aus so viel Kohlensäure enthält, dass es aus der Quelle von allein hervorsprudelt. Der menschliche Körper benötigt zahlreiche Mineralstoffe und Spurenelemente im bestimmten Umfange, die in guten Mineralwässern vorhanden sind. Einzelne Überschreitungen müssen ausgewiesen werden (z. B. ab 1 mg/l Fe: eisenhaltig). Unterschreiten von üblichen Werten kann herausgestellt werden, wie „geeignet für natriumarme Ernährung" bei Na-Gehalten unter 20 mg/l.

Für die analytischen Grenzwerte sowie für das Herstellen, Behandeln und Inverkehrbringen gilt die Mineral- und Tafelwasserverordnung vom 14.12.2000 (LMBG). Mineralwasser stammt aus einem unterirdischen, vor Verunreinigungen geschützten Wasserreservoir mit Entnahme aus einer natürlichen Quelle oder aus einem angelegten Brunnen. Für die amtliche Anerkennung der Quelle ist ein Analysenzertifikat erforderlich, das auf dem Etikett ausgewiesen wird. Die gelösten Mineralstoffe und Spurenelemente müssen eine ernäherungsphysiologische Wirkung besitzen und dürfen die festgelegten Grenzwerte nicht überschreiten. Beispiele für verschiedene Mineralwässer im Vergleich zu einem Trinkwasser (Durchschnittswerte der Stadt München) können der **Tab. 8.2** entnommen werden.

Quellwasser wird aus natürlichen Quellen gewonnen. Die Abfüllung erfolgt vor Ort. Quellwasser stellt also ein aus natürlichen Quellen stammendes Trinkwasser in einer Fertigverpackung (Flasche) dar. Eine amtliche Anerkennung ist weder für das Quell- noch für das Tafelwasser erforderlich im Gegensatz zum Mineralwasser. Tafelwasser (künstliches Mineralwasser wie *Bonaqua*) darf dagegen überall abgefüllt werden und ist ein Quell- oder Trinkwasser mit mindestens einem Zusatz an Mineralstoffen oder Spurenelementen. Zur Ergänzung eignen sich beispielsweise Natriumchlorid, -hydrogencarbonat, Calciumcarbonat oder Meerwasser (kennzeichnungspflichtig). Das Etikett auf der Flasche muss ein Zutatenverzeichnis aufweisen. Kohlensäurehaltiges Tafelwasser mit mindestens 570 mg Natriumhydrogencarbonat pro Liter darf als Sodawasser bezeichnet werden.

Tabelle 8.2: Zusammensetzung einiger Mineralwässer im Vergleich zum Trinkwasser

Zusammensetzung	Mineralwasser [mg/l] A	B	C	Trinkwasser (München)*	Trinkwasserverordnung [mg/l]
<u>Kationen</u>					
Natrium (Na^+)	3,8	64,5	118,0	3,5	< 150,0
Kalium (K^+)	1,3	3,8	11,0	1,1	< 12,0
Magnesium (Mg^{2+})	7,9	10,7	108,0	20,0	< 50,0
Calcium (Ca^{2+})	69,0	109,0	348,0	78,6	< 400,0
<u>Anionen</u>					
Fluorid (F^-)	0,18	0,35	-	0,24	< 1,5
Chlorid (Cl^-)	5,0	73,8	40,0	6,2	< 250,0
Sulfat (SO_4^{2-})	19,0	73,0	38,0	22,9	< 240,0
Hydrogencarbonat (HCO_3^-)	234,0	379,0	1816,0	307,0	-

A : Supermarkt

B : *Rhenser*
C : *Gerolsteiner* Sprudel

*) Labor der SMV Services Energie u. Wasser GmbH

Aus Meerwasser (Durchschnittswerte: 3 % Kochsalz, 3.3 % Gesamtsalzgehalt) lässt sich Trinkwasser durch Abreicherung der Salzgehalte in Membrananlagen herstellen. Die Ausschleusung der Salze erfolgt über das Retentat bzw. Konzentrat von Kapillarmembrananlagen (Revers Osmose-Verfahren), die sich als besonders wirtschaftlich erwiesen haben. Das aufkonzentrierte Meerwasser, das so genannte Retentat, wird in das Meer zurückgeleitet, während das Permeat zur Bewässerung oder als Trinkwasser genutzt werden kann.

In vielen wasserhaltigen Produkten, z.B. Geschirrspülmitteln, wird weiches Wasser eingesetzt, das keimfrei sein muss. Zusätzlich besteht die Möglichkeit, durch Zusatz von konservierenden Substanzen die Mikroorganismen an ihrer Vermehrung zu hindern bzw. diese sogar abzutöten. Bei keiner oder einer unzureichenden Konservierung kann das Produkt verkeimen, wobei die Mikroorganismen die Inhaltsstoffe umwandeln und dabei als Energielieferanten nutzen. Die Produkte sind nach dem Befall unbrauchbar. Die Entkeimung des Wassers erfolgt in der Produktion durch einmaliges oder besser mehrfaches Bestrahlen mit UV-Licht und/oder durch geeignete Sterilfilter. Die Anlagen sollten mit Oxidationsmitteln regelmäßig gereinigt werden und gemäß den GMP-Vorschriften ausgelegt sein (siehe Kap. 5.2). Es ist auch möglich, mit Wasserdampf unter Druck (121 °C, 30 min.) zu sterilisieren.

Also auch das Wasser wird je nach Verwendungszweck in seiner Zusammensetzung geändert oder an die Aufgabe angepasst. Und genau dies ist als „Produktdesign“ zu bezeichnen. An den diskutierten Beispielen wird die Breite des Themas deutlich. Das Produktdesign ist nicht auf die äußere Form eingeschränkt, sondern bezeichnet eine auf den Verbraucher zugeschnittene Anbietungsform. Dies erfolgt durch Zusätze (Chemie) und/oder durch Anwendung einer speziellen Technologie (Verfahrenstechnik).

8.7 Innovationen und Diskussion des Produktdesigns

Wirkliche Innovationen zeichnen sich dadurch aus, dass mindestens ein wesentliches, das Produkt charakterisierendes Merkmal so gestaltet wird, dass eine erlebbare und sichtbare Überlegenheit im Vergleich zu den Marktprodukten resultiert. Insbesondere müssen die Eigenschaften optimiert werden, auf die der Kunde größten Wert legt [21]. Bei chemiebasierten Produkten sind zunächst zu nennen [22]:

- Produktleistung (Performance)
- Handhabung (Convenience)
- Produktgestaltung (Aesthetics).

Die Produktleistung gemäß **Abb. 8.12** beschreibt den sofortigen und längerfristigen Erfolg bei der Anwendung/Nutzung sowie die erreichte Arbeitserleichterung. Eine hohe und konstante Produktqualität und Ergiebigkeit sind wesentliche Elemente für Markenartikel. Unbedenklichkeit bei Anwendung (ungiftig) und biologische Abbaubarkeit sind selbstverständliche Anforderungen, die innovative Produkte im besonderen Maße erfüllen sollten.

Die Kosten für chemiebasierte Produkte werden üblicherweise zu mehr als die Hälfte von den Rohstoffen verursacht. Auch das Herstellverfahren kann je nach Komplexität einen nennenswerten Beitrag zu den Kosten leisten. Das Marketing berücksichtigt zusätzlich die Entwicklungs- und Vertriebskosten sowie einen Aufpreis, der den Gewinn darstellt. Allerdings muss das Preis/Leistungs-Verhältnis stimmen, um einen Markterfolg zu erreichen.

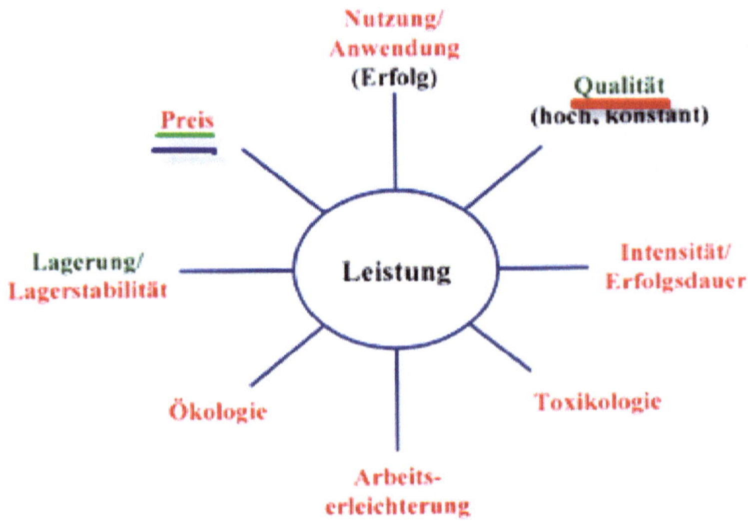

Abbildung 8.12: Elemente der Produktleistung
Rote Schrift/Markierung: Einfluss der Chemie; Grüne Schrift/Markierung: Einfluss des Herstellverfahrens (Technologie); Blaue Markierung: Marketing

Alle Elemente der Leistungsdimension werden von der Chemie beeinflusst oder bestimmt. Die Qualität ist die vom Kunden wahrgenommene Produktleistung und stellt daher einen Teil dieses Elements dar. Qualität wird „produziert" (hohes Niveau im Rahmen der Vorgaben, Konstanz), lässt sich also zunächst der Technolgie zugeschrieben. Das Qualitätsniveau muss aber bereits bei der Entwicklung sowohl in der Chemie als auch in der Verfahrensentwicklung gezielt eingestellt werden. Der Begriff „Produkthandhabung" in **Abb. 8.13** steht für die einfache, problemlose und sichere Entnahme sowie für die Anwendung.

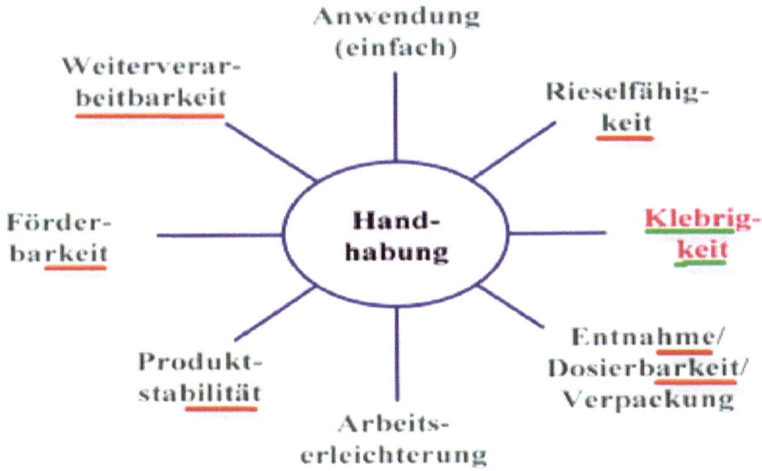

Abbildung 8.13: Elemente der Produkthandhabung
Rote Schrift/Markierung: Einfluss der Chemie; Grüne Schrift/Markierung: Einfluss des Herstellverfahrens (Technologie)

Die Handhabung wird über das Herstellverfahren eingestellt; im Prozess lässt sich die rohstoffbedingte Klebrigkeit über nachgeschaltete Puder- sowie Coatingverfahren (Kap. 16) vermindern. Nahezu alle Elemente der Produkthandhabung sind von der Chemie mit beeinflusst, angedeutet durch das rote Unterstreichen in Abb. 8.13.

Des Weiteren sollte das Produkt über eine optimierte Verpackung verfügen, die neben einer Dosierung auch eine problemlose, Platz sparende Lagerung ermöglicht und chemische Veränderungen ausschließt. Eine zeitgemäße Produktkonzeption sieht eine Arbeitserleichterung beim Gebrauch vor. Alle Elemente der Handhabung lassen sich gezielt über den Herstellprozess beeinflussen oder steuern.

Zur Produktgestaltung gehören neben der Optik (Form, Farbe), d.h. des Designs im engeren Sinne, auch die Oberflächenbeschaffenheit (rau, glatt, matt, glänzend) sowie die Haptik (puderig, klebrig, sympathisch) und der Eigengeruch (angenehm, unauffällig). Einige Produkte werden parfümiert, um einen sympathischen, wieder erkennbaren Duft zu erzeugen.

Produkte können von der Chemie und der Herstellung her eine Farbe aufweisen, die nicht zum Produktauftritt passt. Daher erfolgt nachträglich eine farbliche Gestaltung des Produktes. Die Farbe kann auf das Etikett und auf die Verpackung incl. der Beschriftung abgestimmt sein. Auswahl und Anordnung der Farben gehören zur Marke und werden auf das Produktdesign übertragen. Die Elemente der Ästhetik sind in **Abb. 8.14** dargestellt. Die gesamte Gestaltung sollte sich nach den Wünschen der Kunden richten und auffällig, sympathisch und auf den ersten Blick wieder erkennbar sein. Auf diese Weise kann der Erfolg im Markt nennenswert gesteigert werden.

Abbildung 8.14: Elemente der Produktästhetik
Rote Schrift/Markierung: Einfluss der Chemie; Grüne Schrift/Markierung: Einfluss des Herstellverfahrens (Technologie); Blaue Schrift: Marketing ; Grün/rote Schrift: beide Einflussgrößen

Die meisten Elemente der Produktästhetik richten sich nach den technischen Möglichkeiten. Die Festlegungen von der Form, vom Duft, von der Farbe und der Haptik sowie von der farblichen Gestaltung/Schrift für Produkt und Verpackung erfolgen nach den Kundenbefragungen, müssen allerdings zum Markenauftritt passen. Die farblichen und räumlichen Gestaltungen vom Produkt und der Verpackung können ebenfalls Marken darstellen. Bei Produktfamilien wird das Erscheinungsbild auf die bereits vorhandenen Muster abgestimmt. Farbe und Duft müssen ihre chemische Stabilität im 12- Wochen- Lagertest beweisen, die Aufbringung erfolgt nach verschiedenen Technologien.

Zum näheren Verständnis der Produktästhetik (Abb. 8.14) ist es sinnvoll, die einzelnen Elemente näher zu betrachten und zu diskutieren. Beginnend mit der „Form" können der nachstehenden **Abb. 8.15** die entscheidenden Faktoren für die äußere Gestaltung chemischer Produkte entnommen werden. Neben den Details der Herstellung beeinflussen die Stoffeigenschaften das mögliche Design.

Abbildung 8.15: Möglichkeiten zur Beeinflussung der Form chemischer Produkte
Rote Schrift: Einfluss der Chemie; Grüne Schrift: Einfluss der Technologie

Für die Beschreibung der Stabilität existieren eine Reihe von charakteristischen Merkmalen gemäß **Abb. 8.16** sowie einige physikalische Messmethoden, mit denen sich die Druck- und Scherstabilität, der Abrieb bei pneumatischer Förderung und die Fallfestigkeit bestimmen lassen.

Wesentliche Parameter stellen auch die Dichte und das Porenvolumen dar. Die Partikelstabilität lässt sich über geeignete Coatingschichten nennenswert verbessern.

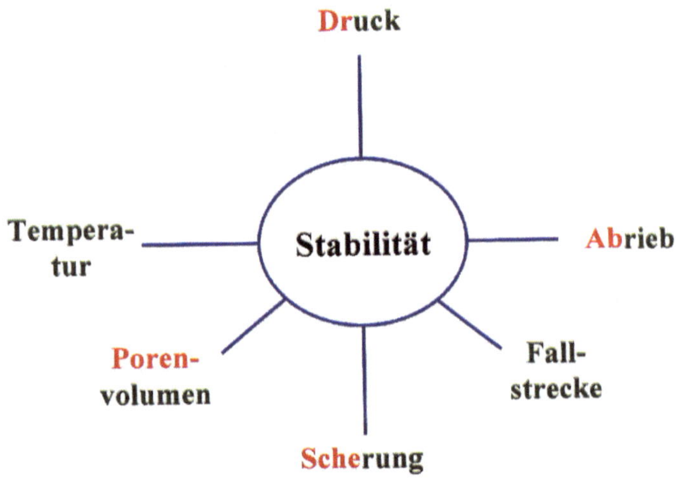

Abbildung 8.16: Kennzeichnende Größen für die Produktstabilität

Abbildung 8.17: Möglichkeiten der farblichen Gestaltung
Rote Schrift/Markierung: Einfluss der Chemie; Grüne Schrift/Markierung: Einfluss der Technologie; Blaue Schrift: Marketing

Das Produkt kann eine Eigenfarbe aufweisen, die über die Chemie und den Herstellprozess bestimmt wird. In einigen Fällen ist diese Farbe nicht erwünscht. Dann wird sie entweder über Oxidationsmittel aufgehellt oder über verschiedene Adsorptionsverfahren entfernt. Eine andere Möglichkeit stellt eine Einfärbung des gesamten Produktes oder der Oberfläche dar, wobei es eine Vielzahl an Varianten gibt, wovon einige in **Abb. 8.17** aufgeführt sind.

Zur Beeinflussung der Oberflächenbeschaffenheit existieren gemäß **Abb. 8.18** einige nachschaltbare Technologien. Über Verrundungsverfahren oder über rollende Bewegungen lassen sich Ecken und Kanten entfernen. Durch Aufsprühen und Trocknen von Lösungen (wie Zuckerlösungen bei Tabletten) können Partikel stabilisiert und mit einer glänzenden Oberfläche versehen werden. Bei granularen Feststoffen wird bevorzugt abgepudert (= Aufbringen von feinen Feststoffteilchen) oder gecoatet (= Aufbringen von Polymeren), wobei es für das Coaten eine große Auswahl an Verfahren und an geeigneten Substanzen gibt [23]. Bei wasserfreien oder wasserarmen Coatinglösungen kann auf eine nachträgliche Trocknung verzichtet werden, so dass sich diese Verfahren sehr einfach ausführen lassen. Andere Möglichkeiten stellen die Vergrößerung (Mahlen) oder die Verkleinerung (Agglomeration) von Oberflächen dar. Beide Varianten sind gesondert zu betrachten.

Das Produktdesign wird wesentlich vom Geruch/Duft beeinflusst, weil der Kunde vor dem Kauf am Produkt riecht und unangenehme Gerüche nicht akzeptiert. Der Eigengeruch bei reinen Chemikalien ist naturgegeben. Bei Formulierungen lässt sich der Geruch verändern bzw. durch Einsatz von Oxidationsmitteln entfernen (Vorsicht mit der Farbe und mit der Produktstabilität). Auch kann eine neue Duftkomposition unter Einbeziehung des störenden Geruches versucht werden, so dass er praktisch maskiert ist und dadurch weniger auffällt. Eine weitere Möglichkeit stellt die Beduftung/Parfümierung von Produkt und/oder der Verpackung dar. Hierfür gibt es zahlreiche Varianten, einige davon sind in **Abb. 8.19** aufgeführt.

Noch konkreter lassen sich die einzelnen Elemente diskutieren, wenn ein bestimmtes Design vorliegt. Ein pulverförmiges oder granulares Produkt wird durch acht physikalische Größen gemäß **Abb. 8.20** charakterisiert. Zum einen ist jede physikalische Größe messbar und dadurch genau fixiert. Zum anderen lässt sie sich über die Chemie und über die Herstelltechnologie einstellen bzw. beeinflussen [24].

Abbildung 8.18: Möglichkeiten zur Beeinflussung der Oberflächenbeschaffenheit

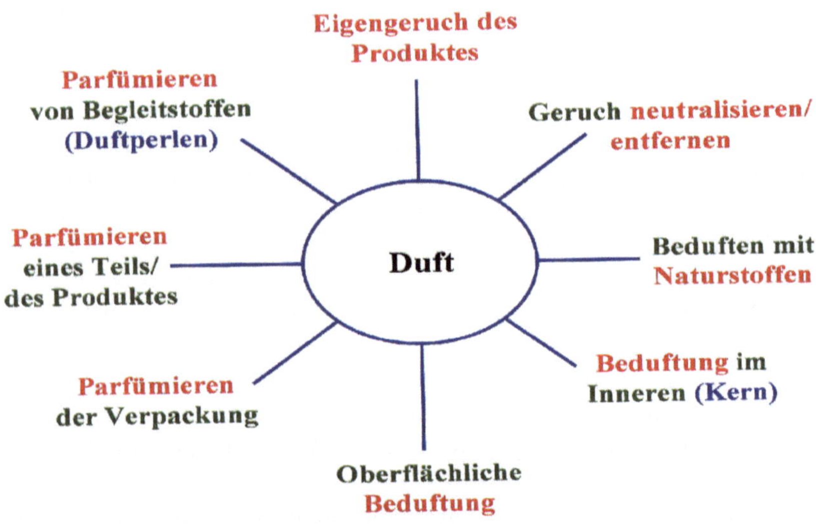

Abbildung 8.19: Beeinflussung des Geruchs und Möglichkeiten der Beduftung
Rote Schrift: Chemie; Grüne Schrift: Technologie; Blaue Schrift: Marketing

Allerdings besteht eine Kopplung zwischen den Größen, so dass eine einzelne, gezielte Einstellung meist nicht gelingt. Beispielsweise wird das Schüttgewicht von den Korngrößenverteilungen, den Dichten und Formfaktoren bestimmt. Der Abrieb hängt vom Herstellverfahren sowie vom Nachbehandlungsprozess (Coating) ab. Durch eine farbliche Markierung wird in der Abbildung gezeigt, wo sich die drei Elemente (Leistung / Handhabung / Ästhetik) wieder finden lassen.

Abbildung 8.20: Partikeldesign; Einfluss von Produktleistung (rot), Handhabung (grün) und Ästhetik (blau)

Beim Pressen von Tabletten gibt es neben den physikalischen Parametern des Partikeldesigns weitere, in **Abb. 8.21** aufgeführte Abhängigkeiten [25-27]. Diese beziehen sich zum einen auf die Rezeptur der Tablette mit ihren Hilfsstoffen, und zum anderen auf das Klima (Klimakammer empfehlenswert) und auf die zahlreichen Maschinen- und Betriebsparameter.

Insbesondere die Ausführung und die Beschichtung/Vergütung der Stempel beeinflussen die Qualität der Tabletten. Diese können zur mechanischen Stabilisierung und zur Verringerung des Abriebs sowie zur Verbesserung der Ästhetik zusätzlich mit einer oberflächlichen Beschichtung nach dem Pressen versehen werden. Jede in Abb. 8.17 genannte Größe lässt sich noch weiter aufschlüsseln und auf physikalische oder physikalisch/chemische Gesetzmäßigkeiten zurückführen.

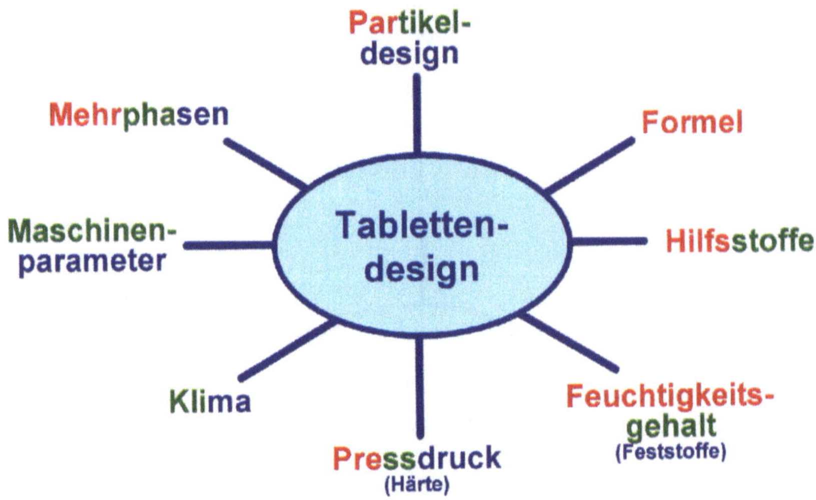

Abbildung 8.21: Tablettendesign; Einfluss der Chemie (rot) und der Technologie (grün) sowie der Ästhetik (blau)

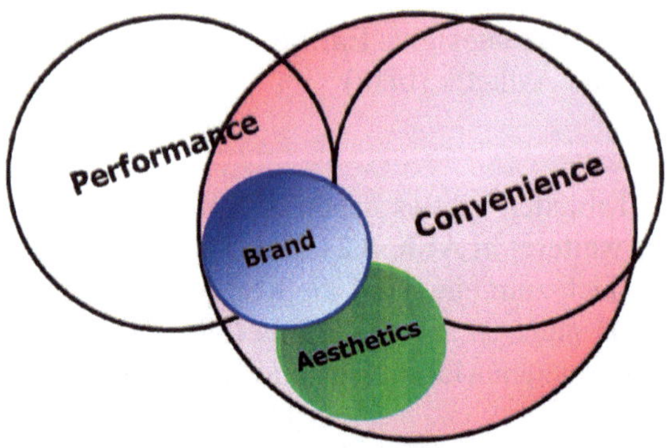

Abbildung 8.22: Zusammensetzung des Produktdesigns (rot unterlegt) Performance: Leistung; Convenience: Handhabung; Aesthetics: Ästhetik; Brand: Marke

Wie gezeigt, wird das Produktdesign neben den markenadequaten Designelementen weitgehend von der Technologie (Handhabung) und teilweise von der Chemie (Produktleistung) bestimmt. Dieser Zusammenhang ist in **Abb. 8.22** [22] vereinfacht graphisch dargestellt und zeigt, dass der Begriff „Produktdesign“ mehr ist als die reine Gestaltung. Die Marke bestimmt die graphische und farbliche Ausführung von Produkt und Verpackung. Alle Elemente zusammen sind Bestandteil der Produktqualität, d.h. die„Qualität“ stellt den Oberbegriff dar.

8.8 Beispiele für einfache Produktgestaltungen chemiebasierter Produkte

Die einzelnen Ausprägungen des weiter gefassten Begriffs „Produktdesign“ werden in der **Tab. 8.3** anhand typischer chemiebasierter Marktprodukte aufgeführt. Es ist zu erkennen, dass der Unterschied in einem Merkmal ausreichen kann, um eine Differenzierung im Markt zu erreichen.

Tabelle 8.3: Produktgestaltung zur Wiedererkennung, verbesserten Handhabung und Leistung (Zuordnung erfolgte nach Schwerpunkten)

a) Handhabung / Anwendung

Produkt	**Merkmal / Gestaltung**
Blumendünger	Stäbchen, Pellets, Kügelchen, Flüssigkeit
Kunststoffe	Pellets, Agglomerate
Kohle	Briketts, Eierkohle, Koks
Natriumhydroxid	Pastillen, Plätzchen, Kugeln, Schuppen, Lösung, Mikroperlen
Deo	Roller, Spray, Stick, Kristall
REA-Gips	Pellets
Papierkleber	Stick, Tube, Gel
Deckenfarbe	Paste (thixotrop)
Tapetenkleber	Staubfreies Pulver / Granulate
Polyethylenglykol	Schmelze, Schuppen, Pulver
Zahnpasta	Tube
Nagellack	Flasche mit Verschluss und integriertem Pinsel

b) Wiedererkennung / Marke (Brand)

Produkt	**Merkmal / Gestaltung**
Benzin	Farbe der Zapfsäule, identisch mit Produktfarbe; Markensymbol
Hautcreme	Parfüm (+Verpackung), Farbe und Gestaltung der Verpackung, Konsistenz
Zahncreme	Farbe / Streifen / Aroma
Tiertrockenfutter	Figuren, Flocken, Verpackung
Waschmittel	Perlen, Kugeln (+ Parfüm + Verpackung)
Mineralwasser	Farbe und Form der Flasche, Material, Schriftzug
Gartenschlauch	Auffällige Farbe mit Streifen

c) Produktleistung

Produkt	**Merkmal / Gestaltung**
Superbenzin	Schwefelfrei, Oktan-/ Cetanzahl
Flüssigwaschmittel (+ Fleckenvorbehandlung)	Gel mit Dosierhilfe
Flüssig-Wundverschluss	Gel, Spray
Maschinelles Geschirrspülmittel	Tablette in Zweiphasen-Tablette (Funktion: Reiniger und Klarspüler integriert)
Bleiche	gecoatete Kugeln (Lagerstabilität)
Kfz-Katalysator	Waben (Oberfläche)
Reifen	Profil (Haftung)
Nanolack	kratzfest
Lotuseffekt	selbstreinigend
Toilettenreiniger	Desinfektion, Duft
Seife	Reinigung, Hautschonung

9 Produktdesigns in Forschung und Entwicklung

9.1 Gestaltete Produkte

Gestaltete Produkte, die über interessante oder ästhetische Merkmale verfügen, prägen unser Leben und werden als Ausdruck der eigenen Persönlichkeit ausgewählt. Beispiele sind modische Kleidung, exklusive Uhren und dezenter Schmuck sowie die sorgsam zusammengetragenen Einrichtungsgegenstände (Möbel, Teppiche, Vasen; **Abb. 9.1** und **9.2**), das eigene, umgestaltete Haus mit dem Garten, aber auch das (Foto-) Handy sowie das praktische oder exklusive Auto.

Abbildung 9.1: Tischlampen als Beispiel 1

Chemische Produkte, wie Legierungen, Beton, Kunststoffe, Gläser, Keramiken, Papiere, Tabletten, werden im Zuge ihrer Weiterverarbeitung geformt, gestaltet, gefärbt oder bemalt. Auch bei vielen Lebensmitteln spielt das Produktdesign eine wesentliche Rolle. Das hochwertige Aussehen beeinflusst die Kaufentscheidung, egal ob es sich um Torten, Pralinen, Tomaten oder Teigwaren handelt, und rechtfertigt in einigen Fällen den höheren Preis.

Abbildung 9.2: Vasen als Beispiel 2

In der chemischen Industrie und an den Hochschulen hat in jüngster Zeit eine Diskussion über das Design von Partikeln und Produkten begonnen. Bisher fehlt allerdings eine abgestimmte Auffassung oder Definition, was das Design ausmacht und wie es bei einer Chemikalie zu verstehen ist. Insbesondere muss die Frage beantwortet werden, wie wichtig die Ästhetik ist, welchen Nutzen der Kunde daraus zieht und ob er bereit ist, dafür einen Aufpreis zu bezahlen.

Zahlreiche chemische Produkte gibt es bereits in gestalteter Form. Diese ist in der Historie meist durch den Einsatz einer geeigneten, wirtschaftlichen Technologie entstanden, weniger durch das Eingehen auf Marktbedürfnisse. Eine auf die Kundenbedürfnisse zugeschnittene Anbietungsform existiert bei den Chemikalien bisher nur in Sonderfällen. Allerdings wird beim Verkauf direkt an den Verbraucher eine gezielte Produktgestaltung vom Marketing zunehmend eingesetzt, um sich einerseits von der Konkurrenz zu differenzieren und sich andererseits eine Marke zu schaffen, die einen Namen mit positiven Eigenschaften verbindet.

9.2 Innovationsfelder

Neue Beschäftigungsfelder sind geschaffen worden und werden auch zukünftig durch das Umsetzen von Forschungs- und Entwicklungsergebnissen entstehen. Die Diskussion um den Einsatz bemerkenswerter Forschungsresultate und neuer Technologien erfolgt heute weltweit in den Gesellschaften. Von ihr gehen Impulse für die öffentlichen Forschungsförderungen aus, und dadurch erfolgt eine Weichenstellung für die nähere und auch für die fernere Zukunft. Sie sind eine wichtige Quelle für Innovationen, spiegeln die gegenwärtigen sowie die zukünftigen Bedürfnisse der Menschen wider und beeinflussen damit auch die Produktstrategien in den Unternehmen. Die Entwicklung neuer Produkte in den Unternehmen ist überwiegend technologie- und marktgetrieben, seltener durch politische Entscheidungen motiviert. Die Initiierung erfolgt häufig durch die Spezialisten in den Unternehmen. Einige Forschungsrichtungen, die im hohen Maße in jüngerer Vergangenheit für die Schaffung neuer Produkte verantwortlich zeichnen und in denen die Chemie eine Rolle spielt, sind:

- Umwelt
  lösemittelfreie Klebstoffe und Farben
  schwefelarmer Kraftstoff
- Gentechnik/Pharmazie
  hochwirksame Medikamente und Enzyme
  neue Therapien, Nanoteilchen
- Nano-Technologie
  Wafer-Schleifmittel
  Sonnenschutzmilch
- Mikrofaser
  Sport- und Freizeitbekleidung
  Hand- und Putztücher
- Kommunikation
  Handy
  Computer

- Werksstoffe
  Al-Legierungen für den Flugzeugbau, Kohlenstofffasern

Auf diesen sechs Technologiefeldern werden auch in näherer Zukunft viele neue Produktideen entstehen, weil auf ihnen weltweit weiter geforscht wird und die Ergebnisse praktisch nutzbar sind. Die Menschen erwarten, dass die Unternehmen wirksame, bedarfsgerechte Produkte auf den Markt bringen, die fünf wichtige Bedürfnisse abdecken:

- Wohlbefinden
- Arbeitserleichterungen
- Kommunikation
- Mobilität
- Freizeit.

Hierbei fällt der Chemie eine wichtige Rolle zu. Neben den reinen Chemieprodukten, die für die speziellen Anwendungsfälle maßgeschneidert werden können, gibt es eine Vielzahl von chemiebasierten Rezepturen oder Formulierungen. Auf Grund von Forschungsergebnissen im Bereich der Feststoffe und Mehrphasensysteme (beispielsweise gezielte Beeinflussung der dispersen Eigenschaften, Nanoteilchen) sind zukünftig entscheidende Fortschritte auf dem Gebiet der Formulierung zu erwarten, die sich in Markterfolge umsetzen lassen.

9.3 Einbeziehung des Produktdesigns

Das Produktdesign stellt (noch) keine eigene Forschungsrichtung dar, sondern steht bisher für eine auf den Anwendungsfall (Kunden) ausgerichtete Forschung und Entwicklung unter besonderer Berücksichtigung der Produktgestaltung. Die Kriterien des Produktdesigns lassen sich auf viele Entwicklungen in der Chemie und in den angrenzenden Industrien anwenden.

Die chemische Industrie beschäftigt sich an mehreren Stellen mit drei übergeordneten Forschungsgebieten, und zwar mit der Nano- und der Biotechnologie sowie mit dem Produktdesign. Die Arbeiten erfolgen teilweise gebietsübergreifend, d.h. die Nanotechnologie in Kombination mit der Bio-Tec oder die Biotechnologie zusammen mit dem Produktdesign. Eine Bearbeitung der großen Gebiete, die in zahlreiche Projekte aufgeteilt sind, erfolgt in Zusammenarbeit mit den Universitäten und den Instituten. Zwischen den drei Zukunftsfeldern lässt sich ein Gebiet aufspannen, in dem sich viele wichtige, aktuelle Forschungsthemen einordnen lassen (**Abb. 9.3**).

Auf dem Gebiet der Nanotechnologie laufen einige Arbeiten mit einer direkten Anwendung. Die Teilchen mit einem mittleren Partikeldurchmesser von 10 bis 500 nm (10 nm entsprechen dem millionsten Teil eines Zentimeters) werden über Mahlung in Rührwerkskugelmühlen aus gröberen Feststoffen oder direkt über Fällverfahren bzw. über Zersetzungsprozesse in der Gasphase erzeugt. Neben der Herstellung birgt die Einarbeitung der Nanoteilchen in eine Matrix eine Schwierigkeit, weil die feinen Teilchen auf Grund der Haftkräfte sehr schnell agglomerieren und dadurch ihre besonderen Eigenschaften verlieren.

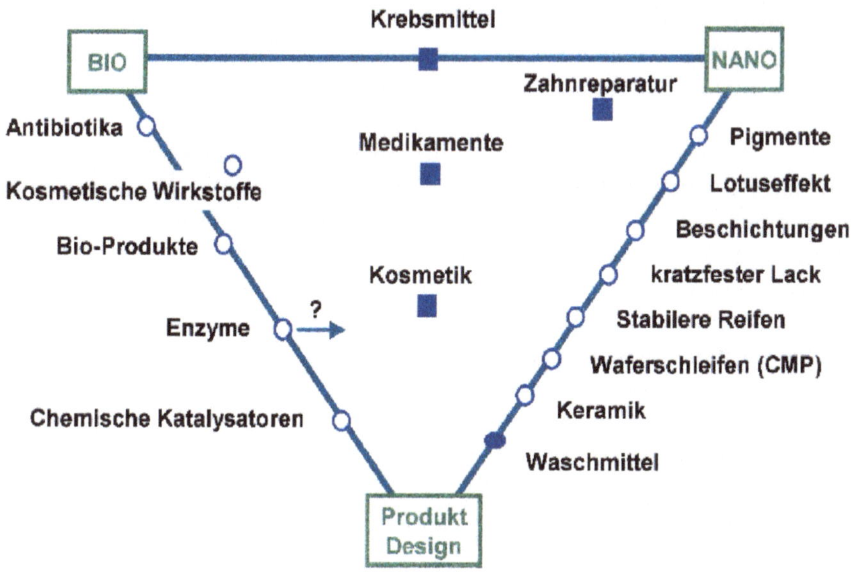

Abbildung 9.3: Forschung und Entwicklung in einem Gebiet zwischen der Nano- und der Biotechnologie sowie dem Produktdesign

Ein Beispiel hierfür stellen die Farbpigmente dar. Einerseits werden die Nanoteilchen über Flammenverfahren hergestellt, wie das Titandioxid über die Oxidation von Titantetrachlorid oder der Ruß über die gesteuerte Ölverbrennung. Andererseits lassen sich über gezielte Fällungen die gewünschten Teilchengrößen erzeugen, etwa beim Eisenoxidhydroxid oder beim Bariumsulfat. Das Eisen-(III)-oxid entsteht aus dem Oxidhydroxid durch Calcinierung (druckloses Erhitzen auf über 200 °C). Die Einarbeitung von Titandioxid in die wässrige Grundmasse erfolgt in Rührwerkskugelmühlen mit feinen Mahlkugeln unter Zusatz von Stabilisierungsmitteln [28].

Zahlreiche neue Produkte bzw. Produktideen beruhen auf der in Kap. 1 beschriebenen Nachstellung des Lotuseffektes. Der Effekt wird durch Auftragen bzw. Aufsprühen von kolloidalen Nanoteilchen erreicht. Durch die Struktur der Nanoteilchen lässt sich die Haftung der Schmutzpartikel soweit reduzieren, dass sie mit einem Regentropfen mitlaufen. Bevorzugte Anwendungsgebiete sind die Haushaltsreiniger für die Fliesen im Bad und in der Küche sowie für die Fenster und Fensterrahmen. Aber auch Holzoberflächen (Türen), die verputzten Wände einer Hausfassade, die Dachziegel sowie lackierte Oberflächen (Geräte, Auto) sollen leicht reinigbar oder sogar selbstreinigend sein. Eine weitere Methode stellt die in Kap. 1 beschriebene Beschichtung von Oberflächen dar.

Weitere Beispiele für die technische Nutzung von Nanoteilchen sollen kurz angerissen werden: Erstens lässt sich die Stabilität von Autoreifen durch einen Zusatz von Nanoteilchen aus reinem Kohlenstoff bestimmter Größenverteilung verbessern. Bei der Einarbeitung muss eine Agglomeration vermieden werden. Zweitens können durch Zusatz von nanoskaligem Calciumapatit zur Zahnpasta feine Dentinkanäle im Zahn verschlossen werden. Drittens bewirken magnetische Nano-Eisenoxidteilchen eine Zerstörung von Krebszellen nach Einspritzen einer Dispersion in das Geschwür durch lokale Wärmeerzeugung. Die Teilchen werden durch Anlegen eines magnetischen Wechselfeldes so schnell bewegt, dass sich die Zellen auf über 40 °C erwärmen. Bei diesen Temperaturen sterben die Krebszellen ab.

Für die Therapie wird erforscht, wie feine Feststoffe helfend in die Zelle über die Membran eindringen und Wirkstoffe bereitstellen können. Diese Forschungsrichtung bezeichnet sich als „ Pharmaceutical Nanobiotechnology“ und verbindet die Nano- und Biotechnologie mit der Pharmakologie und Medizin.

Die Bioverfügbarkeit von therapeutischen und kosmetischen Wirkstoffen wird immer wieder diskutiert. Es gibt eine Reihe von Forschungsarbeiten, die für nanoskalige Wirkstoffe eine gesteigerte und schnellere Aufnahme nachweisen. Ein Beispiel stellt die verbesserte Bioverfügbarkeit von beta-Carotin dar, nachgewiesen in Kälberversuchen. Oder die intensivere Färbewirkung von Astaxanthin-Nanodispersion im Vergleich zu fein gemahlenen Kristallen [29]. Dieser Farbstoff wird neben Canthaxanthin in Aquakulturen in der kommerziellen Forellen-, Shrimps- und Lachszucht eingesetzt, damit der Frischfisch attraktiv aussieht. Auf dem Gebiet der pharmazeutischen Nanobiotechnolgie steht die Forschung noch am Anfang. In der Zukunft können weitere positive Anwendungen von Nanoteilchen für therapeutische und für kosmetische Mittel erwartet werden. Zahlreiche Gruppen von Spezialisten arbeiten daran.

9.4 Einbeziehung der Verfahrensingenieure

Noch vor 25 bis 35 Jahren wurden viele Ingenieure in der Grundstoffindustrie eingesetzt. Sie optimierten die Prozesse zur Herstellung von Grundchemikalien bzgl. Kosten, Sicherheit und Umweltbeeinflussung. Diese Entwicklungen führten zu großen, vollautomatisierten Konti-Anlagen, die im Verbund betrieben werden und hohe Kapitalinvestitionen erfordern (Beispiele: BASF, DOW/Stade). In diesen Bereichen geht der Bedarf an Ingenieuren zurück [30,31]. Zeitlich folgte der Einsatz im Bereich der Herstellung von Spezialchemikalien, die überwiegend in Standard-batch-Anlagen hergestellt werden. Dieses Feld war und ist für Ingenieure nur begrenzt interessant, weil es hier auf die Chemie und auf das maßgeschneiderte Produkt („Product-Engineering“; Kap. 12.3) ankommt und eine Prozessoptimierung wegen der ständigen Produktwechsel nicht möglich ist oder sich wirtschaftlich nicht lohnt [30].

Die Konzentrierung aller Kräfte eines Chemieunternehmens auf die Einführung neuer Produkte wurde im Zuge der Globalisierung in den 90er Jahren populär, als eine Besinnung auf die Kernkompetenzen erfolgte. Die Veränderung führte in vielen Firmen zur Auslagerung verschiedener Servicebereiche, wie beispielsweise der Energieversorgung, des Engineerings und des Anlagenbaus. Zur Wahrung der Fachkompetenz wurden von jedem Bereich einige Ingenieure im Unternehmen belassen, die bei Einschaltung externer Firmen auf ihren Gebieten die Projektleitung und das Controlling übernehmen. Dafür rückte die marktnahe Produktentwicklung erfolgreicher Unternehmen stärker in den Vordergrund, die sich auszeichnet durch eine konsequente Einbeziehung des Kunden und durch eine differenzierende Ästhetik.

Durch die Veränderungen hat sich das Berufsbild des Verfahrensingenieurs in der chemischen Industrie in den 90er Jahren und erst recht in den Jahren ab 2000 nachhaltig gewandelt. Neben der seit langem diskutierten Schnittstelle zwischen Chemie und Technik ist eine weitere hinzugekommen, nämlich die Schnittstelle zum Marketing. Alle größeren Produktentwicklungsprojekte werden heute unter Marketing-Beteiligung geführt. Dadurch entsteht ein neuer, erweiterter Blickwinkel für die Arbeit der Verfahrenstechniker, die deshalb auch die Grundlagen des Marketings kennen sollten.

Die Entwicklung neuer Produkte geschieht in Projekten und zeichnet sich durch eine enge Zusammenarbeit von Mitarbeitern verschiedener Fachrichtungen aus. Chemiker sind für die Synthese oder Zusammensetzung des Produktes zuständig, Verfahrens- oder Chemieingenieure sowie Technische Chemiker entwickeln ein optimal geeignetes Verfahren und Betriebswirte sorgen für die Produktvermarktung. Diese notwendige Kooperation funktioniert nur optimal, wenn alle Seiten die Aufgaben, Probleme und Eigenheiten der Fachgebiete ihrer Gesprächspartner verstehen und akzeptieren.

Die Projektarbeit zielt auf die Entwicklung eines verbesserten oder neuen Produktes ab. Hierbei stehen die ermittelten oder angenommenen Wünsche des Kunden im Fokus, insbesondere auch Wünsche bezüglich der Gestaltung. Produktideen, neue technische Konzepte sowie ihre Realisierung unter Berücksichtigung der ökonomischen und zeitlichen Vorgaben charakterisieren die Arbeit von Chemieingenieuren in der Verfahrensentwicklung. Für die Entwicklung werden kreative Mitarbeiter benötigt, die auch Verständnis für den Markt und die Kunden mitbringen. So gelangte Prausnitz in seiner „Danckwerts Memorial Lecture“ [32] sogar zu der Ansicht, dass die „grundlegende Existenz des Chemieingenieurwesens in seiner Antwort auf die Bedürfnisse und Erwartungen der Gesellschaft begründet liegt“.

Die fachübergreifende Verfahrensentwicklung ist sehr anspruchsvoll: Einerseits sind die zur Verfügung stehenden Entwicklungszeiten kurz, andererseits handelt es sich bei den Produkten häufig um Feststoffe [33, 34, 35], so dass sich weder die Prozesse noch die komplexen Verfahrensschritte simulieren oder theoretisch vorausberechnen lassen. Zum scale-up sind Versuche im Technikum zwingend erforderlich.

Verfahrensingenieure beschäftigen sich heute nicht nur mit Unit Operations und der Verfahrensentwicklung, sondern einige sind auch im Produktentwicklungsprozess eingebunden. Sie sollten Verständnis und Kenntnisse der Chemie mitbringen. Die Verbindung zwischen Verfahren und Design muss sich der Chemieingenieur selbst erarbeiten, weil dieser Zusammenhang bisher an den Hochschulen nicht ausreichend gelehrt wird. Das Produktdesign hängt in einer Reihe von Fällen entscheidend von den Grundoperationen ab.

Die Mehrzahl der Ingenieure beschäftigt sich bereits mit Feststoffen [33]. Bei den Feststoffen handelt es sich oft um geformte oder gefüllte Mehrstoffsysteme, wie Formkörper, Perlen, Granulate, Extrudate und Tabletten oder um Pulver, die in Lösungen oder Schmelzen eingearbeitet werden müssen. Die Produkte können aus bis zu 30 verschiedenen Komponenten bestehen. Ihre Zusammensetzung wird optimal auf den Anwendungsfall zugeschnitten. Auf die genannten Feststoffe und auf Mehrphasensysteme bezieht sich das Produktdesign, weniger auf reine, flüssige Grundchemikalien oder auf Gase.

Der Chemieingenieur muss die Technologien den Produktanforderungen anpassen. Daher kommen verstärkt moderne Verfahren zur Variation des Designs und damit zur ästhetischen Differenzierung von üblichen Marktprodukten zum Einsatz. Zu den „Design-Technologien“ gehören neben Sprühprozessen [36,37,49] und einigen Agglomerations- und Formgebungsverfahren beispielsweise das Coaten und Färben von Partikeln, formgebendes Mahlen und Trocknen oder Erstarren, das Herstellen von feststoffhaltigen Gelen, Pasten und Emulsionen sowie von Hohlkörpern zur Befüllung mit Flüssigkeiten bzw. Gelen und/oder Feststoffen [22].

Diese Veränderungen in der Arbeitswelt werden zu Anpassungen in der Ausbildung an den Hochschulen führen, dazu gehört beispielsweise eine verstärkte Berücksichtigung des Faches „Produktdesign“, eine Facette des Arbeitsfeldes „Verfahrensentwicklung“. Das Produktdesign wird insbesondere bei Feststoffprozessen wesentlich durch die Wahl des Verfahrens und durch die eingesetzten Maschinen und Apparate sowie durch die eingestellten Betriebsbedingungen beeinflusst. Auch können die Recyclingströme entscheidenden Einfluss auf die Qualität nehmen. Des Weiteren gibt es die Möglichkeit, das Design durch nachgeschaltete Verfahrensschritte zu optimieren.

10. Aufgabenverteilung in der Produktentwicklung

10.1 Interdisziplinäre und internationale Zusammenarbeit in der Produktentwicklung

Die erfolgreiche Entwicklung eines innovativen Produktes in der chemischen Industrie setzt umfangreiche Kenntnisse der Chemie und Erfahrungen im speziellen Produktumfeld voraus. Zur Bearbeitung bis hin zur Markteinführung müssen einerseits viele Fragen aus anderen Fachgebieten beantwortet werden, ferner sollten andererseits von Start an die Wünsche der Kunden einfließen. Dies macht eine enge Zusammenarbeit der Fachkräfte aus unterschiedlichen Disziplinen erforderlich. Neben den organisch/anorganischen Chemikern werden Spezialisten aus den Bereichen der Technischen Chemie und der Ingenieurwissenschaften für die Verfahrens- und Verpackungsentwicklung benötigt. Ferner sind Chemiker für den analytischen Wirknachweis erforderlich, Biologen für die Öko-tox-Freigabe und Patentfachleute für die Know-how-Sicherung sowie Mitarbeiter des Marketings für Kundenkontakte und für die Marktforschung.

Durch den molekularen Aufbau des Produktes (Product-Engineering) sowie über chemische Zusätze (Design) wird die Produktleistung eingestellt (Kap. 12). Daneben sind die einfache Handhabung und die differenzierende Gestaltung des Produktes sowie die Marke [22] wesentliche Erfolgsfaktoren im Markt. Aus naturwissenschaftlicher Sicht bedeutet „Produktleistung" die Erfüllung praxis-relevanter, anwendungstechnischer Tests durch die entwickelte chemische Formulierung. Die Testmethoden beruhen überwiegend auf der Physik sowie der physikalischen, der angewandten und der analytischen Chemie.

Die „Handhabung" eines Produktes wird durch eine Vielzahl von Faktoren beeinflusst. Einerseits spielt die einfache und praktische Verpackung eine Rolle, insbesondere bei Konsumprodukten. Für die Entwicklung neuer Verpackungen (Kap. 4) sind in der Industrie speziell ausgebildete Ingenieure verantwortlich. Andererseits gibt es wichtige Handhabungsvorgaben vom Kunden für das neue Produkt, die ganz unterschiedlich sein können. Industrielle und gewerbliche Kunden haben andere Anforderungen als ein Konsument. Während der eine sich für die Silierbarkeit, die pneumatische Förderung und die Ex-Sicherheit interessiert, sind für andere beispielsweise die Dosierbarkeit und das Fließverhalten entscheidende Kaufkriterien. Die Kundenvorgaben werden im Laufe der Entwicklung im Labor oder im Technikum berücksichtigt und umgesetzt.

Im Gegensatz zur Lebensmittelindustrie spielt die Produktgestaltung als dritte Variable in der chemischen Industrie bisher nur eine untergeordnete Rolle. Ihre Bedeutung ist aber in den letzten Jahren für formulierte Endprodukte und für Spezialprodukte nennenswert angestiegen. In der Startphase eines Entwicklungsprojektes geht es zunächst um die Festlegung einer oder mehrerer Gestaltungsvarianten des neuen Produktes. Die Entscheidung aber fällt der Kunde anhand von Produktmustern: Mitarbeiter des Marketings befragen Kunden, beziehen sie in die Diskussion ein und lassen die Varianten testen. Auch Preisvorstellungen für innovative Produkte werden diskutiert.

Die Entwicklung eines neuen Produktes wird in modernen Unternehmen von einem Team aus Produkt- und Verfahrensentwicklern gemeinsam mit dem Marketing gesteuert. In dieser Projektphase hat das Marketing die Aufgabe, die Leistungs-, Handhabungs- und Gestaltungswünsche der Kunden zu ermitteln, die Marktchancen des neuen Produktes abzuschätzen (Marktforschung) und die Produkte gegen andere im Markt zu testen. Produktentwicklung bedeutet interdisziplinäre und häufig auch internationale Zusammenarbeit [37 - 39], weil neue Produkte im zeitlichen Abstand in mehreren Ländern einzuführen sind. Die Launches (Launch = Einführung eines neuen Produktes in den Markt) erfolgen meist nacheinander in verschiedenen Regionen, z.B. einzelne Länder, deutschsprachiger Raum, Westeuropa oder Osteuropa. Daher werden frühzeitig die ausländischen Kollegen in die Projekte integriert. In einigen Ländern entwickeln die lokalen Mitarbeiter ihre Produkte mit Unterstützung der zentralen Produktentwicklung, um die jeweiligen Bedürfnisse, die wirtschaftlichen Verhältnisse sowie die Rohstoffversorgung und die gesetzlichen Bestimmungen besser zu berücksichtigen.

10.2 Produktleistung durch die Chemie

Die Hauptaufgabe der Chemiker in der Produktentwicklung stellt die Weiterentwicklung bzw. Pflege sowie die Optimierung bestehender Produkte (Rezepturen) dar, damit das laufende Geschäft durch einen Relaunch aktiviert und belebt werden kann. Unter einem Relaunch wird die Ablösung eines Marktproduktes durch eine verbesserte Variante verstanden. Manchmal geht es bei einem Relaunch nur um die Auslobung einer besonderen Produktleistung, die vorher nicht im Blickpunkt stand (Promotion). In einigen Fällen bildet die Basis eines Relaunches auch eine neuartige Verpackung (leicht zu öffnen, wieder verschließbar, wasserdicht, andere Größe oder Form,...) oder ein Jubiläum, das auf der Verpackung angezeigt wird.

Die Produktentwickler sind für weite Teile des Produktdesigns (auch für die Qualität ihrer Rezepturen) verantwortlich, einschließlich der produzierten Qualität. Die Verantwortung bezieht sich meist auf eine Produktkategorie und ist nicht auf ein Land beschränkt, sondern kann alle Länder mit einem entsprechenden Sortiment umfassen.

Eine andere Gruppe von Chemikern beschäftigt sich mit der Suche nach neuen, interessanten Rohstoffen. Hierfür werden die bekannten Rohstofflieferanten kontaktiert, auf Messen und Kongressen nach neuen Anbietern Ausschau gehalten und die Literatur sowie Anzeigen und Patentschriften ausgewertet. Das Aufspüren eines besonders geeigneten Rohstoffs kann ein Schlüssel zum Markterfolg sein, wenn durch seinen Einsatz eine überlegene Produktleistung nachgewiesen wird.

Damit diese Form der Forschung nicht zu stark vom Zufall abhängt, schließen die Partner (Kunde und Rohstofflieferant) zeitlich befristete Verträge zur gemeinsamen Entwicklung von neuen Wirkstoffen/Kombinationen ab. In der Entwicklung kümmert sich der Rohstofflieferant überwiegend um die Chemie und um den Herstellprozess des Rohstoffes, während der Produkthersteller die Aufgabenstellung definiert, die Formulierung und die Einarbeitung untersucht sowie die anwendungstechnische Prüfung übernimmt.

Bei größeren Projekten wird üblicherweise die Forschung zur Durchführung physikalischer Messungen sowie zur Beratung in den Entwicklungsprozess eingeschaltet. Zur Sicherstellung der Qualität müssen an den Produkten verschiedene physikalische Parameter gemessen und anwendungstechnische, praxisrelevante Tests durchgeführt werden. Die Interpretation der Testergebnisse erfolgt üblicherweise vergleichend, beispielsweise durch Einbeziehung des Vorgängerproduktes und von diversen Marktprodukten der Konkurrenz.

Eine weitere Gruppe entwickelt neue, bisher nicht bekannte Produkte. Dieses Arbeitsgebiet ist der Kern der Produktentwicklung. Ohne die Umsetzung innovativer Ideen in Marktprodukte lassen sich keine nachhaltigen Markterfolge realisieren. Die Entwicklung erfolgt heute verstärkt unter Einbeziehung externer Partner, wie Rohstoffhersteller oder Forschungs- und Hochschulinstitute. Zur Entwicklung gehört auch die verantwortliche Sicherstellung der patentrechlichen Absicherung, die Beauftragung der ökologisch / toxikologischen und der mikrobiellen Überprüfung von neuen Substanzen bzw. Rezepturen sowie die umfangreiche Dokumentation aller Ergebnisse.

Das neue Produkt wird über mehrere praxisrelevante Tests geprüft und verglichen. Die Ergebnisse und die Vorkenntnisse auf diesem Produktfeld bilden den Rahmen für die Spezifikationsmerkmale („Lastenheft"). Die Spezifikation enthält physikalische und analytische Messwerte sowie vorgeschriebene Mindest- oder Maximalwerte, die in den anwendungstechnischen Tests erreicht werden. Das neue Produkt muss alle messbaren Anforderungen sowie die Marketingvorgaben erfüllen. Der zuständige Chemiker, sein Vorgesetzter oder der Projektleiter geben das Produkt nach Zustimmung des Marketings frei zur Produktion.

Die Abhängigkeit des Markterfolges als Funktion von Innovationen lassen sich besonders gut in der Automobilindustrie erkennen, wo der Kunde eine neue Generation alle 5 bis 8 Jahre erwartet, die entsprechend modern und zukunftsweisend ausgestattet sein muss; beispielsweise größer, stärker, sicherer und eleganter (= Handhabung, Leistung, Sicherheit und Ästhetik, die Grundbausteine des Produktdesigns).

Der Kunde verlangt modische oder sinnvolle Neuheiten. Dieses Verhalten kann in ausgeprägter Form mit halbjährlichem Wechsel in der modeabhängigen Textilindustrie beobachtet werden. In jährlichem Abstand erscheint eine neue Produktgeneration von Handys und Communicators sowie von Digitalkameras. Im mehrjährigen Wechsel erneuert die Konsumgüterindustrie die HiFi- und Fernsehgeräte sowie die DVD-Recorder. Dagegen werden die nur als Ersatz für alte/defekte Geräte angeschafften Küchengeräte, wie Waschmaschinen und Geschirrspüler sowie Kühlschränke und Tiefkühltruhen, in längeren Zeiträumen modernisiert.

In der chemischen Industrie hängt die Geschwindigkeit von neuen Markteinführungen und Relaunches von der Nähe zum Endverbraucher, vom Produkttyp sowie von den Aktivitäten der Konkurrenz ab. Häufige Wechsel mit nur kleinen Veränderungen sind bei Waschmittel- und Reinigungsmitteln sowie bei kosmetischen Artikeln üblich. Weniger häufige Wechsel werden bei Klebstoffen, Heimwerkerartikeln und bei Baustoffen beobachtet. Eine Ausnahme mit extrem langen Zykluszeiten von 10 bis über 50 Jahre stellen die Therapeutika der Pharmaindustrie dar. Zum einen dauert die Entwicklung eines wirksamen Mittels etwa 8 bis 12 Jahre. Die extrem hohen Aufwendungen lassen sich nur durch eine lange Vermarktungszeit, möglichst unter Patentschutz, in einen Profit wandeln. Zum anderen gibt es bisher nur eine begrenzte Anzahl von chemischen Verbindungen mit hoher Wirksamkeit und gleichzeitig absoluter Verträglichkeit.

Neue Produkte müssen zur Freigabe für die Vermarktung eine Reihe von Prüfungen, die der einerseits der Gesetzgeber und andererseits das Unternehmen vorschreiben, nachweisbar erfolgreich bestehen. Diese Tests sind internationaler Standard oder lehnen sich an die neuesten wissenschaftlichen Erkenntnisse an. Hierzu gehören die öko- tox.- Freigabe (verträglich für den Kunden und für die Umwelt), die Überprüfung der mikrobiellen Stabilität über einen standardisierten Belastungstest, das Untersuchen der Kriterien für eine Kennzeichnungspflicht, Verträglichkeitsstudien, Lager- und Transporttests, Beurteilung von Duft und Haptik sowie der Lagerstabilität. Die Freigabe erfolgt nach den unternehmenseigenen Bestimmungen des Qualitätshandbuchs durch die Unterschriften der verantwortlichen Projektleiter für das Produkt und für die Vermarktung.

10.3 Produktgestaltung durch die Verfahrensentwicklung

Die Verfahrensentwicklung ist für die Umsetzung einer neuen Produktidee in die Produktion verantwortlich. Die Zeitdauer und der Arbeitsumfang richten sich nach dem Neuheitswert des zu entwickelnden Produktes, der Komplexität des Verfahrens und den Vorerfahrungen im Unternehmen. Die Herstellung von **Muster**mengen des neuen Produktes zur Kundenbefragung stellt eine der vorrangigen Aufgaben dar. Für die Entwicklung eines Feststoffverfahrens bzw. für die Anpassung an die Produktion müssen Versuche vom Labor- über den Technikumsmaßstab bis hin zu einer scale-up- fähigen Anlage durchgeführt werden. Die Entwicklung neuer Verfahren zielt auf die Verbesserung von drei Aspekten ab: **Qualität, Wirtschaftlichkeit**, Umwelt. Die Aufgaben in der Verfahrensentwicklung lassen sich folgendermaßen definieren:

- Entwicklung eines neuen Verfahrens einschließlich des Produktdesigns für ein völlig neues Produkt (Marktneuheit).
- Entwicklung eines neuen Verfahrens für ein vorhandenes oder für ein verbessertes Produkt (Unternehmensneuheit).
- Modifizierung einer vorhandenen Anlage für ein neues Produkt oder für eine Produktionsvariante; auch zur Kapazitätssteigerung.
- Qualitätsverbesserung eines vorhandenen Produktes durch Änderung der Rezeptur, der Gestaltung sowie eines Verfahrenschrittes und der Betriebsbedingungen.
- Wirtschaftliche und technologische Bewertung von Verfahren und von deren Alternativen.

- Vorschläge für neue Verfahren und/oder für neue Produkte inkl. Überprüfung (Machbarkeitsstudien) und Auslotung der Patentsituation.
- Beobachtung der weltweiten Märkte sowie der Literatur.

Anlagen, in denen Feststoffe verarbeitet werden, weisen eine Reihe von Besonderheiten in der Auslegung auf, weil Vorausberechnungen, Simulationen und Laboruntersuchungen im Gegensatz zu Flüssig- bzw. Flüssig-/Gasphasen -Verfahren nur begrenzt möglich sind und sich daher auch die Produktqualität kaum abschätzen lässt. Aber ca. 70 % der Produkte in den „Process Industries" [40] sind Feststoffe. Das Verhalten von Partikeln hängt nicht nur von den zugängigen physikalischen Parametern, sondern entscheidend von der Morphologie sowie den Oberflächen- und den Stoffeigenschaften ab.

Ein typisches Beispiel stellt die Sprühtrocknung [41-43, 49] dar, in der unter gleichen Betriebsbedingungen mal ein Aufblähen der Teilchen (Wasserglas) beobachtet wird, während bei anderer Rezeptur eine Hohlkugel (einige Waschmittel) resultiert oder sogar ein Schrumpfen der Sprühtröpfchen (Natriumsulfat) festzustellen ist [44]. Das Aufblähen führt zu Produkten mit niedrigen, das Schrumpfen zu relativ hohen Schüttgewichten. Eine theoretische Berechnung der für die Praxis wichtigen Parameter (Schüttgewicht, Korngrößenverteilung, Fließverhalten, Farbe, Formfaktor) existiert entweder gar nicht oder nur sehr eingeschränkt, so dass für jede Fragestellung ein Versuch erforderlich ist.

Einige physikalische Parameter können recht zuverlässig über Simulationsverfahren berechnet werden. Bei der Sprühgranulation in runden Wirbelschichten lassen sich durch Kopplung von Populations- mit Stoff- und Energiebilanzen [45] unter Berücksichtigung der Rückführungen von Staub und gemahlenem Grobgut die Korngrößenverteilungen für den Anfahrzustand sowie für den stabilen Betriebsbereich berechnen. Die Abläufe, die zum Bruch von Granulaten in der Wirbelschicht führen, sind nicht genau bekannt. Der Anteil an gebrochenen Granulaten lässt sich über einige Annahmen mit der Finite- Elemente- Methode [46] abschätzten.

Für die sichere Auslegung von Feststoffanlagen sind weiterhin Pilotversuche in einem relativ großen Maßstab erforderlich, insbesondere bei kontinuierlichen Verfahren. In den Versuchen müssen zum einen der Grad der

Mischung und Entmischung im Verfahrensablauf untersucht sowie zum anderen die Auswirkungen der Kreislaufströme erfasst werden. Beide in der Feststoffverfahrenstechnik üblichen Abläufe nehmen ebenso entscheidenden Einfluss auf die Produktqualität wie die Verschaltung der Grundoperationen [47 und Kap. 17] und die Ausführungen sowie Betriebsbedingungen der installierten Maschinen (Beispiele: Mischer-, Mühlentyp) und Apparate (Sprühtrocknung im Turm oder im Wirbelbett).

Die Produktionsanlagen weisen eine Vielzahl ineinander verflochtener Prozessschritte auf, beginnend mit der zeit- und qualitätsgerechten Rohstoffversorgung (Logistik) in die Silos und Tanks, dem Transport der Rohstoffe in die Fabrik, der Stoffvorbehandlung und ihre Dosierung in den Reaktor bis hin zur eigentlichen chemischen Umsetzung. Es schließen sich die Trennung (Isolierung), Reinigung, Trocknung und Formgebung von Wertstoffen und Nebenprodukten an, die im Fertigproduktlager bevorratet werden. Die Verfahren nehmen durch zahlreiche Kreislaufströme, der Versorgung mit Energien und der Energierückgewinnung sowie der Abluft- und Abwasserreinigung deutlich an Komplexität zu. Grundvoraussetzungen zum Verständnis der Verfahren sind die vollständigen Verfahrensfließbilder nach DIN 28 004 mit den Massen- und Energiebilanzen für die Produktions- und für die Nebenanlagen.

Das Ziel der verfahrenstechnischen Entwicklung ist die qualitätsgerechte, wirtschaftliche Herstellung von marktgerechten Produkten. Hierbei kommen der Anbietungsform und der Ästhetik besondere Bedeutungen zu, denn sie beeinflussen die Kaufentscheidung, insbesondere wenn der Kunde unter mehreren Anbietern wählen kann. Für den Kunden steht das Produkt mit seiner Leistung, der angebotenen Qualität zum akzeptablen Preis, seiner Verfügbarkeit und Lieferzeit im Vordergrund. Er wünscht sich beispielsweise ein kristallin anfallendes Produkt als hochkonzentrierte Lösung, weil er auf die Verarbeitung von Flüssigkeiten eingestellt ist, oder als schnell-lösliches Granulat, das er seinem Granulat einfach untermischen kann.

Es gibt eine Reihe von Substanzen, die in drei bis zehn verschiedenen Varianten nachgefragt werden. Die Vielfältigkeit der Produktgestaltung muss von der Verfahrensentwicklung im Produktentwicklungsprozess eingebracht und berücksichtigt werden. Sie führt zu einer weiteren Komplexität in der Produktion, da das Zuschneiden der Produkte auf die Wünsche des Kunden zusätzliche Verfahrensschritte (= Investitionen) notwendig macht, die die Produktionsplanung und die Logistik erschweren, aber im Gegenzug einen wesentlichen Wettbewerbsvorteil darstellen können.

10.4 Marketingaktivitäten während der Produktentwicklung

Zur Realisierung kurzer Entwicklungszeiten von 1.5 bis 2.5 Jahren muss der Kunde von Anfang an in den Entwicklungsprozess einbezogen werden. Daher diskutiert das Marketing die Produktidee mit Kunden in kleinen Gruppen bereits zu einem Zeitpunkt, in dem das Produkt noch nicht existiert. Einigen, nach verschiedenen Kriterien ausgewählten Kunden wird die Idee in Form kurzer, schriftlicher Beschreibungen vorgestellt (direktes Kundengespräch oder Focus Groups), üblicherweise in mehreren, für das Unternehmen wichtigen Absatzmärkten. Hierbei erhalten die Kunden zum einen Informationen über das geplante Produkt mit möglichen Inhaltsstoffen, seine Anwendung und die auslobbaren Leistungen sowie zum anderen über denkbare Markennamen. Die Kommentare zur Produktidee werden gewichtet und fließen in die Entwicklung des Produktes und in die Ausarbeitung der Vermarktungsstrategie ein.

Ausgewählte Kunden bewerten Verpackungsalternativen und wählen die attraktivsten Verpackungen und die glaubwürdigsten Gestaltungen und Beschriftungen. Einen weiterführenden Schritt stellen Diskussionsrunden mit Kunden der Zielgruppe dar, in denen die Verbraucher die Anwendungen, die versprochenen Leistungen und auch das Produkt Design hinterfragen können. Auch in diesen Diskussionen muss das eigentliche Produkt noch nicht vorliegen, oder es existiert nur als handgefertigter Prototyp.

Die Überprüfung des Produktkonzeptes von Konsumgütern erfolgt bei Markenartikeln nach verschiedenen Kriterien in einem Konzepttest (CT). Dieser wichtige Test wird meist monadisch, d. h. ohne Vergleichsprodukt, durchgeführt. 100 bis 250 Kunden erhalten eine schriftliche Unterlage, in der das Produkt, der Produktnutzen und die Anwendung beschrieben sind. Hilfreich zur Präsentation kann auch eine Flasche oder ein Paket mit einer Beschreibung und einer Bedienungsanleitung sein. Das Produkt selbst wird nur angesehen und in dieser Phase nicht ausprobiert. Die Teilnehmer beurteilen die vorgestellte Produktidee nach den Kriterien Kaufneigung (buying intention), Neuheit (uniqueness), persönliche Relevanz (personal relevance) und Glaubwürdigkeit (credibility) im Schulnotensystem zwischen 1 und 5. Die Kunden werden in Gruppen eingeteilt (Nutzer des Vorgänger- bzw. des Konkurrenzproduktes, Geschlecht oder Alter, Einkommensklassen, usw.), die sich getrennt auswerten lassen. In einigen Fällen erhalten die Beurteiler abgestufte Preisvorgaben („Preismeter"), um herauszufinden, wie weit das Kaufinteresse geht. Die Ergebnisse lassen sich mit anderen Testergebnissen vergleichen und so einem Benchmark unterwerfen.

Die Abklärung des Gefühls beim Anfassen (Haptik) erfolgt in einer Runde mit Kunden oder mit Experten im „Sensory Assessment“. Das wichtige Thema „Geruch“ lässt sich durch einen so genannten OEB-Test („Odor Evaluation Board“) klären. Etwa 30 Kunden erhalten das Produkt zunächst in einer Diskussionsrunde am Tisch zur Beurteilung alternativer Düfte. In einigen Fällen nehmen sie das Produkt zum Praxistest mit nach Hause. Die Benotung des Dufteindruckes erfolgt im persönlichen Gespräch oder über einem Fragebogen. Im Test sind normalerweise auch „Benchmark“- Düfte, deren Abschneiden bereits auch im Markt getestet wurde. Der Test sollte in mehreren Ländern mit dem endgültigen Produkt wiederholt werden, da es beim Duft nicht nur persönliche Präferenzen sondern auch lokale Eigenheiten geben kann. Schließlich erhalten einige Kunden das Produkt zum Ausprobieren in der Praxis (erweiterter OEB- Test), wobei zusätzlich andere Produkteigenschaften mit abgefragt werden können.

Die Testmethode, in der alle Parameter abgefragt werden, nennt sich „Volltest“ und beinhaltet die Beurteilung der Qualität, des Designs, der Verpackung und der Werbeaussagen mit Angabe der Marken- und Herstellernamen. Fehlen die beiden letzten Angaben, wird vom Blindtest gesprochen. Die Überprüfung von Teilaspekten fällt unter den Begriff „Partialtest“ [10] und dient der Ermittlung der Wertigkeit einzelner Faktoren. Hierbei müssen insbesondere die das Produkt charakterisierenden Werbeaussagen (Selling Proposition) zutreffend, glaubhaft und überzeugend wirken.

Bei positiver Beurteilung der Testergebnisse erfolgt ein erweiteter Konzepttest, der die Produktanwendung einschließt und als „Concept- To- Use- Test“ (CTU) bezeichnet wird. Diese Tests laufen meist ohne Vergleichsprodukt (Einzeltest) ab. Einige Monate nach einem erfolgreichen Concept- Test erhalten die Kunden das Produkt zur Erprobung. Sie nehmen es mit nach Hause und wenden es an (z.B. im Haushalt). Anschließend füllen sie einen Fragebogen aus und berichten ihre Erfahrungen und Eindrücke. Hierbei ist es besonders positiv, wenn sich skeptische Kunden durch den Einsatz des Produktes vom Nutzen überzeugen lassen und sich zum Kauf bereit erklären (auch nach Angabe des angedachten Verkaufspreises).

Beim Home- Use- Test (HUT) von Konsumgütern wird das Produkt vorher nicht erklärt. Etwa 200 Kunden erhalten das Testprodukt sowie das Vorgänger- oder ein Konkurrenzprodukt, d.h. diese Tests werden als sukzessiver bzw. simultaner Paarvergleich durchgeführt. Die Experten (=Kunden) füllen nach der Anwendung einen vorgegebenen Fragenkatalog aus, der die Grundlage zur Produktbewertung darstellt. Mit Hilfe der Testergebnisse wird versucht, die Stärken und Schwächen der Produkte bezüglich bestimmter Eigenschaften oder die Überlegenheit zu aktuellen Marktprodukten zu ermitteln und zu quantifizieren.

Die Bedeutung der Durchführung von Testmärkten in überschaubaren Regionen (z.B. Berlin, Saarland oder Schweiz) hat in den letzten Jahren abgenommen, da dieser Test eine Zeitverzögerung für die Produkteinführung bedeutet. In einigen Fällen ist die Unsicherheit bezüglich Marktakzeptanz auch nach den Markttests hoch (z.B. innovatives Produkt zum hohen Preis; völlig unterschiedliche Resultate in mehreren Ländern). Die Zweifel am Markterfolg des neuen Produktes lassen sich letztlich nur durch die Kunden beseitigen, die sich zum Wiederkauf entschließen. Die Markteinführung erfolgt in den einzelnen Ländern zeitlich gestaffelt, beginnend in den wichtigsten Verkaufsgebieten.

Die Vermarktung von Chemieprodukten an Industriekunden erfolgt über Veröffentlichungen und/oder Werbung in wissenschaftlichen Fachzeitschriften, über Messen (auch beim Kunden), Fachtagungen und über Direktansprache. Bei der Direktansprache werden üblicherweise Informationsmaterial sowie Produktmuster mit Produktbeschreibung/ Analyse/ Kenndaten und dem Sicherheitsdatenblatt zur Verfügung gestellt. Auf Wunsch erhält der Kunde fachliche Unterstützung vom Rohstoffhersteller bezüglich Einarbeitung und Produktleistung. In vielen Fällen lassen sich die Kontakte zum Kunden einfach herstellen, da bereits Geschäftsbeziehungen bestehen.

Die Ansprüche der Kunden steigen mit dem Grad der Produktveredelung. Während beim Einkauf von Grundchemikalien der Preis allein die kaufentscheidende Rolle spielt, bestimmen bei Spezialchemikalien und insbesondere bei Zubereitungen der Produktnutzen sowie das Leistungs- zu Preisverhältnis das Kaufverhalten. In **Abb. 10.1** sind ferner mögliche verkaufsunterstützende Zusatznutzen aufgeführt.

- Der Kunde fordert vom Produkt eine Leistung (**Performance**), wobei die Mindestanforderungen (Qualitätskriterien) üblicherweise festgeschrieben werden.

- Des Weiteren muss sich ein Produkt problemlos fördern, lagern, anwenden und verarbeiten lassen; zu den unabdingbaren

Anforderungen zählen auch die (Arbeits-) Sicherheit, die Ökologie und die Handhabbarkeit (**Convenience**).

- Die Produktgestaltung (**Aesthetics**) unterstützt zum einen die Handhabung oder Anwendung, zum anderen ermöglicht sie die Identifizierung bzw. Wiedererkennung (**Marke** oder Brand), in einigen Fällen in Kombination mit der Verpackung.

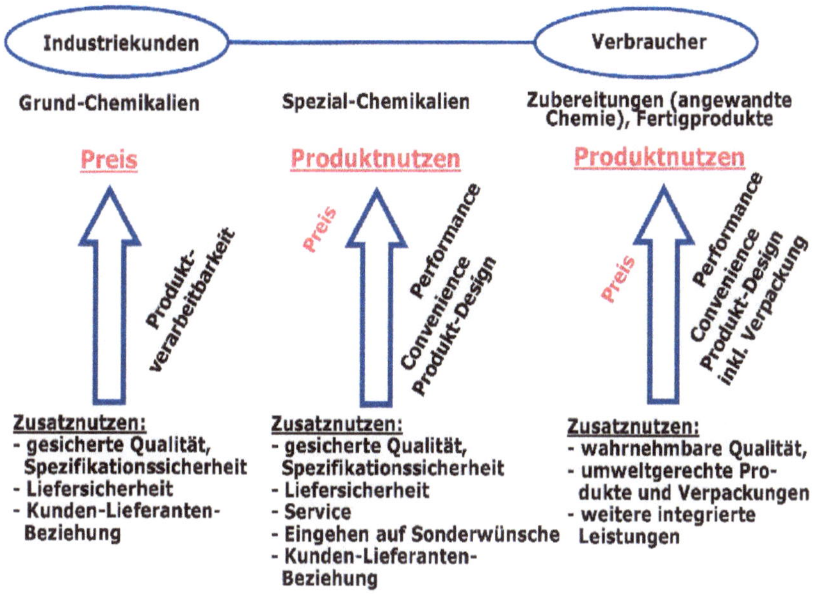

Abbildung 10.1: Preis und Produktnutzen bei Industriekunden und bei Konsumenten

11. Interaktionen zwischen den Kunden und den Produzenten

11.1 Sicht der Kunden

Kunden wünschen verstärkt Produkte mit hoher Funktionalität und ästhetischer Gestaltung. Produktleistung und Preis bilden die Grundlage der Kaufentscheidung im Bereich der Grundchemikalien. Bei allen anderen Produkten sind weitere Faktoren, wie Handhabung, Gestaltung und Bindung an eine Marke, zu berücksichtigen. Die üblichen Erfolgsfaktoren von Spitzenunternehmen wie Qualität, Zuverlässigkeit und Service [11] müssen daher entweder erweitert werden, oder der Begriff „Qualität" ist erheblich weiter zu fassen.

Neben der Qualität stellt der Kunde weitere Anforderungen an das Produkt. Er fordert eine optimal in der Anwendung, aber auch im Transport, in der Arbeitssicherheit und Ökologie auf seine Bedürfnisse angepasste Anbietungsform. Kunden, die chemische Produkte weiterverarbeiten, sind in ihren Betrieben auf die vorhandene Infrastruktur sowie auf ihren Maschinen- und Apparatepark angewiesen, d.h. sie verfügen über eine bestimmte Anzahl an Tanks oder Silos, Pumpen, Misch- und Trocknungsanlagen. Auch aus diesen Gründen präferieren sie unterschiedliche Anbietungsformen des Produktes, beispielsweise als feiner oder grober Feststoff oder als wässrige Lösung, in Groß- oder Kleingebinden (Siloware, Big-Bags, Säcke). Des Weiteren existieren verschiedene Anbietungsformen zur Erleichterung und Vereinfachung der Weiterverarbeitung.

Eine Kundenklassifizierung zeigt, dass sich als grobe Einteilung vier Kategorien angeben lassen:

- Kunden aus der Grundstoff- und Großindustrie kaufen überwiegend Basischemikalien sowie Spezialchemikalien;
- Kunden aus der weiterverarbeitenden Industrie kaufen Spezialchemikalien, aber auch Basischemikalien und Zubereitungen;
- Kunden aus Gewerbebetrieben kaufen überwiegend Zubereitungen;
- Verbraucher (Konsumenten) kaufen Zubereitungen/ Formulierungen sowie veredelte Chemikalien.

Die Industrie- und Gewerbekunden verlangen umfangreiche Dokumentationen über die zugekauften Produkte. Hierzu gehören das Sicherheitsdatenblatt, eine Produktbeschreibung mit physikalischen Daten, Prospektmaterial sowie Veröffentlichungen (falls verfügbar). Ferner wird eine Liefergarantie über einen festzulegenden Zeitraum erwartet. Die Preisverhandlungen übernehmen in großen Unternehmen die zuständigen Spezialisten (Einkauf) mit Unterstützung des Entwicklers und des zuständigen Produktionsleiters.

Letztlich gelangen fast alle Produkte der chemischen Industrie zum Verbraucher, direkt oder über Zwischenstufen in reiner Form, gemischt, veredelt oder umgewandelt (s. **Abb. 11.1**).

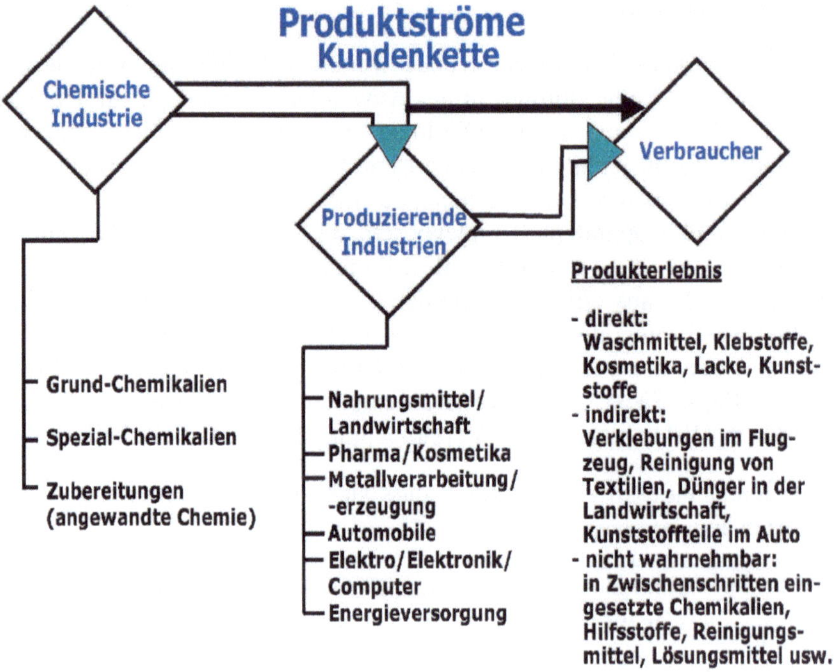

Abbildung 11.1: Produktströme zum Verbraucher

11.2 Produzent

Der Produzent (Hersteller) verkauft seine Ware über unterschiedliche Wege an die Kunden:

- Direktverkauf eingeführter Produkte

- Verkauf bekannter, großer Produkte über längerfristige Verträge mit garantierten Abnahmemengen (Verträge schließen bei größeren Unternehmen die Einkaufsabteilungen des Kunden mit der Verkaufsabteilung des Lieferanten ab)
- Verkauf kleinerer Mengen über Prospekte/Kataloge ohne bzw. mit anwendungstechnischer Beratung (meist telefonisch); vor dem Erstkauf erhält der Kunde ein kostenloses Produktmuster.

- Zwischenhändler

  - Belieferung von Kunden über einen Zwischenhändler, der die Beratung und den Verkauf übernimmt (meist relativ kleine Mengen).

- Zukünftige Geschäfte mit Industrie- und Gewerbekunden mit neuen Produkten oder neuartigen Anwendungen

  - Gemeinsames Projekt mit dem Kunden zur Entwicklung eines maßgeschneiderten Produktes und Lösung des Kundenproblems, anschließend Verkauf des Produktes und weitergehende Beratung.

- Dienstleister

  - Produzent erbringt eine Dienstleistung beim Kunden unter Einsatz seiner Produkte.

- Systemgeschäft

  - Verkauf von Geräten oder Anlagen, die auf die zu verkaufenden Produkte zugeschnitten wurden. Der Kunde kauft in regelmäßigen Abständen entsprechende Nachfüllpackungen oder Verbrauchsreagenzien.

- Verbraucher
  - Verkauf über den Einzelhandel, in Verbraucher- und Supermärkten sowie in Warenhäusern an den Endverbraucher (Konsumenten).

Das Kundeninteresse bei Einsatz eines Dienstleisters richtet sich vorrangig auf die erbrachte Leistung und nachrangig auf das eingesetzte Produkt. Der Kunde beurteilt zunächst das Ergebnis, d.h. die Qualität der Dienstleistung, sowie die Verfügbarkeit des Dienstleisters, seine Schnelligkeit, das Eingehen auf Sonderwünsche und entscheidend die Kosten der erbrachten Leistung.

Beim Verkauf entscheidet die Akzeptanz des Produktes beim Kunden über den Markterfolg. Hierbei spielt die Produktgestaltung eine wesentliche Rolle, vor allem, wenn die Konkurrenz das gleiche Produkt in vergleichbarer Qualität zum gleichen Preis anbietet. Das Produkt muss so gestaltet werden, dass der einzelne Kunde für seinen Anwendungsfall einen bezahlbaren Vorteil erhält (z.B. die Konzentrationseinstellung beim Kunden entfällt). In einigen Fällen reicht es aus, die Kundenwünsche zu erkunden, da sich einige Produktgestaltungen einfach und kostengünstig realisieren lassen.

Bei Industrie- und Gewerbekunden beruht ein heute übliches Vorgehen auf der gemeinsamen Entwicklung eines auf die Kundenprobleme zugeschnittenen Produktes, d.h. Rohstoffhersteller und Kunde arbeiten gemeinsam an der Lösung. In dieser gemeinsamen Entwicklungsphase erfährt der Produzent, welche Spezifikationsgrößen für den Kunden kaufentscheidend sind und wie der Kunde sie bestimmt. Weiterhin wird offenbar, welche Schwächen die bisher eingesetzten Stoffe aufweisen.

Oftmals verfügt nämlich der Kunde nicht über die erforderliche Infrastruktur, um die angebotenen Substanzen wirtschaftlich einsetzen zu können. Er kann vielleicht Lösungen nicht trocknen, oder die Tankkapazität ist begrenzt. Hier hilft eine Anbietungsform, die dem Endprodukt nur noch zugemischt werden muss. Unter diesen Rahmenbedingungen beginnt das Nachdenken über ein Produktdesign, d.h. es wird eine neue Anbietungsform auf die spezifischen Kundenbedürfnisse zugeschnitten, die in der Regel branchenabhängig sind.

Die wachsenden Anforderungen an die Produktgestaltung bei Industriekunden können sich auch aus Umwelt- und Rationalisierungsgründen ergeben. Einen Teil der Produktveredelung soll die chemische Industrie umweltverträglich nach dem „Economies- of- Scale- Prinzip“ [11] übernehmen, während die endverbrauchernahen Industrien verstärkt zusätzliche Anbietungsformen / Spezialitäten entwickeln und in den Markt bringen, ohne weiter in Umwelttechnologien investieren zu müssen.

12. Unterschied zwischen Produktdesign und Product-Engineering

12.1 Kundenbedürfnisse

Die Produktgestaltung kann in mehrere Bereiche (Optik, Handhabung, Anwendung, Haptik, Geruch) gleichzeitig wirken. Für die Verkaufsunterstützung muss der kundenrelevante Anteil der Zielgruppe in den Vordergrund gestellt werden.
Innovative Entwicklungen der Industrie unter der Überschrift „Produktdesign“ stellen den Kunden in den Mittelpunkt des Denkens und Handelns:

- Was braucht der Kunde wirklich?
- In welcher Form wünscht er das Produkt?
- Was erwartet er von diesem Produkt?
- Bringt ihm das Produkt einen objektiven Nutzen?
- Gefällt dem Kunden das Produkt?
- Akzeptiert er das Preis/Leistungsverhältnis?

Für neue Produkte sollten sich objektivierbare, für den Kunden erkennbare Vorteile nachweisen lassen, und zwar nicht nur unter Laborbedingungen, sondern auch in der praktischen Anwendung. Außerdem muss ein neues Produkt gefallen, d.h. eine attraktive Gestaltung, einen interessanten Duft sowie eine angenehme Haptik aufweisen. Die Erfüllung dieser Qualitätsansprüche [48] prägen ein positives „Produkt-Image“ und beeinflussen die Kaufentscheidung des Kunden, da in vielen Fällen zwischen mehreren, leistungsgleichen Produkten gewählt werden kann.

Die Einbeziehung des Kunden in Entwicklungsarbeiten bzw. in die Beurteilung von Versuchsprodukten ist in einigen Industriezweigen, z.B. bei Lebens- oder Waschmitteln, bereits seit vielen Jahren etabliert und nicht mehr wegzudenken. Sie umfasst neben dem Produkt auch die Verpackungsgestaltung und Verpackungsgröße (Produktmenge) sowie kennzeichnende Produktaussagen auf dem Etikett oder im Prospekt. Die Mitarbeit internationaler Kunden hilft, ein global interessantes Produkt herzustellen und einzuführen, und vermindert das Floprisiko beträchtlich. In der chemischen Industrie dagegen gibt es neben einer Reihe von sehr positiven Pilotprojekten und Einzelbeispielen [36] bisher aber weder eine anerkannte Methode zur Einbindung des Kunden noch ein Verständnis für den Stellenwert der Ästhetik.

12.2 Definition des Produktdesigns

Cussler [9] hat den Begriff "Product Design" folgendermaßen definiert: „Product design is the procedure by which customer needs are translated into commercial products".

Die hier vorgeschlagene Definition enthält zusätzlich die wichtigen ästhetischen Aspekte:

> „Produktdesign" beschreibt die Entwicklung maßgeschneiderter Produkte, die bezüglich Handhabung, Leistung und Gestaltung alle Kundenwünsche berücksichtigt.

Die Definitionen geben eine treffende Beschreibung des Begriffs, der Qualität, Ästhetik und die Berücksichtigung der Kundenbedürfnisse beinhaltet. Sie vermitteln aber auch, dass im Team mitarbeitende Ingenieure zunächst produktorientiert denken sollten. Die Frage, wie sich die Kundenwünsche im Detail in einem Herstellverfahren realisieren lassen, ist erst in einer etwas späteren Projektphase zu beantworten. Wichtiger ist die Herstellung von „Handmustern" im Labor oder im Pilotmaßstab, damit das neue, noch nicht optimierte Produkt getestet und beurteilt werden kann. Die Testergebnisse fließen sofort in die Formulierung ein, gegebenenfalls wird die Rezeptur geändert und die Kundenbefragung wiederholt (iteratives Vorgehen).

Das Produkt-Design, wie es hier verstanden wird, beinhaltet das Verpackungsdesign nur, wenn es unmittelbarer Bestandteil des Produktes ist und sich die Verpackung nicht auf Transport sowie auf Transportschutz reduziert. Bei Konsumer- Produkten muss auch die Verpackung konvenient und ästhetisch sein und die Marke repräsentieren. Die Verpackung kann bei entsprechender Gestaltung den Verkauf unterstützen. Sie sollte die wesentlichen Produktinformationen klar und verständlich aufgedruckt enthalten (Kap. 4).

Die Produktleistung lässt sich in vielen Fällen über Zusätze einstellen. Diese Einstellung von Eigenschaftsprofilen über Zusätze ist im Begriff **Produktdesign** enthalten, weil oft nur dadurch die Kundenanforderungen erfüllt werden können. Sie erfolgt überwiegend in einem Mischprozess ohne chemische Umsetzung. Die Rezepturen werden als **Formulierungen** bezeichnet. Der **Abb. 12.1** können die Unterschiede zwischen einer molekularen Veränderung und einer Formulierung zur Einstellung der Produktleistung entnommen werden. Auf vielen Gebieten wird von beiden Möglichkeiten Gebrauch gemacht. Gleichzeitig ist zu erkennen, dass der Begriff „Produktdesign“ weiter gefasst ist und die Produkthandhabung und –gestaltung mit einschließt. Beide Aspekte werden durch die Herstellverfahren eingestellt, bestimmt oder beeinflusst.

Ein typisches Beispiel für reines **Produktdesign** aus der **Lebensmittelindustrie** stellt die Herstellung von Teigwaren [50] gemäß **Abb. 12.2** dar. Mit Wasser, Salz und Ei vermischte Weizenmehle oder Hartweizengrieß

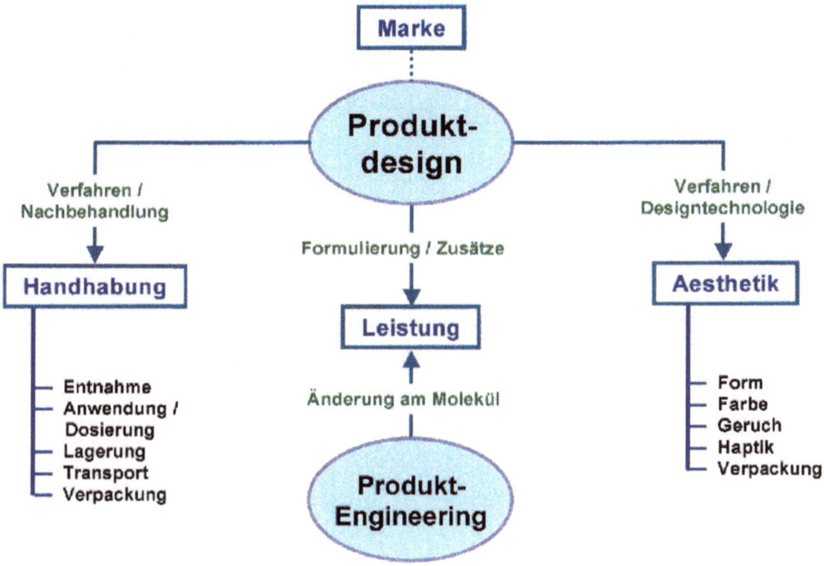

Abbildung 12.1: Graphische Darstellung der Aufgaben des Product - Designs und des -Engineerings

ohne Ei werden in einem Extruder homogenisiert, die festplastischen Teige über Lochplatten extrudiert und mit schnelllaufenden, mehrflügeligen Messern geschnitten. Anschließend trocknen die Teigwaren in warmer Luft langsam und kontrolliert in großen Apparaten. Nudeltyp und Geschmack werden über die Rezeptur eingestellt. Hierbei kommt es insbesondere auf die Mehlqualität, den Zusatz weiterer Mehle und der Anzahl an Eiern ab.

Bei den Formen erfolgt zum einen die Herstellung kurzer Formate, wie Hörnchen, Muscheln, Zopf- und Spiralnudeln, oder von Suppeneinlagen, wie Zahlen, Figuren und Buchstaben sowie Sternchen. Zum anderen werden lange Formate gefertigt, beispielsweise Spaghetti und Makkaroni. Über nachgeschaltete Walzwerke können Bandnudeln sowie großflächiger Platten geformt werden.

Die Ästhetik, bestehend aus Form und Gestalt, Größe, Dicke, Länge und Farbe, lässt sich nahezu beliebig festlegen und technisch ausführen. Die Oberflächenbeschaffenheit der Teigwaren hängt auch von den Trocknungsbedingungen ab.

Abbildung 12.2: Geformte Teigwaren
(Makkaroni, Gnocchi, grüne Tagliatelle, breite Bandnudeln, Trulli, Penne, Farfalle, Spiralnudeln, Fadennudeln, Gabelspaghetti, Hörnchennudeln, Trichter, Spaghetti; von oben links nach rechts unten)

12.3 Product Engineering

Unter „Product Engineering“ wird die Einstellung von Produkteigenschaften über eine chemische Modifizierung des Basismoleküls verstanden. Die neue Substanz unterscheidet sich demnach in ihrer **chemischen Strukturformel**. Polymere bilden eine Ausnahme, weil sie sich im extremen Beispiel nur im mittleren Molekulargewicht unterscheiden müssen. Polymere lassen sich über das Monomer (-gemisch), über Molekulargewichte und Molekulargewichtsverteilungen sowie über Zusätze in weiten Bereichen den Kundenanforderungen anpassen. Des Weiteren ergeben sich über das gewählte Verfahren eine Vielzahl von Anpassungen; beispielsweise kann eine Polymerisation im Lösungsmittel, in Substanz oder in einer Emulsion durchgeführt werden. Grundsätzlich lassen sich die gewünschten Eigenschaften einer Verbindung über eine Vielzahl verschiedener chemischer Reaktionen und Verfahren steuern.

Ein das reine **Product Engineering** kennzeichnendes Beispiel stellen die ethoxylierten Fettalkohole gemäß **Abb. 12.3** dar, die als eine wichtige Untergruppe der nicht-ionischen Tenside (Niotenside) eine große technische Bedeutung (Wasch- und Reinigungsmittel, Kosmetika) besitzen. Durch die Wahl des Alkohols, der natürlichen und synthetischen Ursprungs sein kann, und dessen C-Kettenlängenverteilungen können vielfältige Produkte hergestellt werden. Ferner lassen sich über den Grad der Veretherung (Ethoxylierung; EO) sowie ihre Verteilung die das Tensid kennzeichnenden HLB- Werte (hydrophilic / lipophilic balance; [51]) recht genau einstellen. Falls für besondere Anforderungen definierte Produkte erforderlich sind, erfolgt über spezielle Verfahrensweisen eine Einengung der C- Ketten- und der EO-Verteilung.

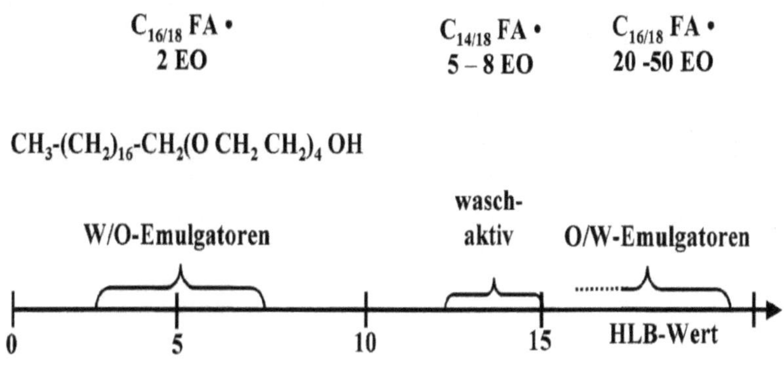

Abbildung 12.3: Niotenside (ethoxylierte Fettalkohole); HLB: Hydrophile/lipophile Balance

Ferner ist es möglich, auch andere Veretherungsmittel einzusetzen. Üblich sind neben Ethoxylierungs- auch Propoxylierungsreaktionen, die so gesteuert werden, dass sie nacheinander ablaufen. Als weitere Parameter bieten sich Endgruppenverschlüsse mit Methyl- bis Butylgruppen (auch höhere C-Kettenlängen) an. Diese Niotenside sind typische Beispiele für ein Product- Engineering, der gezielten Einstellung von Produkteigenschaften durch Veränderungen am Molekül. Zur Beschreibung des Produktdesigns ist diese Gruppe weniger geeignet, da es bisher nur Flüssigkeiten, Lösungen und weiche, bei Raumtemperatur im Wesentlichen feste Produkte ohne spezielle Gestaltungen gibt.

12.4 Genetic Engineering

Enzyme sind von Mikroorganismen (Bakterien, Pilzen, Hefen) produzierte „Biokatalysatoren". Die Herstellung erfolgt in sterilen Fermentern, in denen die Mikroorganismen unter Verbrauch von Nährstoffen (Glucose, Ammonium- und Nährsalze) sowie Sauerstoff die katalytisch wirksamen Enzymproteine synthetisieren. Das Produkt fällt in stark verdünnter Lösung an und muss im „down stream process" zum einen von der Biomasse getrennt und steril filtriert, zum anderen gereinigt und aufkonzentriert werden [52].

Enzyme weisen eine Primär-, Sekundär- und Tertiärstruktur auf. Während die erste die enthaltenen Aminosäuren nachweist, gibt die zweite ihre Reihenfolge in der Verknüpfung mit an. Die Tertiärstruktur hingegen beschreibt die räumliche Anordnung der Aminosäuren im Proteinmolekül. Eine Protease (eiweißspaltender Biokatalysator) weist auf der einen Seite beispielsweise drei aktive Zentren auf, die für die spezifische Andockung des zu spaltenden Proteins verantwortlich zeichnen. Nur in dieser räumlichen Anordnung erfolgt die gewünschte unspezifische Spaltung des angelagerten großen Proteinmoleküls. Anschließend desorbieren die Bruchstücke, das Enzym bleibt als Katalysator unverändert erhalten. Diese Art der Andockung wird aufgrund der Spezifität als „Schloss / Schlüssel- Prinzip" bezeichnet.

Eine gezielte Veränderung der aktiven Zentren lässt sich über „Genmanipulationen", auch als „Genetic Engineering" bezeichnet, ausführen. Das Genetic Engineering stellt also einen Spezialfall des Product Engineerings dar (und nicht des Produktdesigns). Zum Genetic Engineering wird die DNA an bestimmten Stellen durch spezifisch wirkende Enzyme (Endonucleasen, Restriktionsenzyme) gezielt zerschnitten.

Die Fremd-DNA lässt sich anschließend mittels geeigneter Enzyme (Ligasen) einbauen. Im nächsten Schritt erfolgt die Übertragung des veränderten Plasmids in den Produktionsstamm (z.B. in einen Bacillus für Waschmittelenzyme). Bei exakter Einhaltung aller Bedingungen wird jetzt der Produktionsstamm das geänderte Enzym produzieren, das sich möglicherweise nur an einer Stelle im Proteinmolekül vom Ausgangsprotein unterscheidet.

13. Diversifizierung: Entwicklung und Markteinführung neuer Produkte

13.1 Arten der Diversifizierung

Neue Produkte, die auf einer neuartigen Chemie beruhen, sind relativ selten. Im Gebiet der Spezialchemie werden an sich bekannte Basismoleküle durch Einführung zusätzlicher Gruppen variiert und auf spezielle Anwendungsfälle (z.B. Emulgatoren mit hohen Molekulargewichten) zugeschnitten. Die im Markt anzutreffenden Neuheiten stellen also meist Varianten dar oder beruhen auf neuen, wirkungsvolleren Rezepturen, auf dem Einsatz eines bisher nicht genutzten Rohstoffs oder auf vereinfachten Applikationen. Die Unternehmen bringen häufiger Neuentwicklungen heraus, die zusätzliche Zielgruppen durch Abänderungen der Basisrezeptur ansprechen sollen. Dies stellt eine Diversifizierung der bestehenden Produktpalette zur Abdeckung kundenspezifischer Anforderungen dar.

Wirklich große Fortschritte werden in der Regel erreicht durch die Umsetzung neuer Forschungsergebnisse in Marktprodukte, wie jüngst auf den Gebieten der Bio- (genetic engineering) und Informationstechnologie (Speicher; kabelloses Senden) sowie der Mikrofasern, der Nanotechnologie und der Werkstoffe.

Bei der Diversifizierung wird in der Marketinglehre zwischen drei Arten unterschieden [11]:

- Laterale Diversifizierung
  Neue Produktbereiche außerhalb des bestehenden Geschäftes.

- Vertikale Diversifizierung
  Eigenherstellung eines bisher zugekauften Rohstoffes (Rückwärts- Integration) oder Anfügen einer weiteren Veredelungsstufe (Vorwärts-Integration).

- Horizontale Diversifizierung
  Zum Marktprodukt vergleichbare Produkte für gleiche Kunden oder für andere Zielgruppen.

Die Diversifizierung kann im Unternehmen aus eigener Kraft oder über den Zukauf eines Geschäftes erfolgen. Die Herstellung von Produktvarianten (horizontale Diversifizierung) gehört zum „täglichen“ Geschäft in den Unternehmen. Damit sollen unterschiedliche Zielgruppen abgedeckt oder der Absatz eines bereits eingeführten Produktes angekurbelt werden. Investitionen in Anlagen sind meist nicht erforderlich. Der Innovationsgrad ist eher klein.

Laterale und vertikale Diversifizierung erfordern hohe Investitionen in Forschung/Entwicklung sowie in Anlagen. Da es sich um Rand- oder sogar um unternehmensfremde Gebiete handelt, ist der Aufbau von „know how“ erforderlich. Beim lateralen Vorgehen können auch Erfahrungen im Marketing fehlen, weil beispielsweise ein unbekannter Vertriebskanal genutzt werden muss.

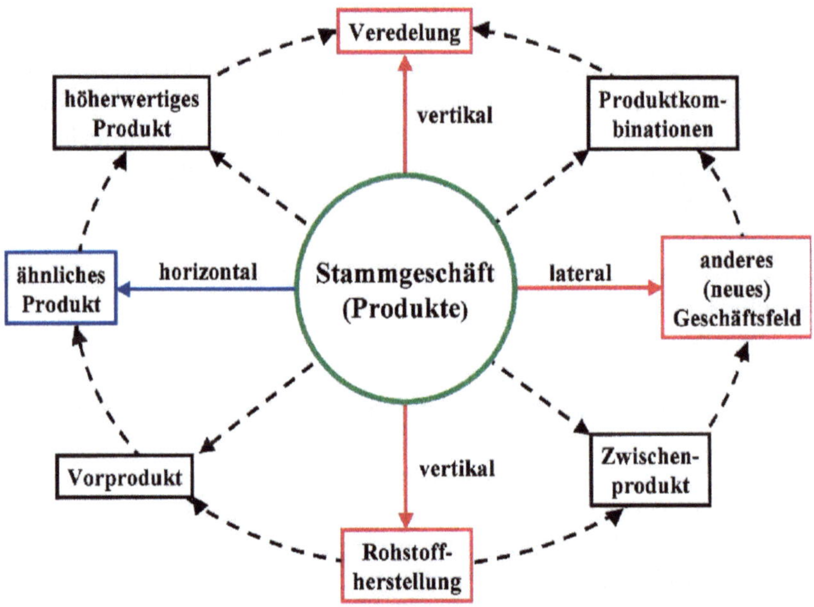

Abbildung 13.1: Möglichkeiten der Diversifizierung („Diversifizierungskreis“)

13.2 Laterale Diversifizierung

Als laterale Diversifizierung wird der Aufbau eines neuen Geschäftes verstanden, das außerhalb des Stammgeschäftes des Unternehmens liegt. Beispielsweise ein reiner Pharmakonzern beschließt den Einstieg in das Parfümerie-Kosmetikgeschäft. Die Produktkonzeptionen unterscheiden sich gewaltig: Hier eine einzelne therapeutisch wirksame Substanz, eingebettet in eine Matrix aus Hilfsstoffen, dort eine Vielzahl von Inhaltsstoffen (20 bis 40 bei Cremes) für das Wohlbefinden von Haut oder Haar. Während für die therapeutischen Mittel in klinischen Studien die versprochene Wirkung nachzuweisen ist, reichen im Falle der kosmetischen Produkte Verträglichkeits- und Gebrauchstests. Auch der Absatzkanal ist ein anderer, zum einen der Verkauf in Apotheken über Großhändler, zum anderen die Distribution über große Verbrauchermärkte. Die Vermarktungsstrategien, bezeichnet als Marketing-Mix, liegen weit auseinander (Kap. 13.6).

Im zweiten theoretischen Beispiel könnte ein Spezialist für Hochdruckreinigungsgeräte, die überwiegend in Baumärkten angeboten werden, Staubsauger für den Haushalt ins Programm aufzunehmen. Dies ist nahe liegend, wenn die Marke für Reinigung/Reinheit stehen soll. Die Probleme der Entwicklung eines geeigneten Produktes lassen sich durch eine Akquisition überwinden. Solche Geschäfte bereiten Integrationsprobleme, die umso ausgeprägter sind, je mehr sich das neue Geschäft vom Kerngeschäft unterscheidet. Sie bringen Steuerungsprobleme, weil intime Markterfahrungen im neuen Segment fehlen.

Bei der Wahl des richtigen Geschäftes ergeben sich aber bei einer lateralen Diversifizierung mittel- und langfristig große Chancen für das Unternehmen, wobei es auf das Engagement und die Ideen der Mitarbeiter ankommt.

Bei großen Akquisitionen können strategische Überlegungen eine Rolle spielen. Ein Beispiel stellt die Übernahme der *DEGUSSA* durch die *Ruhrkohle AG (RAG)* dar. Für die *RAG* ist die Akquisition eine interessante laterale Diversifizierung. Einerseits dürfte die *Degussa* eine gute Kapitalanlage sein, andererseits war es ein strategischer Deal mit E.ON zur Marktbereinigung. Für die *DEGUSSA* könnte ein Vorteil darin liegen, dass durch die Kapitalkraft der Mutter neue Geschäfte (laterale oder vertikale Diversifizierungen) aufgebaut werden können, die in der Anfangszeit Subventionen erfordern. Zwischenzeitlich ist die *DEGUSSA* als Geschäftsbereich in die *RAG* eingegliedert worden und muss den Kaufpreis selbst erwirtschaften.

Als weitgehend laterale Diversifizierung dürfte die Erweiterung des Reifengeschäftes der Fa. *CONTINENTAL* durch die Übernahme eines Bremsenherstellers (*TEVES*) gesehen werden. Es handelt sich um keine echte laterale Diversifizierung, weil der Produktverkauf an die gleichen Kunden erfolgt.

13.3 Vertikale Diversifizierung

Die vertikale Diversifizierung ist ständig wiederkehrend in Diskussion und wurde von allen großen Chemiefirmen mit wechselnden Erfolgen erprobt. Zum einen konzentrieren sich die großen Rohstoffhersteller auf die Vorwärtsintegration. Sie suchen immer wieder durch Akquisitionen und durch Eigenentwicklungen die Nähe zum Konsumenten. Dabei treten Schwierigkeiten auf mit der Übernahme oder dem Aufbau eines Konsumgeschäftes, weil keine Markterfahrungen und kein Verständnis für das Markenmarketing und –management vorliegen.

Ein Beispiel stellt die Akquisition von *SCHWARZKOPF* durch die ehemalige *HOECHST* dar. *Hoechst* gelang es nicht, das Geschäft profitabel zu führen und verkaufte die Firmenanteile in den 90 iger Jahren an *HENKEL*, die *Schwarzkopf* erfolgreich in ihre Kosmetiksparte integrierten.

BAYER hatte Sonnenschutzmittel entwickelt und vermarktet. Das Geschäft passte offensichtlich nicht in die damalige Strategie und wurde verkauft. 2004 bestätigt *Bayer* nachhaltig den Wunsch zur Vorwärtsintegration und akquiriert das OTC- Geschäft von *ROCHE* (OTC= over the counter, rezeptfreie Medikamente und Kosmetika im Apothekenbereich). Zwischenzeitlich war zu lesen (2005), dass *Bayer* im OTC- Markt weltweit die Nr. 1 werden will.

Die *BASF* dagegen fährt eine entgegengesetzte Strategie und konzentriert sich auf die Chemie. So trennte sie sich in den 90 iger Jahren von konsumentennahen Produktionslinien, wie beispielsweise die Magnetband- und die Pharmasparte (Fa. *Knoll*). Die Diversifizierung der *BASF* erfolgte durch den Aufbau eines Gasgeschäftes (Rückintegration und laterale Diversifizierung) sowie regional mit dem Aufbau einer Verbundproduktion in China.

Konsumentennahe Unternehmen andererseits überlegen immer wieder in ein Rohstoffgeschäft (Rückwärtsintegration) zu diversifizieren. Dies lässt sich am Beispiel des Waschmittelbereichs von *HENKEL* darstellen. Folgende Produktionsanlagen demonstrieren erfolgreiche und aufgegebene Rückwärtsintegrationen:

- eine Anlage zur Herstellung der **Bleiche** (Perborattetrahydrat, Mitte der 90 iger Jahre geschlossen).
- Anlagen zur Produktion von **Tensiden,** von **Wasserglas** und von **Silikaten** (ausgegliedert und mit COGNIS 2001 verkauft).
- Anlagen für **SASIL** und für **TAED** sowie für die Mischung von Duftstoffen **(Parfümherstellung).**

Im Jahre 2006 ist *HENKEL* im Rohstoffbereich (Rückintegration) tätig als Hersteller von Waschmittelbuildern („SASIL", Zeolith 4 A) und von Bleichmittelverstärkern (TAED = Tetraacetylethylendiamin). Als lohnende laterale Rückintegration dürfte sich die Herstellung eigener Parfüme bezeichnen lassen.

Als einziger Waschmittelhersteller weltweit produziert *HENKEL* seit 1986 eigene Waschmittelproteasen (Fa. *BIOZYM,* Joint Venture mit *SANDOZ / Novartis*). Die Eigenherstellung von Enzymen stellt eine Kombination aus vertikaler und lateraler Diversifizierung dar. Biotechnologische Produktion war damals neu für *HENKEL.* Seit 1990 läuft die Enzymherstellung mit Hilfe gentechnisch modifizierter Mikroorganismen. Die High Tec- Produktion dürfte eine Einstufung als erfolgreiche laterale Vorwärtsintegration rechtfertigen.

Die Herstellung von Spezialprodukten für den Eigenbedarf kann wirtschaftlich durchaus interessant sein. Daher ist eine Rückwärtsintegration nicht in jedem Fall abzulehnen, obwohl sich eine Mehrheit der Analysten in den Medien dagegen ausspricht. Die Marktbeobachtung zeigt, dass sich in den letzten Jahren die Unternehmen verstärkt auf das Kerngeschäft konzentrieren und laterale und vertikale Diversifizierungen eher ablehnen.

1922 startete *HENKEL* bei Sichel/Hannover eine Klebstoffproduktion, weil für den Umkarton der Waschmittel Klebstoffe benötigt wurden. Nach Besetzung des Rheinlands 1923 durch die Franzosen erfolgte zur Sicherstellung der Versorgung die erste Klebstoffproduktion in Düsseldorf. Diese Eigenherstellung stellte die Keimzelle des heute weltweiten Klebstoffgeschäftes (Nr. 1 in der Welt) dar; ein weiteres Beispiel für eine sehr erfolgreiche „laterale Rückwärtsintegration“.

13.4 Horizontale Diversifizierung

Die horizontale Diversifikation ist ein immer wiederkehrender Prozess in großen Unternehmen, der meist intern erfolgt. Produkte werden auf eine andere Zielgruppe zugeschnitten, aktualisiert oder auf andere Schwerpunkte ausgerichtet, wie es im Extremfall die Kosmetikindustrie vormacht. Immer neue Produkte entstehen für bestimmte Altersgruppen oder für spezifische Hauttypen sowie Wirkprinzipien, so dass ein Hautpflegesortiment schnell weit über 50 (VICHY) oder über 100 Varianten (NIVEA) umfassen kann. Diese Produkttypen werden in regelmäßigen Abständen überarbeitet, mit einem anderen Wirkstoff versetzt und mit geänderten Auslobungen verkauft.

Ein Beispiel für den Fall einer externen horizontalen Diversifikation stellt die Akquisition des Tensidgeschäfts von *HÜLS* im Jahre 2000 durch die Fa. *SASOL* dar. *SASOL* bietet jetzt erdöl- und kohlebasierte Tenside an. Die kohlebasierten Tenside stammen aus der Fischer- Tropsch- Synthese und zeigen etwas abweichende anwendungstechnische Eigenschaften.

Bei den meisten Akquisitionen steht eine horizontale Diversifizierung zur Stärkung des Kerngeschäftes im Fokus, auch zum Kauf von Marken und von Märkten in Regionen, in denen das Unternehmen bisher nicht vertreten war.

13.5 Diversifizierung in Zwischenbereiche

Sinnvollerweise erfolgen in der Praxis die Diversifizierungen nicht genau in horizontaler oder vertikaler Richtung, sondern in die Zwischenbereiche hinein, wie vorstehend an einigen Beispielen bereits diskutiert. Besonders interessant ist das Feld zwischen der Horizontalen und der Vertikalen im Bereich der höherwertigen Produkte. Dieses Feld beschreibt zwar das Stammgeschäft, aber die Produkte weisen weitere Merkmale (Zusatznutzen / anderer Geschäftsbereich) oder eine andere Ausrichtung auf. Beispiele bei Butter-/ Magarineherstellern: Fa. *MEGGLE* mit dem Butter-Baguette, Fa. *HARRY* mit dem KERRY-gold - Buttertoast, *UNILEVER* mit „functional food“ (Becel mit Phytosterolen zur Senkung des Cholesterinspiegels); weiterhin: Waschmittel mit integriertem Weichspüler (*Perwoll*);

Personenkraftwagen mit hoch angeordneten Sitzen für ältere Menschen, Sessel mit elektrisch verstellbaren Lehnen.

Auf der anderen Seite der Abb. 13.1 liegt das von der lateralen und vertikalen Diversifizierung begrenzte Gebiet der Produktkombinationen. Fa. *JÄCKERING*, Hersteller von Produkten aus Getreide (Weizen), verkauft Mühlen (eigener Maschinenbau), die sie für eigene Anlagen entwickelt haben und in ihren Prozessen nutzen (laterale Rückwärtsintegration). Membranhersteller legen die an ihre Kunden verkauften Anlagen aus (Ingenieurbüro) und bauen sie in eigenen Produktionshallen (Maschinenbau). Systemgeschäfte, bestehend aus einem Produkt des Stammgeschäftes in Kombination mit einer Auftragsvorrichtung (z.B. Hygienemitteln mit Geräten für Krankenhäuser), gehören ebenso dazu wie Kombinationen aus zwei Produkten.

In den unteren Bereichen der Abbildung befinden sich die Vor- und Zwischenprodukte. Im Einzelfall kann ein auf das Fertigprodukt abgestimmtes Vorprodukt hergestellt werden, wobei häufig die Qualität im Vordergrund der Überlegungen steht (Parfüm für Wasch- und Reinigungsmittel).

13.6 Marketing-Mix

Die Vorgehensweise zur Ermittlung der Kundenwünsche hängt davon ab, ob der Verkauf an Industriekunden oder direkt an den Verbraucher erfolgt. Einerseits werden Produktideen aus den Antworten von direkten Verbraucherbefragungen oder aus indirekten Befragungen über Verbrauchermärkte generiert. Andererseits kreieren die Entwicklungsabteilungen der Unternehmen viele Produktinnovationen. Die Unternehmen sind bestrebt, ihre Marktposition durch vergleichbare Produkte zu halten oder durch Innovationen auszubauen. Bei Akzeptanz einer neuen Produktidee erstellt das Marketing ein Briefing (Produktanforderungen), in dem die wichtigen, neuen Produkteigenschaften und die Kosten festgeschrieben sind. Daraufhin beginnen sofort die Produkt- und Verfahrensentwicklung mit der Detailarbeit, bis hin zur Herstellung kleiner Mengen.

Zur Feststellung der Marktakzeptanz werden diese anwendungstechnischen Muster ausgewählten Kunden zur Prüfung und Diskussion überlassen. Die umfangreiche Prozedur der Tests und der Marktforschung wird nennenswert verkürzt, wenn die Konkurrenz das neue Produkt zuerst eingeführt hat. Dann sollte ein ähnliches, aber möglichst besseres Produkt umgehend auf den Markt gebracht werden, weil nur der Innovator und der Fast Follower im Markt chancenreich sind.

Der Ermittlung der Verbraucherakzeptanz sowie der Konkurrenzaktivitäten folgt eine Marktanalyse. Das Marketing legt neben dem Länderportfolio auch die Vertriebskanäle und den Verkaufspreis fest. Aus den ingenieurseitig ermittelten Herstellkosten, dem zu erwartenden Erlös sowie den Werbungs- und Vertriebskosten lässt sich der zu erwartende Gewinn (Deckungsbeiträge) abschätzen.

Die Aktivitäten zum Absatz eines Produktes sind unter dem Begriff Marketing-Mix bekannt, auch abgekürzt als die „Vier P´s" (**Tab. 13.1**) des Marketings [53]:

Tabelle 13.1: Marketing-Mix; Die Vier-P´s für neue Produkte

Product: - Passt es in das Sortiment ? - Differenzierung zu Marktprodukten (Qualität, Handling, Gestaltung) - Störung aktueller Produktverkäufe (Kannibalisierung) - Verpackungsdesign, (Marken-) Name/Label	**Place:** - Verkaufskanäle (outlets), Distribution - exklusiv (premium), selektiv (Nische oder spez. Zielgruppe) oder intensiv (Masse) - Länder-Portfolio
Promotion: - Werbung - Direktverkauf (auch e-commerce, Internet, TV) - Handelsvertreter - Aktionen (gemeinsam mit dem Handel) - Öffentlichkeitsarbeit	**Price:** - Aufschlag zu Herstellkosten oder zum Deckungsbetrag II - Wahrgenommener Wert - Abschöpfen des Marktes - Einführung und Marktdurchdringung - Qualitäts- und/oder Markenaufschlag (Hochpreissegment) - Kampfpreis (Dumping) - Erfüllung von Gewinnzielen - Nutzen vorhandener Preiselastizität

Tabelle 13.2: Aufgaben in der Projektgruppe zur Entwicklung und Markteinführung neuer Produkte

<table>
<tr><th>Produktentwicklung
(Chemiker)</th><th>Verfahrensentwicklung
(techn. Chemiker, Verfahrensing.)</th></tr>
<tr><td>• Steuerung der produktbezogenen Forschung.
• Suche nach neuen Wirkstoffen und Produkten (Labor).
• Entwicklung neuer Formulierungen.
• Anwendungstechnische und physikalische Tests.
• Nachweis der Produktstabilität (Lagertests).
• Produktpflege, Rezepturverantwortung inkl. Ökologie und Toxikologie.
• Festlegung der Spezifikation.
• Produktfreigabe zur Produktion.
• Dokumentation.
• Zusammenarbeit mit Rohstofflieferanten.</td><td>• Entwicklung von Ideen, von Verfahren im Technikum und im Betrieb für:
- neue Produkte mit neuen Technologien.
- neue, verbesserte Prozesse bestehender Produkte.
- neue Produkte mit vorhandenen, adaptierten Technologien.
• Verbesserung der Wirtschaftlichkeit und Ökologie bestehender Prozesse.
• Zusammenarbeit mit Maschinen- und Apparateherstellern.
• Vorkalkulationen, Berechnung der Investitions-, Fertigungs- und Herstellkosten.
• Musterherstellung.
• Know how- Weitergabe.</td></tr>
<tr><td colspan="2">o Rezeptur-, Verfahrensoptimierung.
o Konkurrenzbeobachtung.
o Literaturstudium, Patentsichtung, eigene Patente.
o Zusammenarbeit mit Hochschulen, Instituten.
o Innovationen, Suche und Feasibility.</td></tr>
<tr><th colspan="2">Vermarktung
(Betriebswirte)</th></tr>
<tr><td colspan="2">• Produkt-Briefing.
• Kundenbefragung (gemeinsam mit externen Instituten).
• Markttests (CT, CTU, HUT).
• Marktforschung.
• Festlegung des Marketing-Mixes.
• Steuerung der Werbung und Vertriebsmaßnahmen.
• Roll-out in andere Länder und Regionen.
• Verantwortlich für juristische Überprüfung der Werbeaussagen, Etiketten</td></tr>
</table>

Die „Vier P's" stehen für:

- Product
- Place
- Price
- Promotion

Stichwörter zu den Begriffen, diskutiert unter dem Blickwinkel des direkten Verkaufs an den Endverbraucher, finden sich in **Tab. 13.1**. Das Produkt- und Verpackungsdesign sind Teile der Vermarktungsstrategie und werden daher in Abstimmung mit dem Marketing festgelegt.

In der Projektbearbeitung überlappen sich die Arbeitsgebiete der Chemiker, Ingenieure und Betriebswirte (Marketing). Daher bilden auch diese Berufsgruppen die Projektgruppe zur Umsetzung. Die Aufgaben der Mitarbeiter gehen aus **Tab. 13.2** hervor. Nach der Markteinführung steigt die Rentabilität des Produktes mit zunehmendem Marktwachstum und Marktanteil. Diese Erkenntnisse wurden von der Boston-Consulting Group [10] im so genannten Marktwachstums- Marktanteil- Portfolio gemäß **Abb. 13.2** visualisiert.

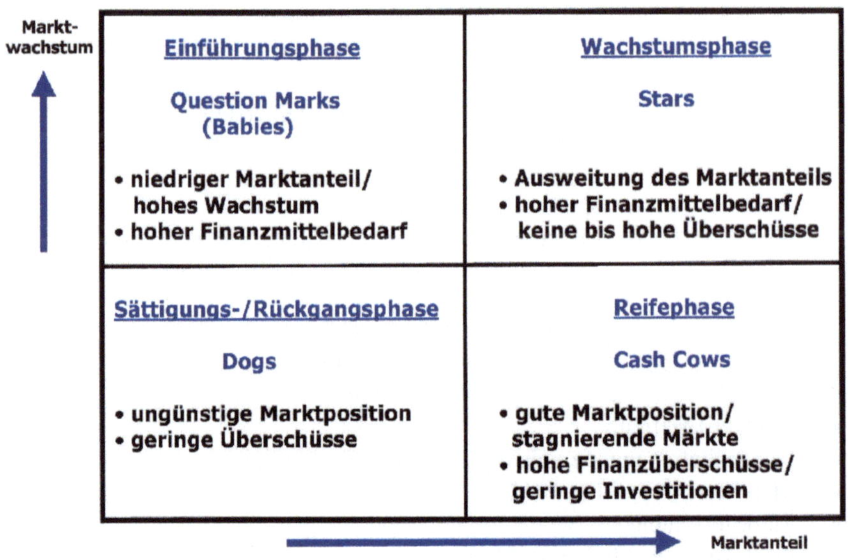

Abbildung 13.2: Marktwachstums- Markanteil- Portfolio (Boston Consulting Group)

In der Praxis treten Produkt-Lebenszyklen [11] auf, in denen die Phasen Einführung, Wachstum, Reife, Sättigung und Rückgang gemäß **Abb. 13.3** durchlaufen werden. Die Gewinnphase eines Produktes (Star oder Cash Cow) lässt sich durch Produkt- Relaunches verlängern. Produkt- Relaunches werden überzeugend durch eine Änderung bzw. Verbesserung des Produkt-Designs getragen. Bei sich zunehmend verkürzenden Produkt-Lebenszyklen steigt somit die Bedeutung dieses Fachs, insbesondere unter verstärkten Aktivitäten der Konkurrenz sowie der zunehmenden Bedeutung globaler Märkte.

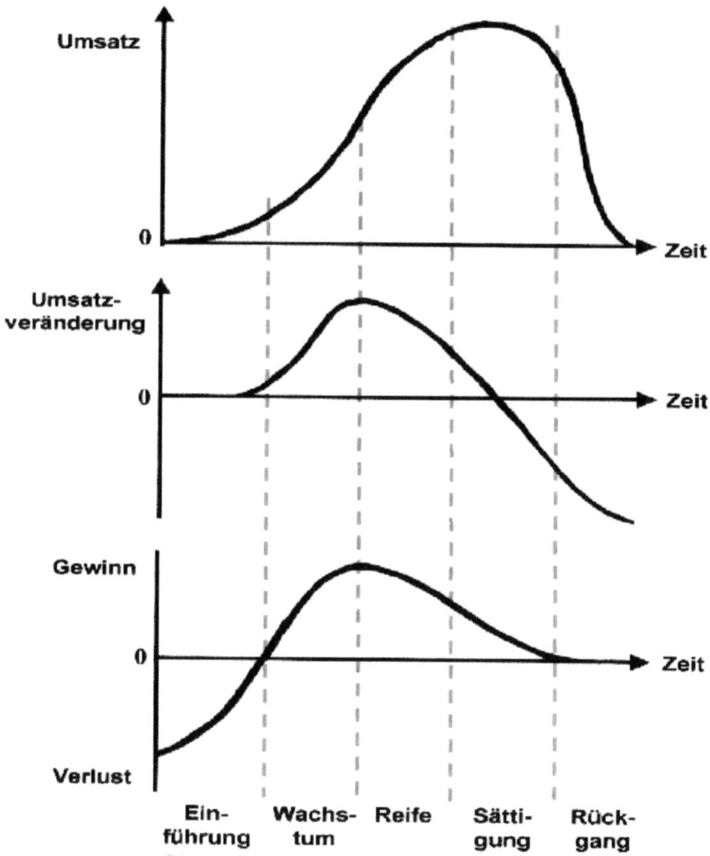

Abbildung 13.3: Lebenszyklus eines Produktes; Umsatz- und Ergebnisentwicklung [11]

14. Entwicklung von Produkten

Die Entwicklung startet immer mit einer Produktidee, die entweder systematisch erarbeitet wurde oder auf einem spontanen Einfall beruht. Üblicherweise erfolgt zunächst die Herstellung eines Labormusters. Auf Basis des ersten Musters werden für interessante Innovationen die Investitions- und Herstellkosten nach dem Prinzip der Vorkalkulation [54] ermittelt. Die Kosten dienen als Entscheidungsgrundlage zur Projekteröffnung unter Einbeziehung des Marketings. Bei wichtigen Projekten legt das Marketing die Zielvorgaben in einem Briefing (ähnlich dem Lastenheft in der Automobilindustrie) fest. Dieses Briefing dient als Leitschnur während der gesamten Entwicklung.

Die einzelnen Schritte einer Produktentwicklung können der **Abb. 14.1** entnommen werden.

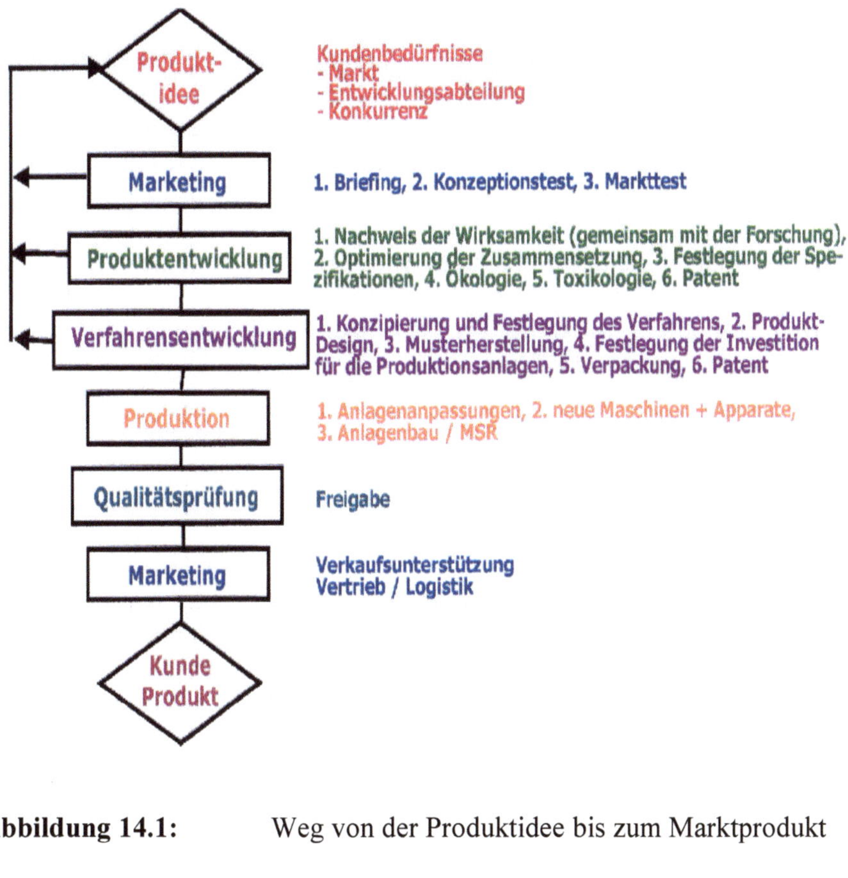

Abbildung 14.1: Weg von der Produktidee bis zum Marktprodukt

Die Produktentwickler arbeiten eine Rezeptur/Formulierung aus und überprüfen die Wirksamkeit im Vergleich zur Vergangenheit und zur Konkurrenz. Gleichzeitig arbeitet die Verfahrensentwicklung an einem geeigneten Prozess. Das Produkt kann im einfachsten Fall in einer vorhandenen Anlage, gegebenenfalls nach Modifizierung, produziert werden. In anderen Fällen ist eine Verfahrensneuentwicklung notwendig.

Nach der Installation der benötigten Maschinen und Apparate sowie nach dem Probelauf erfolgt die Null-Produktion über mehrere Tage. Das Produkt wird zum Verkauf freigegeben, wenn alle Spezifikationsmerkmale im Testlauf erfüllt wurden.

14.1 Generieren von Produktideen

Die Quelle für Produktideen wird abgekürzt als die „Drei C´s" bezeichnet, nämlich customer, company und competitor (Kunde, Firmenmitarbeiter, Konkurrent). Auf der einen Seite erfolgt die Adaption einer neuen Produktidee der Konkurrenz. Bei dieser Vorgehensweise ist das Risiko eines Flops relativ klein, und es lässt sich ein erheblicher Teil der Marktforschung und der Markttests einsparen. Für einen Markterfolg ist aber ein extrem schnelles Entwickeln notwendig, inklusive dem erfolgreichen Umschiffen der vorhandenen Patente.

Auf der anderen Seite sind mehrere Mitarbeiter des Unternehmens in den Forschungs- und Entwicklungsabteilungen mit der Suche nach neuen Ansätzen beschäftigt. Marketing versucht, über Kundenbefragungen innovative Produktideen zu generieren.

Die Ermittlung relevanter Kundenbedürfnisse wird am vereinfachten Beispiel einer repräsentativen Befragung zum Einsatz fester Waschmittel diskutiert. Neben den Befragungen existieren Studien, Protokolle und Hinweise bei Reklamationen [55].

Die vereinfachte Version einer Befragung ist in **Tab. 14.1** wiedergegeben, in der allgemeine Wünsche bezüglich der Eigenschaften eines festen Universalwaschmittels aufgeführt sind. Die Antworten betreffen die Leistung des Produktes (Performance), die Handhabbarkeit (Convenience) sowie die Ästhetik. Es ist erkennbar, dass einige Aspekte der Convenience auch die Ästhetik betreffen. Ferner lassen sich an diesem Beispiel der Unterschiede und die Gemeinsamkeiten zwischen Partikel- und Produktdesign ablesen: Partikeldesign ist für pulverförmige Produkte ein Teil des Produktdesigns.

Tabelle 14.1: Kundenbedürfnisse bei festen Universalwaschmitteln

Kundenwunsch	Performance	Convenience	Ästhetik	Partikel-Design	Produkt-Design
Waschleistung (auch bei tieferen Temperaturen)	+				
Farbschonung	+				
Knitterarme Wäsche	+				
Sofortige Wirkung der Inhaltsstoffe (Löslichkeit), keine Rückstände	+			+	+
Einfache Dosierbarkeit / gute Rieselfähigkeit		+		+	+
Genaue Dosierbarkeit (z.B. Tabs)		+		(+)	+
Staubfreiheit		+		+	+
Attraktives Pulver / hoher Weißgrad / farbige Sprenkel		+	+	+	+
Praktische, ansprechende Verpackung mit leicht verständlicher Dosieranleitung		+	+		(+)
Angenehmer Duft, Pulverform			+		+
Umweltverträglichkeit der Produkte und der Verpackung					(+)

In Abb. 8.20 sind Merkmale aufgeführt, die das Partikeldesign beschreiben und damit bestimmen. Diese allgemeinen Beschreibungen, abgeleitet vom festen Waschmittel, sind für die meisten partikulären Produkte gültig. Zur genaueren Bestimmung der Kundenwünsche müsste nun jeder Punkt des

Partikeldesigns mit den Kunden diskutiert werden, um die Wertigkeit der einzelnen Parameter herauszufinden.

Die Befragungen sind zur Ermittlung von Trends gut zu gebrauchen, für die Lösung konkreter Entwicklungsfragen dagegen weniger gut geeignet. Große Fehlerquellen liegen in den Formulierungen der Fragen und im Verständnis der Kunden. Außerdem ist eine entscheidende Voraussetzung für die Konzeption eines neuen Produktes die richtige Interpretation der Befragungsergebnisse. Die schwierigste Aufgabe besteht darin, die Kundenwünsche (z.B. frischere Farben nach der Feinwäsche) in die Wissenschaftssprache (welche Chemie kann das leisten?) zu übersetzen, damit daraus ein konkreter Entwicklungsplan abgeleitet werden kann.

Für die Entwicklung werden physikalische Größen oder einfache anwendungstechnische Tests benötigt, die einerseits die Kundenwünsche wiedergeben und die andererseits Unterschiede und Fortschritte im Vergleich zum Stand der Technik oder zum Markt erfassen. Bei dieser Art nach der Suche und Befriedigung von Kundenwünschen geht das Unternehmen ein relativ hohes Floprisiko ein, obwohl vor der Einführung natürlich noch die üblichen Markttests durchgeführt werden.

Viele interessante Ideen stammen von einzelnen Mitarbeitern des eigenen Unternehmens. Das systematische Suchen von Lösungen für neue Anwendungen oder für ein ungewöhnliches bzw. interessantes Design wird meist in Gruppen- oder Teamarbeit (z.B. Brain Storming- Runden) durchgeführt. Die aus diesen Diskussionsrunden gewonnenen Ideen lassen sich umsetzen, wenn die Idee eine Variation der bestehenden Produktgruppe oder ihre Ausdehnung auf eine andere Zielgruppe darstellt. Wirklich neue, bahnbrechende Ideen sind aber meist nicht umsetzbar, weil die Konkretisierung in ein Marktprodukt fehlt und auch nicht erarbeitet wird (Ideen sind zu nebulös oder zu anspruchsvoll oder nicht in die heutige Zeit passend). Daher erfolgt üblicherweise keine Entwicklung einer echten Innovation aus einer Brain Storming- oder aus ähnlichen Sitzungen. In besonders krassen Beispielen soll erläutert werden, wie solche Vorschläge ohne Lösungsansatz aussehen könnten:
Beispiel 1: Die Energieprobleme der Welt sind einfach lösbar, wenn wir überall die "0.1 Formel" einführen:

o	Kfz-Verbrauch:	0.1 l/100 km
o	Schienenfahr- und Flugzeuge:	0.1 l/100 km pro Passagier
o	Heizung:	0.1 l/m²/a.

Beispiel 2: Wäsche waschen und trocknen in einer Maschine innerhalb von 5 Minuten.
Beispiel 3: Kraftfahrzeuge immer sauber und nie mehr in die Werkstatt (20 Jahre).

Ohne Angabe von Maßnahmen zur Einstellung der sensationell niedrigen Energieverbräuche des Beispiels 1 sind die Vorschläge nur für eine Diskussion zu gebrauchen. Die konkreten Wege zur Zielerreichung fehlen eigentlich immer in den Diskussionsrunden (wird auch meist nicht abverlangt, in brain storming- Runden darf nicht kritisch nachgefragt werden). Eine Idee ist verfolgenswert, wenn die Lösung den Experten möglich erscheint oder wenn ein realisierbarer Weg mit angegeben wird. Da die Erarbeitung eines Lösungsvorschlags nicht trivial ist und umfangreiche Fachkenntnisse erfordert, kommt er meist von einer einzelnen Person und nicht von einer Gruppe. Deshalb bedeutet die Teamarbeit eine Umsetzung der gedanklichen Arbeit eines einzelnen oder mehrerer einzelner Fachleute (wie beispielweise in der Biotechnologie üblich) in ein verkauffähiges Produkt.

Neue Produktideen lassen sich auf sehr unterschiedlichen Wegen generieren. Eine interessante Methode stellt die Darstellung und Betrachtung des Marktumfeldes eines Stammgeschäftes dar. Die Auflistung lässt sich beliebig verfeinern und in Produktgruppen untergliedern.

Zur Erläuterung der Methode ist das Marktumfeld der Waschmittelindustrie in **Abb. 14.2** dargestellt. Bei der Diskussion der Abbildung geht es zum einen um die Frage, welche Produktideen lassen sich noch zusätzlich in den verschiedenen Gebieten, entlang der Pfeile und in den Zwischenräumen finden. Spannend ist die Diskussion um die Schließung von Lücken, beispielsweise zwischen Chemie und Textilien, wie ein über Waschmittel eingebrachter UV-Schutz in Textilien. Oder das Gebiet zwischen Waschmittel, Textilien und Haut lässt sich aufspannen, in dem es um allergische Reaktionen sensitiver Menschen geht, die weder Spuren eines Parfüms noch Reste bestimmter Chemikalien der Ausrüstung vertragen. Hierfür gibt es die Sensitiv-Produkte, deren Entwicklung noch nicht abgeschlossen ist.

Zum Generieren weiterer Produktideen ist ein vertiefter Einblick in das Angebot von Waschmitteln notwendig. Zwei wichtige Kenngrößen für feste Waschmittel sind der mittlere Teilchendurchmesser d 50 sowie das Schüttgewicht. Der **Abb. 14.3** können die gängigen Formen und die besetzten Gebiete entnommen werden.

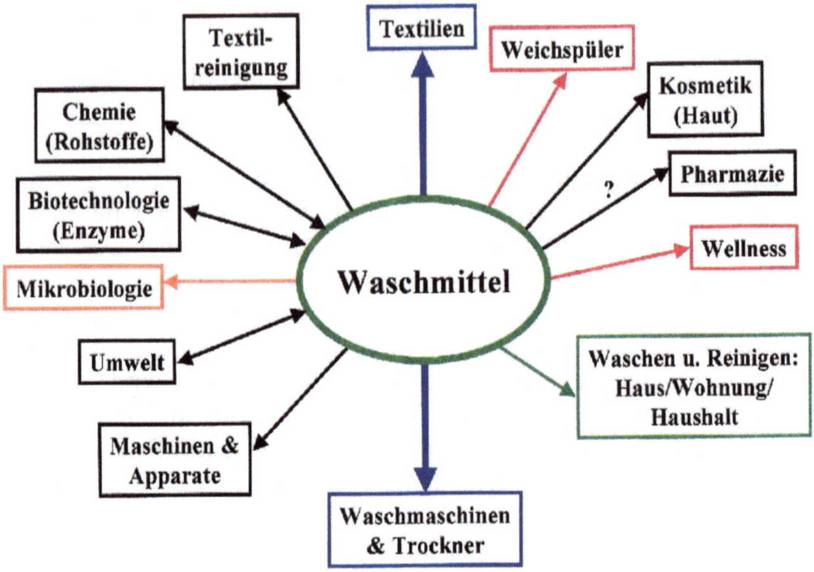

Abbildung 14.2: Waschmittelumfeld

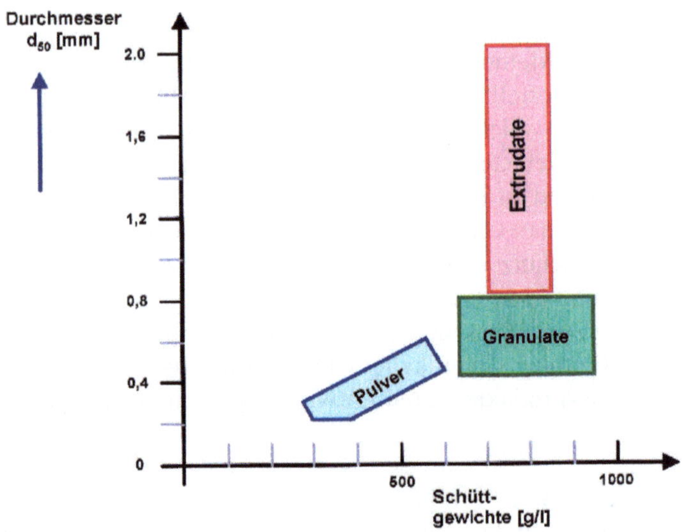

Abbildung 14.3: Marktgängige Waschmittel

Es lässt sich so veranschaulichen, dass viele Kombinationen noch nicht versucht wurden (einige sind auch wenig sinnvoll).

Eine Vertiefung der Methode zur Generierung neuer Produkte bzw. eines interessanten Designs stellt die Beschreibung der bekannten Möglichkeiten anhand der **Abb. 14.4** dar.

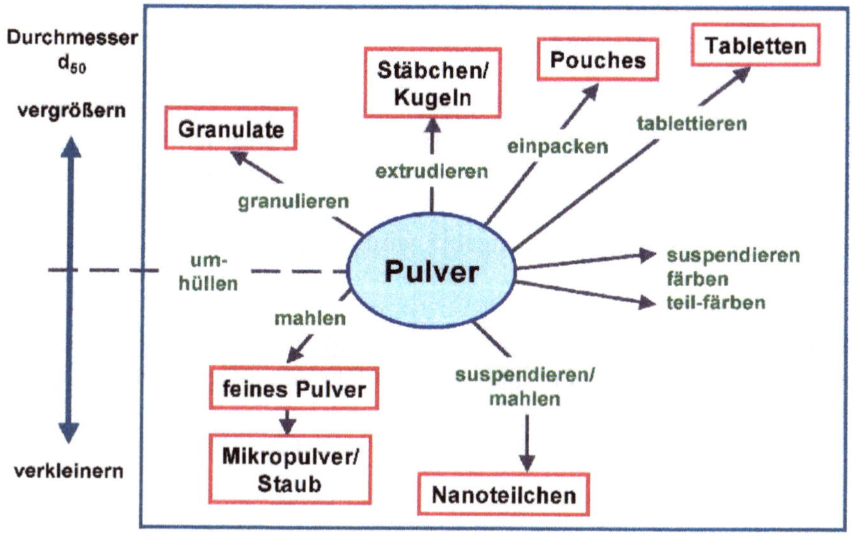

Abbildung 14.4: Produktgestaltung aus Pulvern

In dieser Abbildung wird aufgezeigt, welche Anbietungsformen sich aus einem Pulver wie Waschmittel gewinnen lassen. Hierbei spielt die Teilchengröße, aber insbesondere auch der Teilchenform, sowie die Einheitlichkeit des Erscheinungsbildes eine Rolle. Mit einer Designtechnologie wie der Extrusion lassen sich beliebige Formen und Formkörper in Größen von etwa 0.6 mm bis zu einigen Millimetern realisieren. Das Thema „Produktgestaltung“ wird in späteren Kapiteln aufgegriffen, insbesondere die interessante Frage beantwortet, welche Möglichkeiten sich für Flüssigkeiten eröffnen

Neue Markprodukte aus anderen Bereichen können durch Übertragung der Neuerung auf das eigene Arbeitsgebiet entscheidende Anregungen geben. Dies betrifft sowohl die Gestaltung als auch die eingesetzte Technologie oder die Art der Diversifizierung. Auch ist es manchmal erforderlich, für eine neue Produktkategorie im Markt eigene Produkte zu entwickeln, z.B. für Sportbekleidung aus Mikrofasern.

Zum Auffinden neuer Marktprodukte gibt es eine Reihe von Methoden und Möglichkeiten, die in zahlreichen Büchern oder in Artikeln meist unter den Stichwörtern „Innovationsmanagement“ [56] oder „Ideensuche“ bzw. nur „Innovationen“ zu finden sind.

14.2 Ablauf von Entwicklungen

Alle Entwicklungen werden in Projekten durchgeführt. Um ein Projekt zu starten, wird die Produktidee mit möglichen Lösungsansätzen im Projekt-Steuerungskreis vorgestellt, der die offizielle Bearbeitung initiiert, die Mitglieder des Projektteams und den Leiter bestimmt sowie die notwendigen Kosten bewilligt. Der Ideengeber wird üblicherweise auch Projektleiter.

Bei wichtigen Projekten für innovative Marktprodukte setzt sich das Kernteam aus jeweils einem Produkt- und Verfahrensentwickler sowie einem Kollegen/ Kollegin aus dem Marketingbereich zusammen (**Abb. 14.5**). Dieses Team steuert die Entwicklung und bindet bei Bedarf andere Fachleute ein.

Zunächst wird die Produktidee konkretisiert, die Anwendung und der Kundenkreis (Zielgruppe) festgelegt und mögliche Konkurrenzprodukte ausgewählt (Benchmark) sowie die Kunden befragt.

Auf dieser Basis wird das Briefing, umfassend das Produktdesign (Leistung, Handhabung, Gestaltung incl. Duft, weitere wichtige Produktmerkmale, Marke, Marktauftritt) vom Marketing festgeschrieben. Es enthält auch die wesentlichen Angaben zu Kosten und Verkaufspreisen. Auf dieser Basis wird die Produktentwicklung im Labor, gegebenenfalls unter Einbindung der Forschung, gestartet oder fortgesetzt. Anschließend erfolgen die Herstellung erster Produktmuster und deren anwendungstechnische Abprüfung.

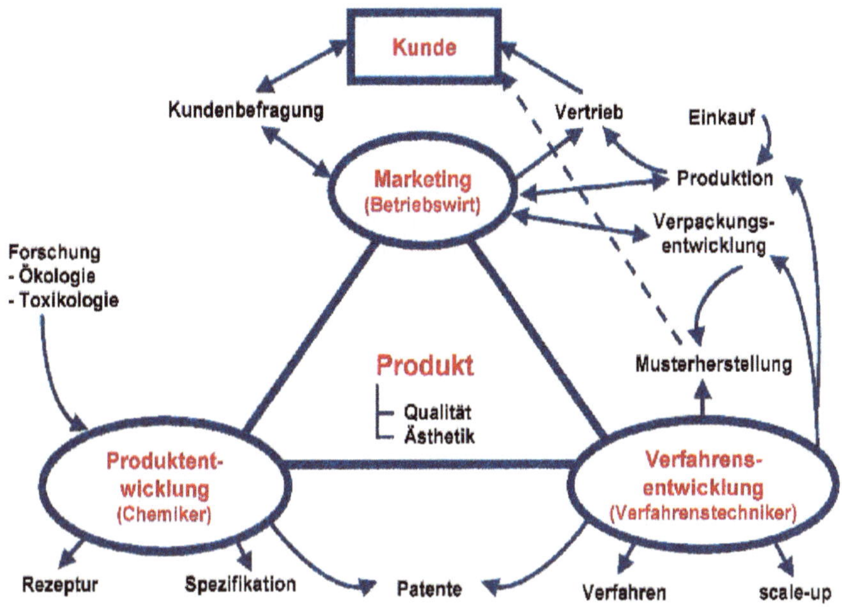

Abbildung 14.5: Produktentwicklungsteam

Die Verpackungsentwicklung erarbeitet erste Verpackungsvorschläge, die auch für Markttests vorgesehen sind (gemäß Kap. 4). Die Verfahrensentwicklung konzipiert ein neues Verfahren oder modifiziert einen vorhandenen Prozess. Gleichzeitig prüft die Produktentwicklung verschiedene Varianten des neuen Produktes und beauftragt die mikrobielle Prüfung sowie die öko-tox.- und die patentrechtliche Freigabe.

Gemeinsam mit der Produktion sowie unter Hinzuziehung ausländischer Kollegen wird der Produktionsstandort i.a. nach wirtschaftlichen Kriterien festgelegt. Nach Adaption einer vorhandenen Produktionsanlage kann der erste Produktionsversuch durchgeführt werden, der bei problemlosem Lauf als Null-Produktion zu betrachten ist. Nach einer positiven Überprüfung der Produktqualität über den gesamten Lauf darf die Produktion mit dem Füllen der Pipeline anlaufen. Die erste Produktion geht zum Auffüllen in die Lager, damit wenigstens in einem Land der Verkauf überall gleichzeitig starten kann und Material zum Wiederkauf zur Verfügung steht.

Zwischenzeitlich hat das Marketing den Verkauf vorbereitet, den Außendienst und die Händler informiert, was mindestens drei Monate vor Markteintritt erfolgen muss. Die Werbung startet im optimalen Fall nach dem Füllen der „Pipeline“ (Lager) sowie der Regale in den Märkten und Geschäften.

In einigen Fällen wird auch eine Produktvariante entwickelt, die nicht direkt in den Markt soll, sondern für den Eigenbedarf (captive use) bestimmt ist. In diesen Fällen ist das Marketing nicht ins Projektteam eingebunden. Solche Entwicklungen laufen meist in der Zentrale bei den zuständigen Spezialisten. Die Verfahrensentwicklung übernimmt hierbei auch die Produktionsbetreuung und hilft bei Qualitätsproblemen.

14.3 Verkürzung der Entwicklungszeiten

Wegen der starken internationalen Konkurrenz ist ein schnelles Umsetzen der eigenen, innovativen Ideen mit hohem Potenzial, insbesondere bei Marktneuheiten, in ein verkauffähiges Produkt die entscheidende Voraussetzung für einen nachhaltigen Markterfolg (siehe **Tab. 14.1**).

Tabelle 14.1: Zehn Voraussetzungen für eine beschleunigte Projektabwicklung

(1) Unbedingter Wille zur schnellen Produkteinführung über alle Hierarchieebenen mit voller Unterstützung der Geschäftsleitung.
(2) Sofortige Bereitstellung von Geld und Personal nach Akzeptanz des Produktvorschlages (flexible Organisation).
(3) Moderne Projektstruktur unter Einbeziehung interner und externer Fachleute.
(4) Fachliche Kompetenz und hohes Engagement der beteiligten Mitarbeiter.
(5) Parallelbearbeitung aller Aufgaben.
(6) Sofortiger Start von Teilaufgaben.
(7) Konzentration der Arbeiten auf ein Produkt.
(8) Umgehende Bestellung von Rohstoffen für die Entwicklung (Lieferzeiten).
(9) Frühzeitige Bestellung von Maschinen und Apparaten, notfalls auf Basis nicht abgesicherter Daten (Lieferzeiten/Einbindung in den Prozess).
(10) Einbeziehung der Kunden in die Entwicklung von der Idee bis zum Markteintritt.

Tabelle 14.2: Vor- und Nachteile einer beschleunigten Projektabwicklung

Pros	Cons
• Einführung einer Produktneuheit als erster bringt die Chance auf hohe Marktanteile (Innovator) und auf schnelles Erreichen der Gewinnzone.	• Nachbesserungen – wie Produkt- oder Verpackungsänderungen – bezahlt der Innovator und nicht der „fast follower".
• Patentabsicherung relativ einfach, falls das Produkt wirklich neu ist.	• Hoher Aufwand für „Patentumgehungsstrategien".
• Imagegewinn für das Unternehmen.	• „fast follower" profitieren auch (regionale Unterschiede), insbesondere von der Werbung des Innovators.
• Billiganbieter ohne eigene Entwicklung geraten unter Druck, insbesondere beim Aufbau von Barrieren.	• Billiganbieter müssen nichts selbst erfinden; sie bringen eine Produktkopie (häufig kostenlos) mit zeitlicher Verzögerung.
• Kumulierte Entwicklungskosten für das Projekt liegen niedriger.	• Spezifische Entwicklungskosten (pro Projekt und Jahr) steigen.
	• Finanzielles Risiko einer Nachbesserung des Produktionsprozesses

Oder die Konkurrenz hat ein interessantes Produkt neu eingeführt und das eigene Unternehmen kämpft darum, den attraktiven zweiten Platz im globalen Markt (fast follower) oder regional sogar Platz 1 zu besetzen. Schnelligkeit ist heute eine wesentliche Voraussetzung für den Erfolg. Für eine beschleunigte Produktentwicklung sind die in Tab. 14.1 genannten 10 Punkte eine unabdingbare Voraussetzung. Die Durchsetzung und Einhaltung dieses 10 Punktes–Plans gelingt nur in Ausnahmefällen; Einzelheiten hierzu werden später beschrieben.

Die Vor- und Nachteile einer schnellen Entwicklung sind in **Tab. 14.2** aufgeführt, wobei das Hauptargument, nämlich die Potenziale im Markt, alle entgegenstehenden Befürchtungen und auch objektiven Nachteile schlagen.

Innovationen werden immer für globale Märkte entwickelt. Für die Umsetzung der Produktidee in ein Marktprodukt ist je nach Marktbedeutung ein national oder international zusammengesetztes Projektteam, kontrolliert durch ein Steering Commitee, verantwortlich (die sich anschließende Markteinführung verantwortet ein international zusammengesetztes Marketingteam.). Das Projektteam, dargestellt in der **Abb. 14.6**, arbeitet mit voller Unterstützung der Geschäftsleitung. Es startet alle erforderlichen Maßnahmen, um die Entwicklungszeiten zu minimieren und den meist sehr ehrgeizigen Zeitplan einzuhalten, beispielsweise durch Parallelarbeiten vom Projektstart an, Fokussierung auf eine Variante und sofortige Einbindung des Kunden, beginnend mit der Produktidee. Das Kernteam greift während der Produktentwicklung auf alle Ressourcen und Kompetenzträger innerhalb und außerhalb der Firma zu, um die Entwicklung zu beschleunigen.

Externe Zusammenarbeit findet zunehmend mit Rohstoff- sowie mit Maschinen- und Apparateherstellern statt, die z.T. in die Entwicklung eingebunden werden. Eine Kooperation mit Hochschulen oder Forschungsinstituten erfolgt in der Startphase einer Entwicklung, wenn für das Produkt oder für die erforderliche Technologie keine ausreichende eigene Kompetenz vorhanden ist. Die Einbeziehung externer Stellen wird üblicherweise vom Projektleiter veranlasst.

Die Konzentration der Ressourcen eines Unternehmens ist nicht für jede Produktentwicklung erforderlich. Viele Produktverbesserungen oder –Variationen bezüglich der Inhaltsstoffe (Zusammensetzung in Art und Menge), ästhetische Eigenschaften (Design, Farbe, Duft, Verpackung) oder Änderungen der Bezeichnungen bzw. Angabe von Zusatzmerkmalen gemäß Werbeaussagen laufen nebenbei innerhalb von 3 bis max. 9 Monaten.

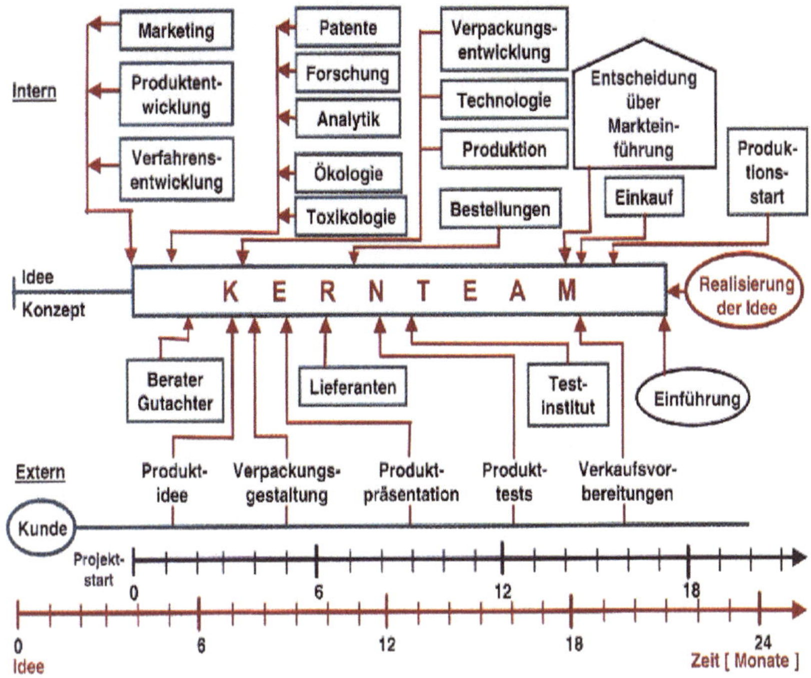

Abbildung 14.6: Moderne Projektabwicklung mit Parallelarbeit und mit externer Unterstützung

Aber Innovationen, die den Kernbereich eines Unternehmens betreffen, müssen mit maximaler Geschwindigkeit umgesetzt werden. Hierfür ist eine flexible Organisation Voraussetzung, da die Kosten nicht budgetiert sind, Kapazitäten aus anderen Projekten abgezogen und zur Verfügung gestellt werden müssen. Gleiches erfolgt durch Umbuchung von Entwicklungsgeldern. Der Zeitrahmen einer dringlichen Produktentwicklung, von der Idee bis in den Markt, liegt mit moderner Projektstruktur (Abb. 14.6) bei 1.5 bis 2.5 Jahren. Normalerweise vergeht von der Idee bis zur Gründung des Kernteams mindestens ein Zeitraum von 3 bis 6 Monaten, der zur Konkretisierung des Vorschlages und zur Information genutzt werden kann.

Noch vor etwa 25 Jahren verstrichen für eine Produktentwicklung ca. 5 bis 8 Jahre, in einigen Fällen sogar über 10 Jahre. Die Produktentwicklung war damals anders organisiert. Es mussten mindestens zwei Unternehmensbereiche zusammenarbeiten, nämlich die zentrale Forschung und Technik sowie die betroffene operative Einheit. Eine Hinzuziehung von externen Firmen, wie Rohstofflieferanten, war unüblich. Die Entwicklungen erfolgten weitgehend intern. Ein damals üblicher Projektplan ist in **Abb. 14.7** schematisch dargestellt.

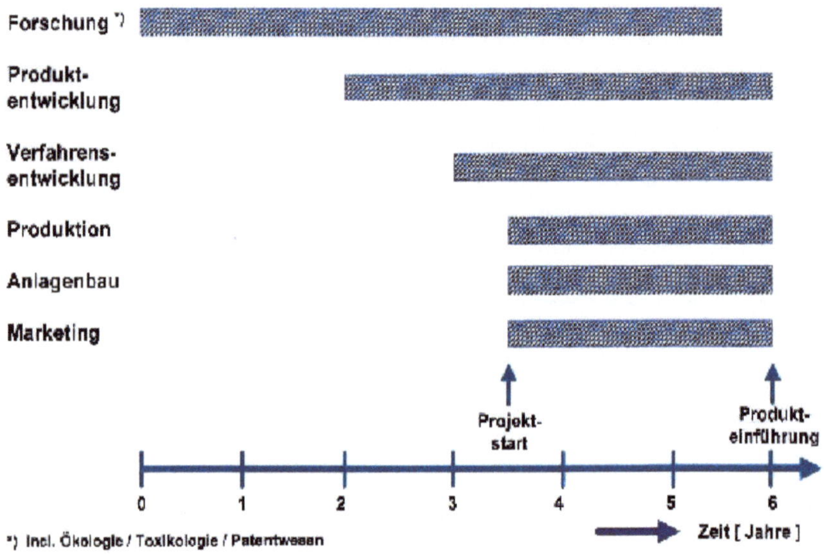

Abbildung 14.7: Typischer Plan für die Entwicklung und Markteinführung eines neuen Produktes (ca. 1980)

Die Entwicklung begann mit Laborarbeiten in der zentralen Forschung, die sich über mehrere Jahre erstreckten. Wenn die Laborarbeiten einen gewissen Stand erreicht hatten, ist die entsprechende operative Einheit mit den zuständigen Produktentwicklern hinzugezogen worden. Nach positiver Beurteilung der Labormuster erfolgte die Bildung des Projektteams, das die anderen Einheiten des Unternehmens in das Projekt einbezog und Unteraufträge vergab.

Erst wenn das Produkt einen bestimmten Reifegrad erreicht hatte, d.h. in einer optimierten Form vorlag, wurde der Kunde nach seiner Beurteilung gefragt. Da jedes Detail des Produktes und der Produktionsanlage intensiv und oft auch kontrovers (bzgl. Alternativen) als Entscheidungsgrundlage diskutiert werden musste, ergaben sich lange Entwicklungs- und Entscheidungszeiten.

Wegen des hohen Marktdruckes starten heute nach Installation des Projektteams (Abb. 14.6) einige Arbeiten sofort, andere kurze Zeit später. Im Idealfall wird nicht mehr auf die Ergebnisse einer anderen Gruppe gewartet, jeder beginnt auf seinem Gebiet ohne Verzögerung. Beispielsweise kann eine Verpackung inkl. Aufdruck entworfen werden, ohne das Produkt in der Hand zu haben Der Kunde kann sich zur Produktidee oder zu einer graphischen Gestaltung, die das Produkt beschreibt, äußern. Er kann in dieser frühen Phase auch sagen, was er vom Produkt erwartet. Die erste ökologische und toxikologische Beurteilung lässt sich aus dem Rezepturentwurf ableiten.

Alle Beteiligten gehen bei ihren Arbeiten davon aus, dass die Entwicklung erfolgreich im Zeitplan abgeschlossen werden kann. Schnelligkeit geht vor Kosten, Zielstrebigkeit vor Breite, rascher Markteintritt vor Prozessoptimierung. Das Risiko einer Nachbesserung oder sogar der Verlust einer Investition wird in Kauf genommen.

Zur Einhaltung des Zeitplans müssen Bestellungen für Maschinen und Apparate etwa 6 bis 9 Monate vor der endgültigen Entscheidung eines Markteintritts ausgeführt werden, wie in Abb. 8 beispielhaft aufgezeigt. Die Entscheidung zur Bestellung fällt in einer „Meilenstein“- Sitzung durch die Geschäftsleitung. Sie signalisiert den unbedingten Willen, das neue Produkt einzuführen, aber auch Vertrauen in die Kompetenz des Projektteams und die Bereitschaft, Risiken zu tragen.

Eine Reihe von Produktideen mit geringerer Innovationshöhe durchlaufen einen anderen Weg: Bevor ein Projektteam gebildet wird, erfolgt die Herstellung und Abprüfung von Labor- oder Technikumsmustern. Diese Muster werden üblicherweise einigen Kunden in verschiedenen Ländern vorgestellt, in einigen Fällen auch von mehreren Kunden getestet und meist im Vergleich bewertet. Bei hoher Akzeptanz wird ein Projektteam gegründet, das die Produkteinführung im beschleunigten Verfahren durchführt.

Ist der Kunde von der Produktidee nicht wirklich überzeugt, erfolgt die Einstellung der Entwicklung. Es gibt eine Reihe von Ideen, die genau zwischen den Extremen liegen: Der Kunde findet die Idee interessant, ohne allerdings eine eindeutige Kaufbereitschaft zu signalisieren. Derartige Projekte können sich in Einzelfällen über mehrere Jahre hinziehen.

14.4 Spezifikationen

Die Spezifikation definiert die Qualität. Sie legt fest, welche physikalischen Kenngrößen wichtig und in engen Grenzen einzuhalten sind. Andere Messwerte stellen Min. / Max. – Kriterien dar, d.h. sie dürfen entweder nicht unter- oder überschritten werden. In **Abb. 14.8** sind das Produkt charakterisierende Eigenschaften am Beispiel eines Feststoffes aufgeführt.

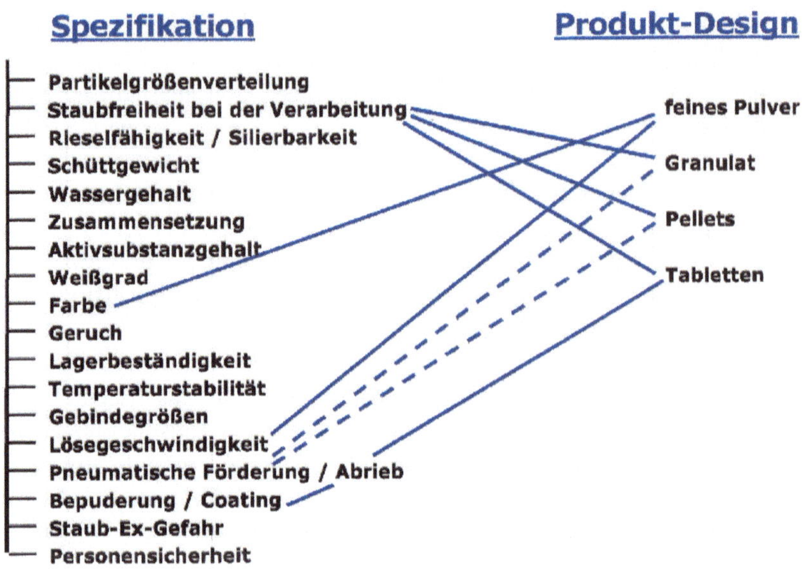

Abbildung 14.8: Einfluss der Wichtung von Spezifikationsmerkmalen auf das Produktdesign für Feststoffe

Aus der Spezifikation ergibt sich, nach Gewichtung der Kenngrößen durch den Kunden, das Produkt-Design. Zahlreiche Produkte werden bereits heute in verschiedenen Formen und Konzentrationen angeboten, beispielsweise als Lösung oder Paste, Pulver oder Granulat. Der Kunde kauft die für ihn beste Anbietungsform (Kosten, Infrastruktur, Verarbeitung, Umwelt), die speziell für ihn produziert wird, oder diese Produktform wird Bestandteil des Lieferkatalogs des Produzenten und somit für alle Kunden zugänglich.

15. Bewertung der Innovationshöhe und der Marktattraktivität von Produktideen

Bevor ein Entwicklungsprojekt gestartet wird, sollten die Marktchancen abgeschätzt werden. Eine neue Methode stellt die Kombination einer Bewertung der Innovationshöhe und des Marktumfeldes dar.

15.1 Innovations-„Thermometer" und „-Barometer"

Für die Einführung eines neuen Produktes muss zunächst eine Produktidee vorliegen, die beispielsweise von einem Mitarbeiter des Unternehmens entwickelt wurde. Die Idee selbst reicht für eine Umsetzung nicht aus. Es ist erforderlich, gleichzeitig den Weg (die Chemie) darzulegen, wie aus der Idee ein Produkt werden könnte. Anschließend lassen sich nach verschiedenen Methoden die Innovationshöhe und die Marktattraktivität abschätzen. Die Innovationshöhe hängt davon ab, ob es sich bei dem neuen Produkt um eine Marktneuheit, Unternehmensneuheit oder Produktionsneuheit handelt:

- **Marktneuheit**: Wirklich neues Produkt, weltweit bisher nicht bekannt (= nicht im Markt).
- **Unternehmensneuheit**: Produkt, das bereits im Markt existiert, aber für das Unternehmen neu ist.
- **Produktionsneuheit**: Marktprodukt, das in ähnlicher Form oder Zusammensetzung bereits im Unternehmen produziert wird.
- **Variante**: Gleiches Produkt in anderer Farbe oder in geänderter Verpackung

Eine überschlägige Abschätzung liefert das in **Abb. 15.1** dargestellte Innovations-„Thermometer". Die Höhe der Anzeige hängt ab von der Neuheit und der Überlegenheit des Produktes sowie von der Komplexität des Produktionsverfahrens. Je mehr know-how im Produkt und im Verfahren steckt, desto höher ist die Hürde für die Konkurrenz, die Produktidee zu kopieren. Die Anzeige des Thermometers erlaubt eine schnelle Abschätzung der Innovationshöhe. Diese Werte werden zur Beschreibung der Abhängigkeit von der Entwicklungsdauer, von der Idee bis in den Markt benötigt.

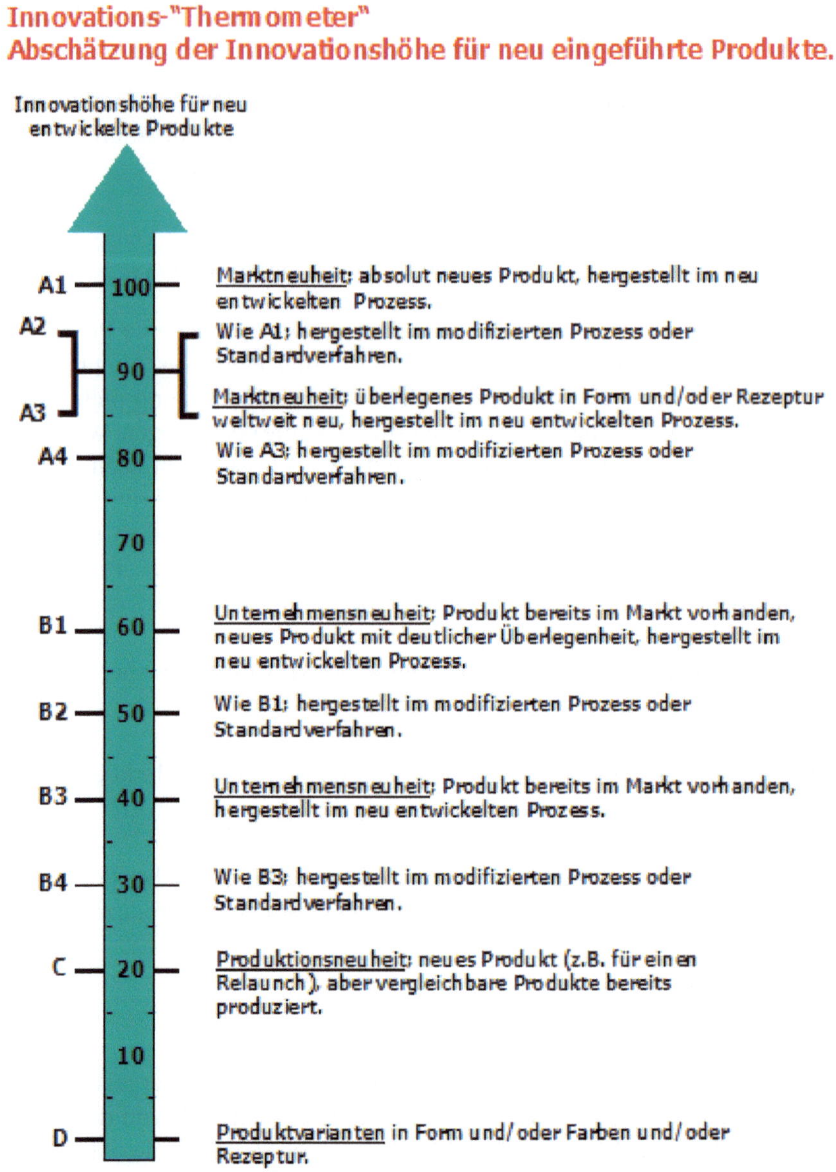

Abbildung 15.1: Produktneuheiten im Innovations- „Thermometer“

Die Entwicklungszeit hängt wesentlich von der Innovationshöhe ab. Weltweit neue Produkte (A) erfordern natürlich erheblich längere Entwicklungszeiten als Produkte des Stammgeschäftes (C und D), wie die **Abb. 15.2** zeigt. Bei den Punkten in der Abbildung handelt es sich um Erfahrungs- oder Schätzwerte, in einigen Fällen auch um Einzelbeispiele. Wichtig ist vor allem die untere Grenzlinie, die anzeigt, wie schnell eine Produktentwicklung bei wichtigen Neuentwicklungen im optimalen Fall (Kap. 14.3) ablaufen könnte.

Die längsten Entwicklungszeiten sind bei gleichzeitiger Entwicklung eines neuen Verfahrens erforderlich. In diesen Fällen ist die Abhängigkeit der Entwicklungszeit von der Innovationshöhe geringer, da die Prozessentwicklung, Aufbau und Inbetriebnahme einer neuen Anlage die zeitkritischen Arbeiten darstellen. Die Investitionskosten müssen nach den bekannten Kriterien bezüglich der Kapitalrückflusszeit gesondert bewertet werden. Für die grundsätzliche Beurteilung einer Produktidee und eines möglichen Markterfolges ist die Investitionshöhe zunächst nicht ausschlaggebend (siehe Enzyme: hohe Investitionen, aber auch relativ hohe Marktpreise).

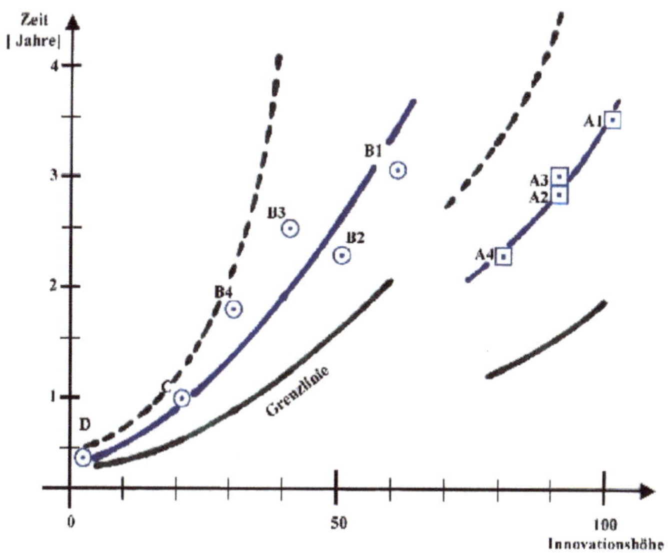

Abbildung 15.2: Entwicklungsdauer in Abhängigkeit von der Innovationshöhe; A: Marktneuheit; B: Unternehmensneuheit; C: Produktionsneuheit; D: Produktvariante

Grundsätzlich haben neue Produkte, die sich voraussichtlich in vorhandenen oder modifizierten Anlagen herstellen lassen oder die extern bei Lohnherstellern gefertigt werden können, höhere Chancen auf eine Realisierung, da kein zusätzliches Risiko für die Investition entsteht. In diesen Fällen nimmt erwartungsgemäß die Entwicklungszeit mit zunehmender Innovationshöhe zu. Marktneuheiten weisen definitionsgemäß hohe Bewertungen in der Innovationshöhe auf und liegen daher in Abb. 15.2 in einem anderen Bereich, während sich die Unternehmens- und Produktionsneuheiten bezüglich der Entwicklungszeiten auf einer Kurve anordnen lassen.

Ein wesentlicher Vorteil der kurzen Entwicklungszeiten liegt in der Einsparung von Entwicklungskosten für das Produkt gemäß **Abb. 15.3**.

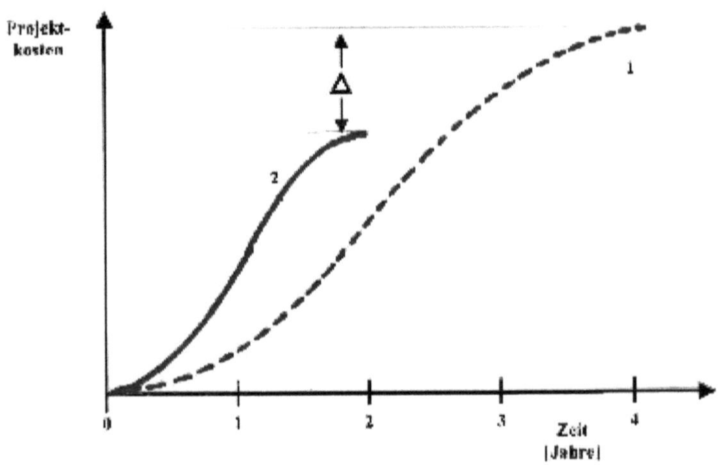

Abbildung 15.3: Projektkosten bei normaler Entwicklungsdauer (1) sowie bei beschleunigter Entwicklung (2)

Wegen des schnelleren Starts und des parallelen Beginns der Teilprojekte steigen die Kosten zwar schneller an, sie erreichen aber am Projektende nicht das hohe Niveau einer „normalen“ Projektabwicklung. Ein Nachteil der beschleunigten Entwicklung stellt das erhöhte Risiko von Verfahrensnachbesserung dar. Es ist nicht möglich, in der kurzen Entwicklungszeit auch die Produktionsprozesse bezüglich Fertigungskosten zu optimieren. Diese Aufgabe wird erst nach Produkteinführung abgearbeitet.

Der potenzielle Vermarktungserfolg eines neu zu entwickelnden Produktes hängt von zahlreichen Faktoren ab. Eine Abschätzung der Marktaussichten einer Produktidee lässt sich gemäß **Tab. 15.1** durchführen. Auf der Basis von errechneten Einstufungen können bei mehreren Vorschlägen entsprechende Prioritäten gesetzt werden.

Tabelle 15.1: Bewertung der Marktaussichten innovativer Produkte (Marktstandard = 0)

Produktvariante	**0.....+10**	Absolut neues Produkt (Marktneuheit)
Produktgestaltung unter Marktstandard	**-10.....0.....+10**	Attraktive Produktgestaltung
Handhabung unter Marktstandard	**-10.....0.....+10**	Verbrauchergerechte, einfache Handhabung
Produktleistung unter Standard	**-10.....0.....+10**	Deutlich überlegene Produktleistung
Entwicklungskosten hoch	**0.....+10**	Entwicklungskosten niedrig
Kein spez. Know how im Unternehmen	**0.....+10**	Hohes Produkt know how im Unternehmen
Herstellkosten uninteressant (zu hoch)	**-10.....0.....+10**	Herstellkosten interessant (niedrig)
Mehrere starke Wettbewerber für das neue Produkt	**0.....+10**	Keine Wettbewerber für das neue Produkt
Keine Hürden gegen Wettbewerber	**0.....+10**	Hohe Hürden gegen Wettbewerber (Patente, Verfahren)
Enger, nationaler Markt	**0.....+10**	Breiter, globaler Markt
Erwartung einer geringen Nachfrage	**-10.....0.....+10**	Erwartung einer hohen Nachfrage
Vertriebswege nicht vorhanden	**-10.....0.....+10**	Globale Vertriebswege vorhanden
Keine Marke vorhanden	**-10.....0.....+10**	Starke Marke bzw. Dachmarke
Kundennutzen unter Wettbewerb	**-10.....0.....+10**	Hoher Kundennutzen
Preis-/Leistung unter Wettbewerb		Interessantes Preis-/ Leistungsverhältnis
Mittelwert	**Gesamtpunkte : 15**	

Jede Zeile der Tabelle 15.1 kann bewertet und mit einer Zahl belegt werden. Der Schätzwert liegt entweder zwischen -10 und +10 oder zwischen 0 und +10. Die Abschätzungen sollten von mehreren Fachleuten unabhängig voneinander oder gemeinsam in einer Arbeitsgruppe durchgeführt werden.

Anhand des errechneten Durchschnittswertes lässt sich eine Risikoabschätzung einer Markteinführung auf Basis der Einschätzungen vornehmen. Bei Mittelwerten in der Nähe von 2 oder sogar unter Null (roter Bereich) sollte auf eine Entwicklung verzichtet werden. Liegt die Bewertung im gelben „Risiko"- Bereich zwischen +2 +5, dann kann möglicherweise durch weiterführende Ideen das Produkt so verbessert werden, dass es in den eindeutig grünen Bereich über +5 gelangt. Je weiter sich der Wert dem Maximum +10 nähert, desto größer sind die Chancen eines Markterfolges.

Chemische (Spezial-) Produkte bedingen zusätzliche Kriterien, die strategische Dimensionen berücksichtigen. Die Mittelwerte lassen sich im in **Abb. 15.4** dargestellten Innovations-„Barometer" veranschaulichen. Werte unter +3 signalisieren in hohes, Werte über +7 ein geringes Risiko. Damit sind ein Vergleich verschiedener Produktvorschläge und eine Prioritätensetzung möglich.

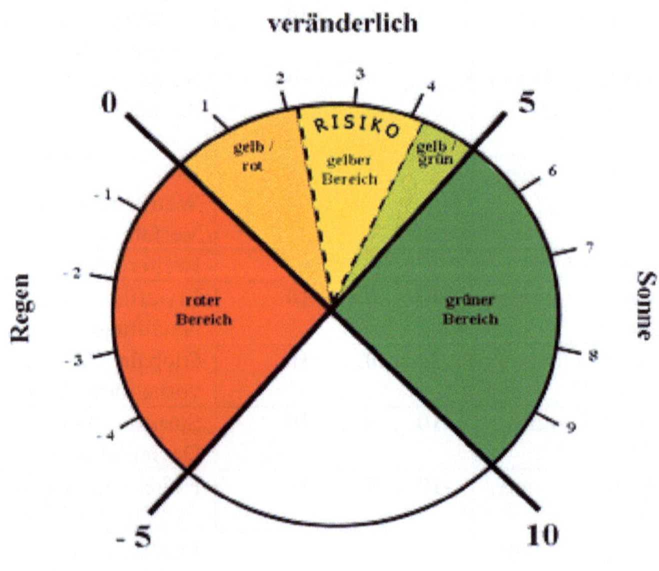

Abbildung 15.4: Innovations-„Barometer"

15.2 Beispiel für die Bewertung von Innovationshöhe und Marktattraktivität

Flüssigwaschmittel für die normale und feine Wäsche enthalten in der Rezeptur auch einen Wasseranteil. Sie werden in Plastikflaschen (Polyethylen) abgefüllt und verkauft. Wegen der Klebrigkeit an der Kappe nach dem Dosieren oder Verschließen sowie der Tropfproblematik wurden convenientere Anbietungsformen gesucht. Die Lösung bedeutete die Herstellung einer neuen „flüssigen Tablette": Wasserarme bis wasserfreie Flüssigwaschmittel im Kissen, d.h. in einer durchsichtigen, zum Kissen verschweißten, wasserlöslichen Polyvinylalkoholfolie (**Abb. 15.5**). Derartige Produkte kamen erstmals 1999 in Großbritannien auf den Markt, und zwar von den Firmen *UNILEVER* und *McBRIDE. HENKEL* entwickelte in kurzer Zeit ein vergleichbares Produkt (*PERSIL LIQUITS*).

Abbildung 15.5: Wasserfreie Flüssigwaschmittel im löslichen Pouch aus Polyvinylalkohol-Folie (verschiedene Hersteller)

Gemäß dem Innovations-„Thermometer" handelte es sich für *HENKEL* um eine Unternehmensneuheit. Das Produkt war bereits bekannt und im Markt regional verfügbar. Das Herstellverfahren, bestehend aus dem Mischen der Rezeptur und dem Abfüllen in die zu verschweißenden Folienbeutel, ist im Wesentlichen ein Standardverfahren. (Schwierig ist die Abstimmung der Rezeptur zur Einstellung einer hohen Lagerstabilität bei 30°C/80 % relative Feuchte). Nach dem „Thermometer" ergibt sich eine Einstufung gemäß B 4, also eine Innovation mit relativ geringem Potenzial.

Das Innovations-„Barometer" könnte folgende Bewertung ergeben:
(Die Ausführungen und Bewertungen stellen die alleinige Auffassung des Autors dar).

1. Produktneuheit: Produkt bekannt +2
2. Gestaltung: schöner als übliche Flüssig-Waschmittel +7

3.	Handhabung: einfacher als übliche Fl.-WM	+5
4.	Leistung: Standard	+0
5.	Entwicklungskosten: üblicher Rahmen	+5
6.	Produkt-know-how: vorhanden	+5
7.	Herstellkosten: wegen Folie hoch	- 5
8.	Starke Wettbewerber: *UNILEVER*	+4
9.	Hürden: keine Hürden gegen Wettbewerb	0
10.	Marktbreite: Produkt nicht für globalen Markt	+2
11.	Nachfrage: Spezialprodukt/Preis	- 7
12.	Vertriebswege: *HENKEL* verfügt darüber	+5
13.	Marke: *PERSIL Liquits*	+9
14.	Kundennutzen: Handhabung/Ästhetik	+3
15.	Preis/Leistung: hohe Folienkosten	- 8

Summe: **+ 27**

Auswertung: 27:15 ergibt 1.8 oder kleiner 2, liegt im gelb/roten Bereich; sehr hohes Risiko.

16. Systematik des Produktdesigns

Die Möglichkeiten der Produktgestaltungen [23] hängen vom Ausgangsmaterial, von zulässigen Zusatzstoffen und von den Spezifikationen ab. Je nach Aggregatzustand der Stoffe und Begleitsubstanzen sowie der zur Verfügung stehenden Technologien ergeben sich für das Design eine Reihe von unterschiedlichen Formen, Größen und Farben. Diese sollen im Folgenden diskutiert werden.

16.1 Ausgangsstoffe

Ausgangsmaterialien für Produktgestaltungen stellen die natürlichen und die chemischen Grundstoffe, Mischungen oder Formulierungen dar. Diese werden verschiedenen Formgebungsverfahren unterworfen, um eine für den Kunden besser handhabbare Form zu erzielen. Beispiele hierfür sind die Schwefelpastillen, Kohle als Eierkohle oder als Briketts, Mikroprills aus Ätznatron, Düngemittelgranulate, Paraffinkerzen, Duftsteine, Farbspray und pastöse Deckenfarbe, flüssige oder feste Seife und Seifenpaste sowie Papiertaschentücher. Bei den Anbietungsformen wird üblicherweise zwischen Feststoffen und Pulvern, gefüllten und schmelzbaren Feststoffen, lipophilen und hydrophilen Flüssigkeiten, Emulsionen/Mikroemulsionen und Dispersionen, Gelen und Pasten, gelösten Stoffen (amorph oder kristallisierbar) oder Suspensionen, Schäumen und Aerosolen, die alle auch in Kombination auftreten können, unterschieden. Gase spielen im Produkt-Design eine eher untergeordnete Rolle, da sie in den meisten Fällen nur als Hilfsstoffe zur Weiterverarbeitung benötigt werden. Eine Ausnahme stellt das feste, gefrorene Kohlendioxid dar, das als Trockeneisblöcke, -scheiben und -pellets angeboten wird.

Als Ausgangsmaterial für ästhetische Gestaltungen ist das Produkt selbst oder eine Vorstufe geeignet. Es existieren mehrere Formgebungsverfahren, die ohne Zusatzstoffe auskommen. Für andere sind Hilfsstoffe (Beispiel Emulsion) unabdingbare Voraussetzung. In einigen Fällen lassen sich auch speziell hergestellte Hohlkörper oder Hüllen mit festen und/oder flüssigen Stoffen bzw. Gemischen füllen.

Die Prinzipien und Technologien moderner Produktgestaltung [57] in der Chemie sollen in den folgenden Kapiteln beschrieben werden. Sie sind überwiegend abgeleitet aus Industriezweigen, in denen die ästhetische Gestaltung längst etabliert ist, wie beispielsweise in der Lebensmittel- oder Waschmittelindustrie. Aus diesen und angrenzenden Bereichen werden auch einige Beispiele vorgestellt und diskutiert. Gemäß **Tab. 16.1** lassen sich einerseits reine Feststoffe oder Flüssigkeiten, andererseits Mehrphasensysteme (f./fl., fl./fl., fl./fl./f., f./g., f./fl./g.) zur Produktgestaltung einsetzen. Die aufgeführten Ausgangsmaterialien können aber je nach Verarbeitungsstufe auch Zwischen- oder Endprodukte darstellen.

16.2 Formen und Technologien

Während der Verbraucher meist einen besonderen Effekt wünscht und kauft, z.B. den Lotus-Effekt im Badezimmer durch Beschichtung von Badewanne und Waschbecken, benötigt der direkte, weiterverarbeitende Kunde der chemischen Industrie die entsprechenden Nanopartikel. Das chemisch gleiche Material existiert in Abhängigkeit von der Funktion und Verarbeitungsstufe in verschiedenen Varianten (= Design).

Die Möglichkeiten zur Produktgestaltung sind bei Feststoffen und Feststoff-/ Flüssig- Kombinationen besonders vielfältig. Neben den drei Aggregatzuständen eindeutig zuzuordnenden Substanzen werden in **Abb. 16.1** weiterhin solche in Mischbereichen (z.B. Emulsion) oder Übergangszuständen (z.B. plastifizierte Massen; hochgefüllte Feststoffe) dargestellt.

Tabelle 16.1: Ausgangsmaterialien für Produktgestaltungen

Feststoffe	Mineralien Pflanzliche Naturstoffe Pulver Mikropulver Nanopulver Granulate/Agglomerate Stäbchen Formkörper Kristalle
Feststoffe/Flüssigkeiten	Schmelzen Plastizierbare Stoffe Suspensionen Pasten Hochgefüllte Feststoffe Dispersionen Lösungen kristallisierbare Flüssigkeiten Feststoffe mit Kristallwasser
Flüssigkeiten	lipophile Flüssigkeiten hydrophile Flüssigkeiten natürliche Flüssigkeiten Gele Emulsionen, Nano- u. Mikro-emulsion Schmelzen

Die Produktgestaltung fester Stoffe hängt von der Entstehung (Synthese), vom Formulierungs- und vom Formgebungsverfahren gemäß **Tab. 16.2** ab.

Tabelle 16.2: Verfahren zur Produktgestaltung aus verschiedenen Phasen

- aus der Flüssigphase (Kopplung von mechanischen mit thermischen Verfahren):
  - Kristallisieren und Trocknen aus organischer oder wässriger Phase;
  - Trocknen im Sprühverfahren (Sprühturm/Wirbelbett) oder in

dünnen Schichten (Dünnschichtapparat, Zentrifugal- oder Walzentrockner);
- Sprühagglomeration;
- Matrixverkapselung;
- Feststoffabtrennung über Absetzanlagen, Zentrifugen oder Filter und anschließende Trocknung;
- Pastillieren, Gießen von Schmelzen in Formen;
- Prillen (Abtropfen, Sprühen), Verschuppen;
- Versprühen mit überkritischem Kohlendioxid.

- als feuchter Feststoff (Kopplung von mechanischen mit thermischen Verfahren):
  - Mahl-/Trocknungsverfahren;
  - Trockner (Convex, Drehtrommel, Wirbelbett);
  - Formgebung (Extrudieren, Pelletieren, Dragieren, Walzenkompaktieren, Granulieren, Tablettieren);

- als trockener Feststoff (mechanische Verfahren):
  - Mahlverfahren (Prall-, Luftstrahlmühlen, Rohrstab-, Kugel-, Schüssel- und Schneidmühlen) mit Siebung/Sichtung;
  - Formgebung (Extrudieren, Pelletieren, Dragieren, Walzenkompaktieren, Granulieren, Tablettieren);
  - Oberflächenbehandlung (Coaten mit Flüssigkeiten, Abpudern mit feinen Feststoffen, Beschichtung).

- Produktgestaltung flüssiger und fester Materialien über Viskosität, Farbe und Partikel-/ bzw. Tröpfchengröße:
  - Flüssigkeiten, Gele;
  - Pasten, Suspensionen;
  - Emulsionen, Dispersionen;

- Produktgestaltung über vorportionierte Behältnisse für Einmalanwendungen:
  - Phiole (Kunststoff 0,2 bis einige ml);
  - Spritze (10 - 100 ml);
  - Feste oder flüssige Waschmittel (20 - 60 ml) im wasserlöslichen Pouch;
  - Kartusche für Dichtungsmassen mit Pumpe (für Heimwerker, auch Mehrfachanwendung möglich).

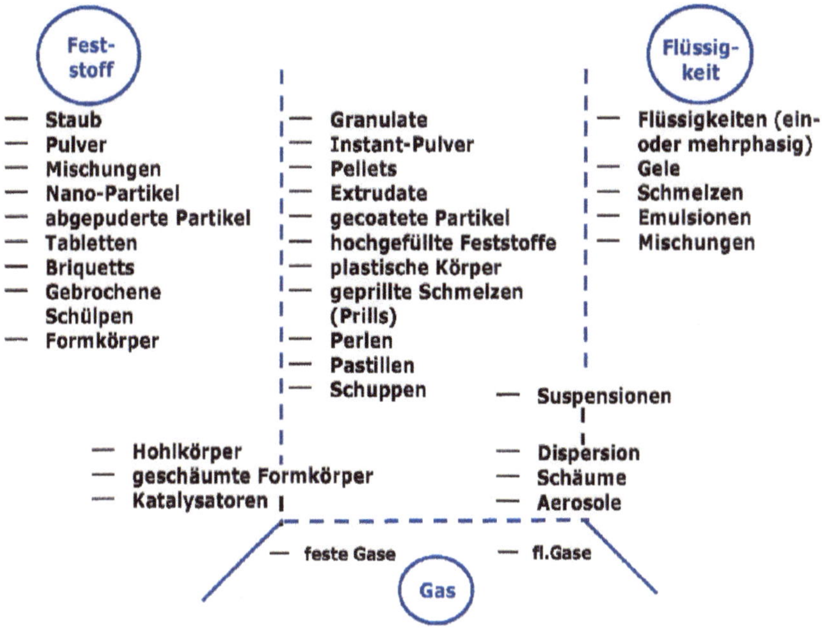

Abbildung 16.1: Geformte Substanzen

Die Behältnisse können über Thermoplast- und Thermoformverfahren, wie Blas- oder Spritzgießen von Polymeren sowie durch Tiefziehen von Folien, hergestellt werden.

Die Teilchengrößen, -verteilungen, -formen und -konzentrationen beeinflussen das Produkt-Design. Durch die Wahl der Technologie oder durch Kombinationen verschiedener Stufen unter Einsatz geeigneter Zusätze ergeben sich verschiedene Möglichkeiten der Produktgestaltung.

Das Hauptmerkmal stellt die Teilchengröße dar. Der **Abb. 16.2** sind typische Teilchengrößen für feste und flüssige Anbietungsformen zu entnehmen [58]. Je nach eingesetzter Technologie liegt das Interesse auf den Convenience- Eigenschaften und/oder auf der Ästhetik. Viele Pulver stauben oder lösen sich zu langsam, weil sie auf der Wasseroberfläche liegen ohne zu benetzen. Hier helfen einerseits chemische Zusätze und andererseits die geeignete Technologie, beispielsweise zur Instantisierung von Pulvern oder zum Sprengen einer Tablette bei Wasserzutritt.

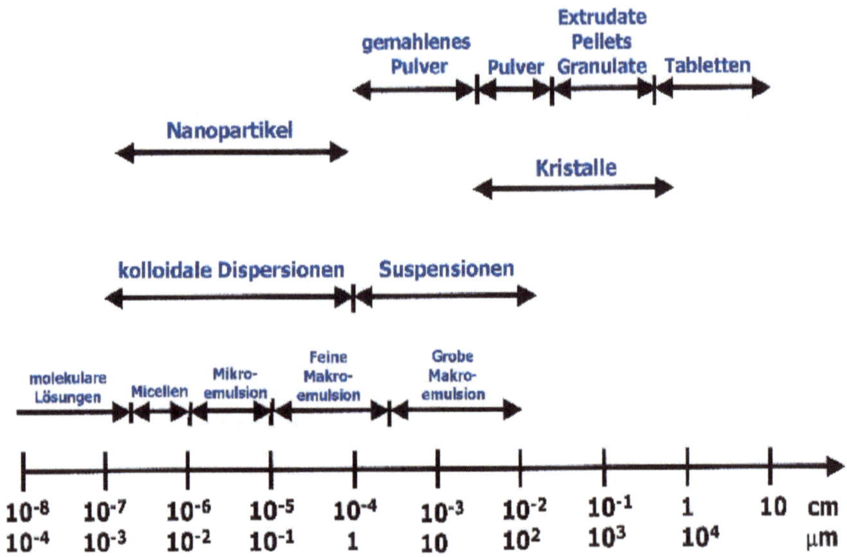

Abbildung 16.2: Teilchengrößen für feste, flüssig/feste und flüssig/flüssige Produkte

Weitere interessante Möglichkeiten einer speziellen Formgebung bieten Substanzen mit relativ niedrigen Schmelzpunkten, die üblicherweise verprillt oder verschuppt werden. Durch die Bildung einer Flüssigkeit bei erhöhten Temperaturen und Umwandlung in einen Feststoff beim Abkühlen lassen sich nicht nur interessante Mischungen herstellen, sondern auch beliebige Formen realisieren.

16.3 Feststoffe als Ausgangsmaterial

Die Möglichkeiten zur Produktgestaltung aus Pulvern beschreibt **Abb. 16.3.** Pulver einer festgelegten Korngrößenverteilung werden verschiedenen Prozessen zur Veredlung unterworfen, und zwar einerseits zur Reduzierung der Teilchengröße und andererseits zur Vereinheitlichung und/oder zur Vergröberung des Partikelhaufwerks.

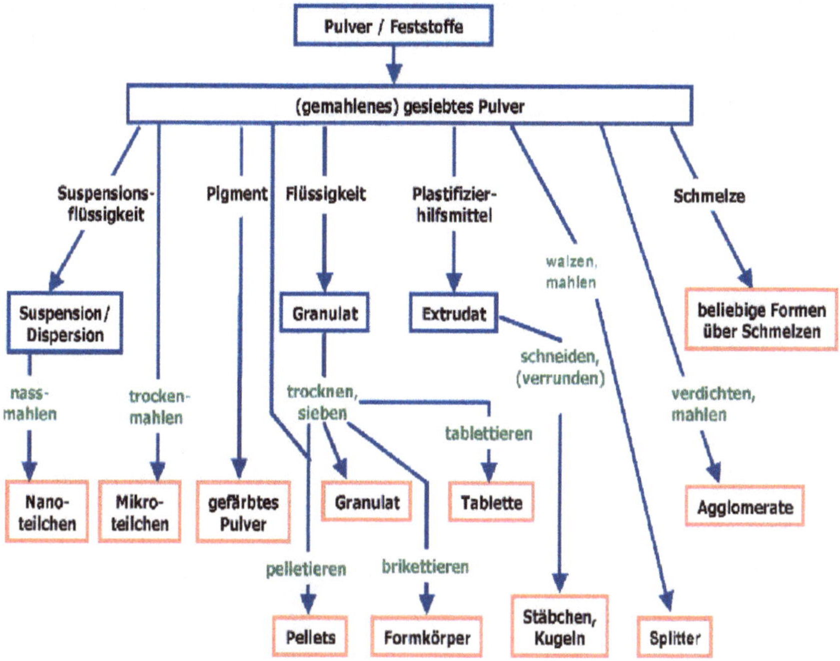

Abbildung 16.3: Produktgestaltungen aus Pulvern

Eine Variante der Herstellung von Nanoteilchen besteht in der Suspendierung des Pulvers mit anschließender Vermahlung in Rührwerkskugelmühlen. Mikroteilchen dagegen lassen sich einfacher über das Mahlen trockener oder zu trocknender Pulver (Mahltrocknung) erzeugen, wobei der einzusetzende Mühlentyp vom Material und der gewünschten Endfeinheit bestimmt wird.

Pulver können, gegebenenfalls unter Zusatz eines Hilfsstoffs, granuliert, pelletiert, brikettiert, tablettiert oder extrudiert werden. Sie lassen sich trocken zwischen Walzen kompaktieren und in Pellets, in Stränge, Nadeln, Zylinder, Tabletten oder Briketts sowie in Schülpen überführen. Die Zerkleinerung der abgenommenen Schülpen zum Endprodukt erfolgt in Mahl-/Siebkreisläufen. Zur Verbesserung der Ästhetik dient die Färbung der Partikel.

Die Extrusion als Designtechnologie benötigt zur Erzeugung plastifizierbarer Massen einige Hilfsstoffe, bestimmte Betriebstemperaturen, hohe Drucke und Scherkräfte. Diese Massen lassen sich über entsprechend geformte Werkzeuge in der Kopfplatte nahezu beliebig gestalten. Auch können hohle Körper hergestellt werden. Schnelllaufende Messer am Extruderkopf schneiden die extrudierten Stränge auf die gewünschte Länge. Einige Beispiele sind in der **Abb. 16.4** dargestellt.

Abbildung 16.4: Produkte aus Formverfahren; verschiedene, trocken aus Pulver über Walzenverfahren hergestellte Formkörper, teilweise angefärbt (Quelle: *Bepex Hosokawa*)

Abbildung 16.4 (Fortsetzung): Produkte aus Formverfahren; Formkörper aus Extrusionsverfahren unter Zusatz eines Hilfsstoffes (Quelle: *Lihotzky, SwissExtruTech*)

Typische Maschinen zur Formgebung [26] ohne Flüssigkeitszusatz sind in **Abb. 16.5** dargestellt. Der benötigte hohe Druck zur Kompaktierung wird zwischen einer Walze und einer Matrize oder zwischen zwei Walzen aufgebracht.

Die Oberfläche der Walzen ist entweder glatt oder mit formgebenden Vertiefungen versehen. Es lassen sich auch gelochte Walzen einsetzen. Hier dringt der Feststoff unter Aufbau hoher Kräfte in das Innere der Walze. Anschließend erfolgt das Abschneiden. Die Produkte werden als Pellets bezeichnet.

Ferner können der Abbildung Extrusionsmaschinen entnommen werden, die zur Plasifizierung geringe Mengen an Flüssigkeiten benötigen. Diese Gleitmittel bezeichneten Substanzen können auch als Feststoff zugegeben werden, wenn sie unter den Extrusionsbedingungen erweichen oder schmelzen.

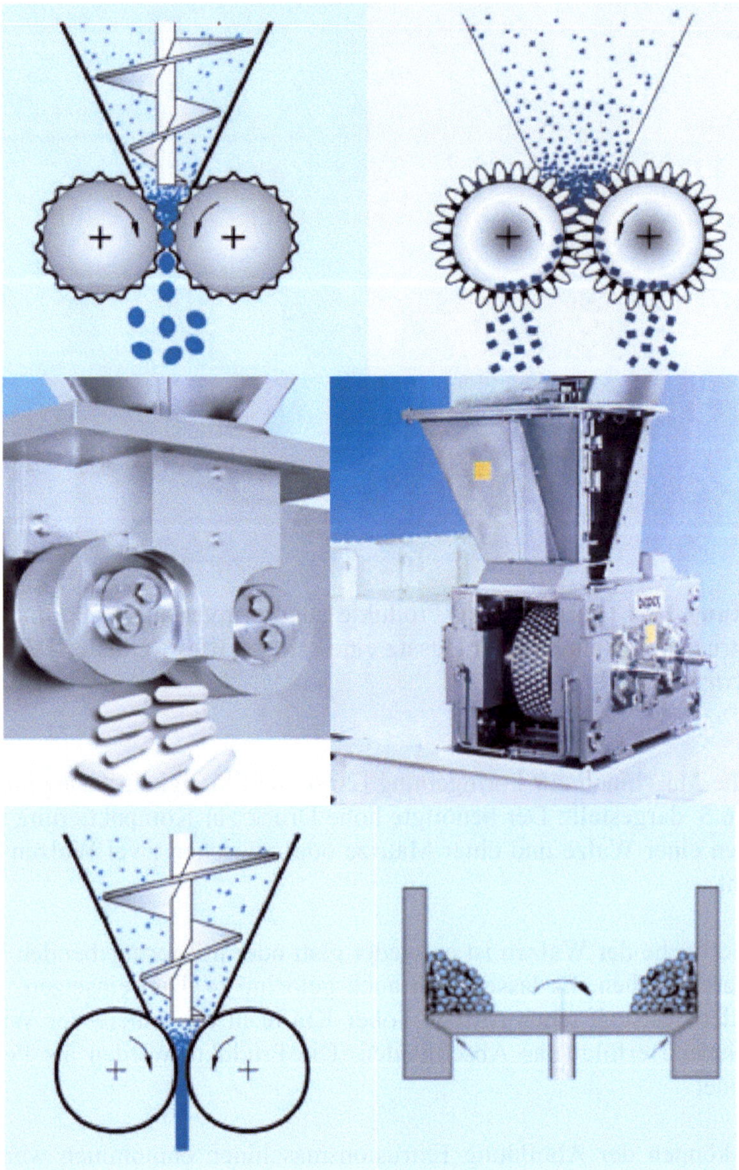

Abbildung 16.5: Verfahren zur Formgebung ohne Flüssigkeitszusatz (Quelle: *Bepex Hosokawa*)
oben: Verfahrensprinzipien des Brikettierens und des Pelletierens; Mitte: Kompaktierer mit formgebenden Walzen, unten: Verfahrensprinzipien des Glattwalzenkompaktierers und des Verrunders

a)

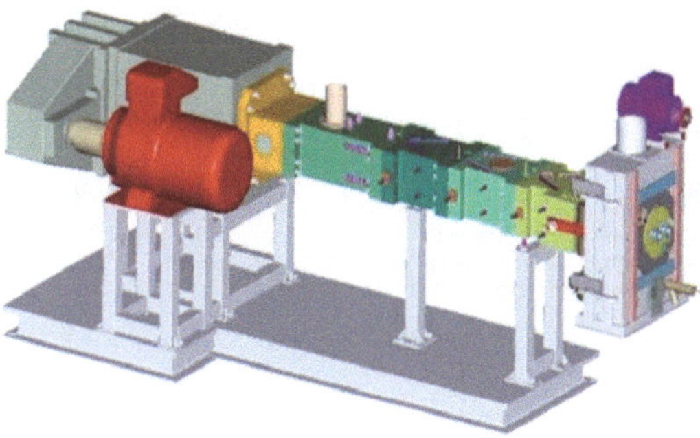

b) c)

Abbildung 16.5 (Fortsetzung)**:** Verfahren zur Formgebung mit Flüssigkeitszusatz/ Eigenfeuchtigkeit
a) Extruder mit 90 ° Umlenkkopf, Kopfplatte und Heißabschlagsvorrichtung (Quelle: Fa. *Henkel*); b) Extruder mit angeflanschter Kopfplatte (Quelle: *Lihotzky, SwissExtruTech*); c) Produkt aus dem Verrunder (Quelle: *Bepex Hosokawa*)

Ein weit verbreitetes Verfahren zur Agglomeration unter Flüssigkeitszusatz (Granulation) wird im Kap. 17 näher beschrieben, incl. der Möglichkeiten einer Verfahrensführung zur Steuerung des Produktdesigns. Die Pulver selbst oder die Produkte aus Pulvern können in nachgeschalteten

Verfahren gemäß **Abb. 16.6** in einigen Eigenschaften verbessert werden. Feine Pulver beispielsweise lagern sich nach Zugabe einer Granulationsflüssigkeit an der Granulatoberfläche an (Granulationscoating) und begünstigen die Bildung von runden Teilchen. Die erhaltenen Produkte sind im Durchmesser geringfügig größer als das Ausgangsmaterial und entstehen im Mischer unter langsamer, rollender Bewegung. Mit feinen, vom Material her geeigneten, trockenen Pulvern können auch klebrige Granulate in ihrer Rieselfähigkeit verbessert werden. Dieser Prozess wird als „Abpudern“ bezeichnet.

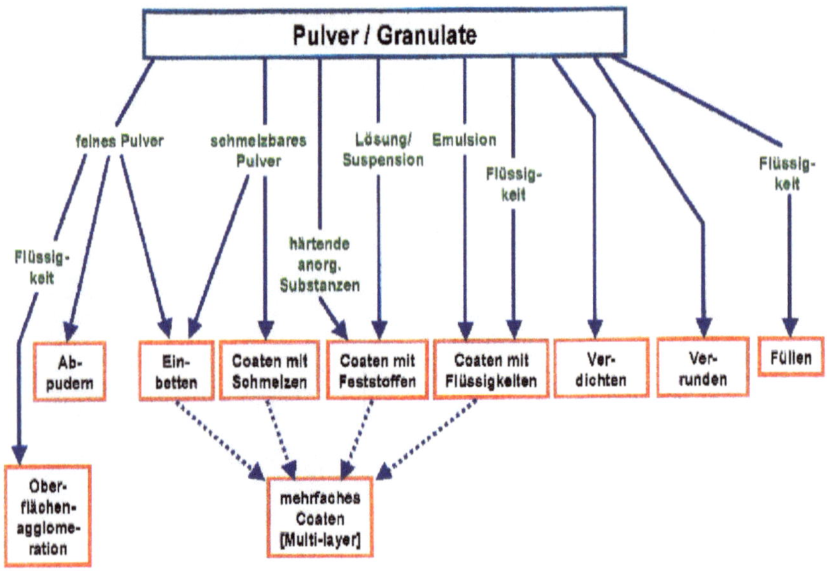

Abbildung 16.6: Oberflächenmodifizierung von Pulvern/Granulaten

Ein neueres Coatingverfahren, geeignet für harte Partikel, besteht in der Einarbeitung von feinen Feststoffen in die Oberfläche. Unter Einleitung hoher mechanischer Energie werden die Coatingpartikel in die Oberfläche eingehämmert. Die Energie wird in einer mühlenähnlichen Maschine (Mechano- Fusion im *Hybridizer*) zur Verfügung gestellt. Durch die intensive Partikel- „Verschmelzung“ an der Oberfläche entsteht gemäß **Abb. 16.7** ein interessantes Design. Mit dem Prozess lassen sich die mechanischen und chemischen Eigenschaften erheblich verändern/ verbessern.

Auch durch weniger energieintensive Verfahren können kleine Mengen an feinen Pulvern in die Oberfläche eingearbeitet werden. Die Ausführung erfolgt bevorzugt in Mischern oder in Verrundern, ferner in einer Wirbelschicht oder Mühlen. Geeignete Pulver sind durch eine hohe Flüssigkeitsaufnahme gekennzeichnet. Das Ziel ist in den meisten Fällen die Verbesserung der Rieselfähigkeit bzw. Verminderung der Adhäsion.

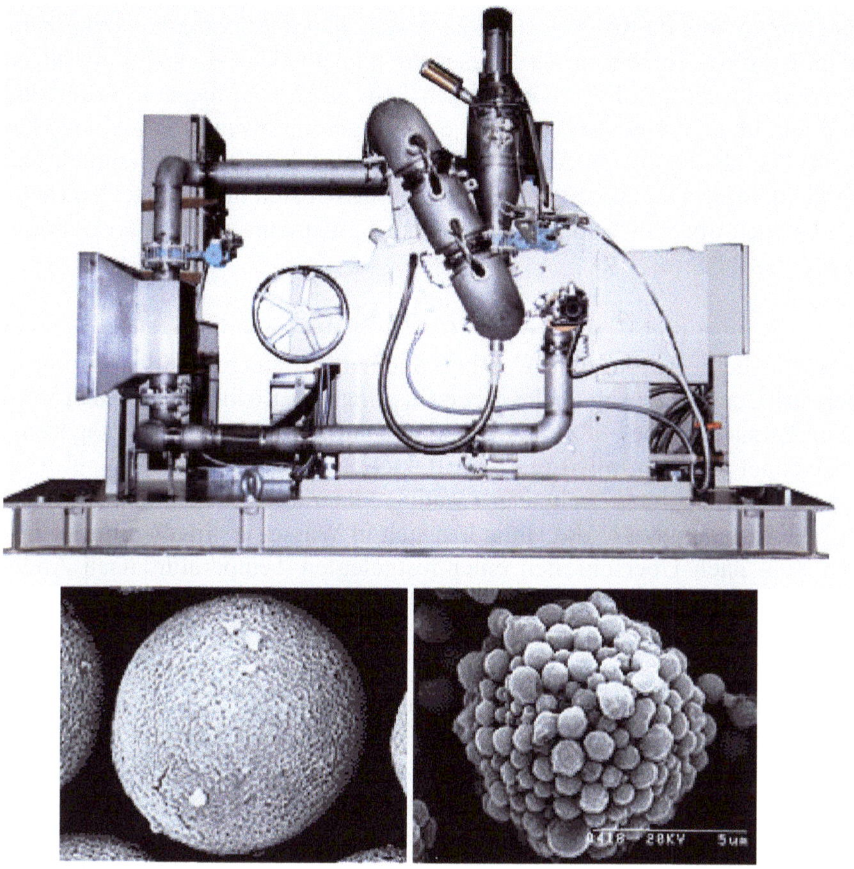

Abbildung 16.7: Hybridizer und gecoatete Partikel unter Verwendung von feinen Pulvern im Hybridizer (Quelle: *Nara Machinery*)

Neben den erwähnten Methoden zur Oberflächenmodifizierung mit feinen Partikeln existieren zahlreiche Verfahren, die mit Flüssigkeiten arbeiten. Alle Prozesse werden im weiteren Sinne als **Coating** bezeichnet. Im engeren Gebrauch meint der Begriff das Aufbringen einer festen Schutzschicht

(Polymerschicht, „Zuckerguss“) über eine Flüssigkeit, die durch das Auftrocknen einer Lösung/Suspension oder das Abkühlen einer Schmelze entsteht. Dadurch gelingt ein Schutz gegen Hautkontakt (Sicherheit) oder gegen Feuchtigkeit (Lagerstabilität) sowie die Einstellung der Löslichkeit.

Das Überziehen von festen Formkörpern ist in der Lebensmittelindustrie gebräuchlich. Neben der Schutzfunktion/ Stabilität spielt der Geschmack eine entscheidende Rolle. Am bekanntesten sind die Schokoladenüberzüge beim Konfekt. Technisch wird dieser Prozess auf flüssigkeitsdurchlässigen Bändern ausgeführt. Die zu coatenden Teile liegen auf diesem Förderband und durchlaufen einen „Vorhang“, der aus geschmolzener Schokolade besteht. Die überschüssige Schokolade wird unter dem Band gesammelt und zurückgeführt. Die überzogenen Teilchen lassen sich mit Feststoffen (Nüsse) belegen oder mit anderen Schmelzen (Ornamente aus weißer Schokolade) verschönern.

Alle Aussagen und Verfahren zum Coaten in der Chemie beziehen sich auf wasserlösliche Partikel und Coatingschichten. In einigen Fällen erfolgt über das Coating eine gezielte Beeinflussung der Löslichkeit. Dabei wird über Versuche eine auf den Anwendungsfall hin optimierte Verzögerung, bezeichnet als „controlled release-Effekt“, ermittelt. Durch die Wahl bzw. gezielte Entwicklung geeigneter Coating-Materialien lassen sich Schaltereffekte realisieren, d.h. die Hülle löst sich in Wasser erst nach einer gewissen Zeit, nach Überschreiten einer festgelegten Temperatur, nach Änderung des pH-Wertes, der Ionenstärke oder nach Einwirken von mechanischen Kräften auf.

Das Coaten erfolgt nach sechs Grundvarianten:

- Oberflächenmodifizierungen mit feingemahlenen Pulvern durch Abpudern in Mischern bzw. in Verrundern
- oder durch trockenes Einarbeiten in die Oberfläche (Mechano- Fusion)
- oder durch Angranulieren mit Hilfe einer geeigneten Flüssigkeit („Granulationscoating“).
- Coaten mit Schmelzen (Filmcoating)/Schmelzsuspensionen.
- Coaten mit anorganischen und/oder organischen Lösungen/Suspensionen, die nach dem Trocknen fest sind (Abb. 16.9).
- Coaten mit Lösungen und/oder Emulsionen, die flüssig an der Oberfläche adsorbiert bleiben.
- Kombination von zwei Varianten, wobei als zweiter Schritt häufig die Abpuderung durchgeführt wird.

Für den Coatingprozess existieren gemäß **Abb. 16.8** eine Reihe von diskontinuierlichen und von kontinuierlichen Verfahren [41], wobei sich Wirbelschichtapparate als „Top-Sprayer“ und mit Wurster-Rohr als “Bottom - Sprayer“ bewährt haben.

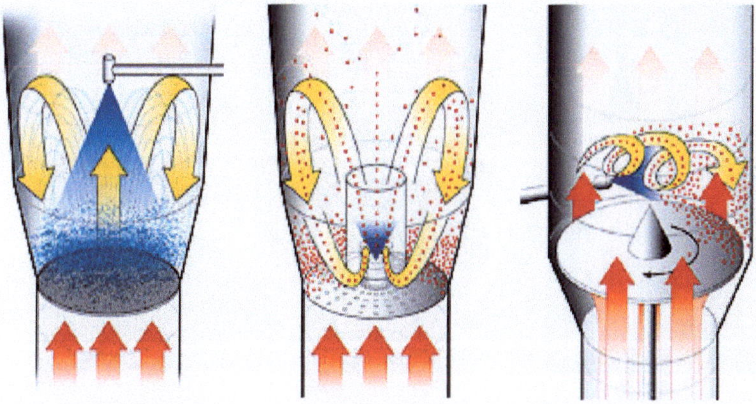

Abbildung 16.8: Coating- batch- Verfahren (Quelle: Fa. *Glatt*)

Ein gutes Coating zeichnet sich durch eine hohe Gleichmäßigkeit der Schicht aus, die allerdings fest haften muss und eine gewisse Elastizität aufweisen sollte, damit sie bei mechanischer Beanspruchung nicht gleich abplatzt. Drei praktische Beispiele sind als REM- Aufnahmen in **Abb. 16.9** dargestellt, und zwar in Harz (Epon) eingebettete, angeschnittene Teilchen (obere Bilder), die mit der energiedispersiven Röntgenmikroanalyse (EDX, untere Bilder) untersucht wurden.

Bei den Proben handelt es sich um Natriumpercarbonat mit einem anorganischen Coating, bestehend aus Na-Carbonat/ sulfat, um ein Proteaseteilchen mit einer Polymer-/Titandioxidschicht sowie um Citronensäurepartikel, die mit einer Fettsäure umhüllt wurden. Die Schicht sollte mit dem Grundmaterial nicht reagieren können und durch Einarbeitung geeigneter Substanzen eine Reihe von Zusatzfunktionen übernehmen, beispielsweise lassen sich Pigmente, Oxidationsstabilisatoren oder Sprengmittel einbauen.

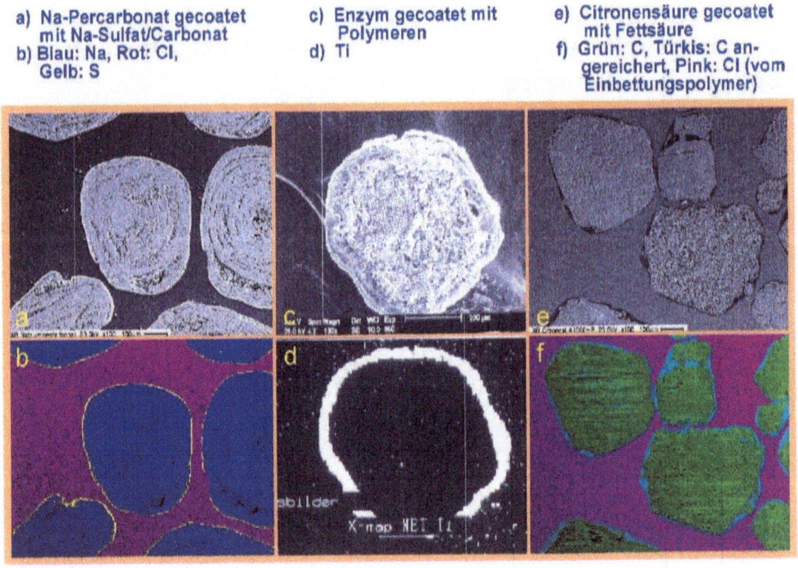

Abbildung 16.9: Gecoatete Partikel; Coatingschicht hergestellt unter Verwendung einer Salzlösung a, b); Polymersuspension c, d); Schmelze e, f)

Zur Erzielung eines optimalen Ergebnisses müssen einerseits die Technologie und andererseits die Betriebsbedingungen an die speziellen Anforderungen der Coatinglösung und der Partikel angepasst werden, damit die Vorgänge des Versprühens, Auftreffen der Tröpfchen auf die Partikeloberfläche, Spreitung und Trocknung in der richtigen Reihenfolge ablaufen. Unerwünschte Nebenprozesse sind das Sprühtrocknen und das Mitreißen der Coatinglösung sowie die Agglomeration der Partikel in der Wirbelschicht.

Als Coatingmaterial werden üblicherweise organische Polymere verwendet. In letzter Zeit bevorzugen einige Hersteller von anspruchvollen oder empfindlichen Produkten (z.B. Enzyme, Percarbonat) anorganische Materialien für das sichere Einschließen von Partikeln. In einigen Fällen werden mehrere, unterschiedlich aufgebaute Schichten aufgebracht.

Damit existieren für das Aufbringen einer wasserlöslichen Coatingschicht folgende Möglichkeiten:

- Einsatz einer (gefärbten) Coatinglösung
  - Salzlösungen
  - Zuckerlösungen
  - Polymerlösungen

- Einsatz einer Lösung mit suspendierten Feststoffen
  - Pigmente
  - Glimmer
  - Übersättigte Lösungen

- Nutzung einer (Nano-) Emulsion
  - Öle, insbesondere Silikonöl, gegebenenfalls in Abmischung mit Polymere
  - Fettalkohole, Fettsäuren, usw.

- Einsatz von Schmelzen
  - Polymere
  - Zucker
  - Fettsäuren, Fettalkohole
  - Einsatz von unter Betriebsbedingungen schmelzenden Feststoffen

- Einarbeitung von gemahlenen anorganischen oder organischen Feststoffen.

Das Schützen der Partikeloberfläche mit einer inerten Coatingschicht erhöht gemäß **Tab. 16.3** nicht nur die Lagerstabilität und die Produktsicherheit, sondern ermöglicht auch eine Modifizierung der Partikeloberfläche (hydrophil/hydrophob).

Für die Erfüllung der Kundenwünsche stehen also durch die Kombination des eigentlichen Herstellprozesses mit nachgeschalteten Verfahren maßgeschneiderte Lösungen zur Verfügung. Die Entscheidung über den Einsatz einer weiteren Stufe zur Produktoptimierung hängt nicht nur von den Fertigungskosten ab, sondern auch von der Rezeptur und von den zu erwartenden Markterfolgen. Die technische Machbarkeit der Nachbehandlung ist stets an Einzelfällen nachzuweisen.

In der Feststofftechnologie stellt die Granulation [59] eine Schlüsseltechnologie dar. Der Kunde möchte nämlich in vielen Fällen keine Pulver einsetzen, weil Pulver häufig klumpen, sich schlecht auflösen und auf der Wasseroberfläche liegen bleiben, weil sie nicht benetzen.

Tabelle 16.3: Aufgaben einer Coatingschicht

O	Verhinderung chemischer Reaktionen mit benachbarten Teilchen oder Wasser (Lagerstabilität)
O	Ausschluss eines direkten Hautkontaktes
O	Vermeidung von (lungengängigem) Abrieb
O	Verbesserung der Aesthetics-Oberflächeneigenschaften, Farbe und Sphärizität
O	Erhöhung der mechanischen Stabilität
O	Verwirklichung eines controlled release-/Schalter-Effektes

Auch neigen Pulver dazu, beim Verarbeiten zu stauben. Sie fließen unregelmäßig (stocken oder schießen), wodurch die Silierung sowie eine genaue Dosierung erschwert werden. In Mischungen mit Granulaten segregiert das feinere Pulver, so dass sich keine qualitätsgerechte Tablettierung durchführen lässt. Ferner ist in einigen Fällen ein Verbacken von Pulvern unter Druck nach Feuchtigkeitsaufnahme zu beobachten. Dadurch werden für die Lagerung bzw. Silierung der Pulver sowie für den Transport in Großgebinden (big bags) Zusatzmaßnahmen erforderlich.

All diese Probleme lassen sich durch eine auf die Problemstellung ausgerichtete Granulation/Instantisierung lösen. Daher spielen die Verfahren zur Agglomeration insbesondere in der **Pharmazie**, in der **Lebensmittel-** und in der **Waschmittelindustrie** eine wichtige Rolle. Granulate können je nach Oberflächenmodifizierung zum einen maßgeschneiderte Endprodukte, zum anderen wichtige Ausgangsmaterialien beispielsweise zum Tablettieren sein.

Mittels eines geeigneten Granulationsverfahrens lassen sich die vom Kunden gewünschten Produkteigenschaften einstellen. Es existieren zahlreiche Varianten zur Granulation, wobei die Qualität der Granulate entscheidend sowohl von der Verschaltung der Maschinen und Apparate (unit operations, [47]; Kap. 17.3) als auch von der eingesetzten Granulationsflüssigkeit abhängen. Des Weiteren beeinflussen die Betriebsbedingungen das Ergebnis wesentlich. Zur Verdeutlichungen dieser Zusammenhänge ist ein auf die Granulatqualität ausgerichteter Verfahrensablauf mit den notwendigen Kreislaufströmen in **Abb. 16.10** als Verfahrensfließbild dargestellt. Weiterführende Erläuterungen folgen im Kap. 17.2, insbesondere Hinweise zur Führung von Kreislaufströmen.

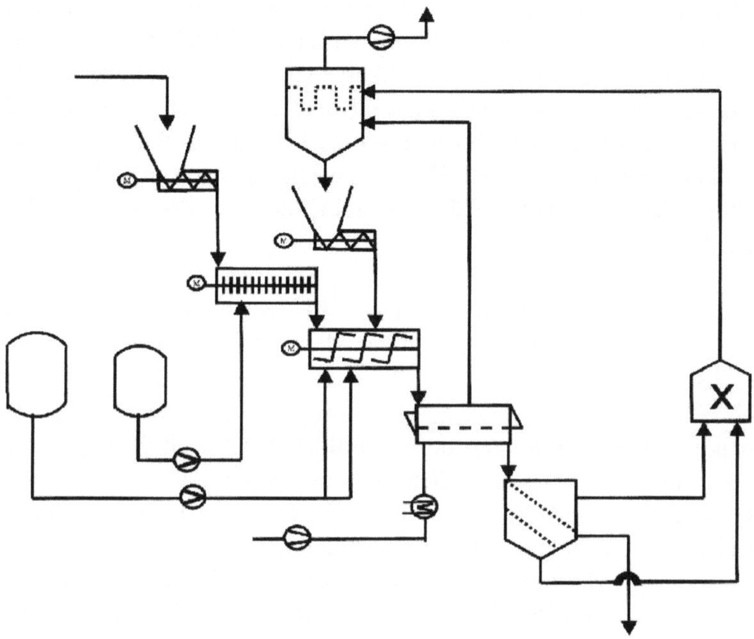

Abbildung 16.10: Verfahrensfließbild für eine kontinuierliche Granulation
(Hauptstrom von links oben nach rechts unten): Feststoffvorlage mit Dosierschnecke, schnelllaufender Mischer für Vergleichmäßigung / Flüssigkeitszugabe, Granulationsmischer, Wirbelschichttrockner / Kühler, Sieb.

Die Kreislaufmengen sowie die Kreislaufführung und die Partikelgrößenverteilungen in den einzelnen Strömen beeinflussen entscheidend die Produktqualität. Für eine ästhetische Qualität der Granulate sollte das Feinkorn abgesiebt und weiter heruntergemahlen werden, damit es gut an der Oberfläche der Granulate haften kann. Auch ein vorsichtig gemahlenes Grobgut darf nicht direkt auf das Sieb gegeben werden, weil sonst neben den Granulaten unregelmäßig gebrochene Teilchen den optischen Eindruck einer relativ einheitlichen Verteilung weitgehend runder Teilchen stören. Stattdessen sollte eine scharfe Mahlung erfolgen [58]. Das zurückgeführte feine Mahlprodukt wird mittels der Granulationsflüssigkeit unter rollenden Bewegungen so an die vorgelegten Partikel angeklebt, dass sich ihre Rundheit, gemessen über den Formfaktor [60], erhöht.

Bei kontinuierlichen Granulationsanlagen werden oft zwei Mischer hintereinander geschaltet, wobei im langsam laufenden Mischer die eigentliche Granulation erfolgt. Der aus dem Fließbetttrockner ausgetragene Staub und die Feinanteile sollten zur Verbesserung der Ästhetik nicht dem Produkt zugegeben, sondern in die Granulation zurückgeführt werden. Dies geschieht über eine Vorlage mit Dosiereinrichtung nach Abscheidung im Staubfilter, wie in der Abb. 16.8 dargestellt, oder im Mischer 1 direkt vor der Granulation.

Die Einstellung der Produktästhetik durch die unterschiedliche Prozessführung sowie durch den Einsatz geeigneter Maschinen und Apparate wird im Kap. 17 diskutiert.

Die Partikelgrößenverteilungen der Granulate lassen sich über die Größen von Primärkorn, Feinkorn und Rückgut beeinflussen und liegen in Abhängigkeit von der Prozessführung geringfügig über den Primärpartikeln bis hin zu einem Mehrfachen der Ausgangsteilchen. Neben der chemischen Zusammensetzung der Granulationsflüssigkeit sind die wesentlichen Stellgrößen zum einen Sprühbedingungen und Menge an Flüssigkeit und zum anderen Mischertyp und Mischerbetriebsbedingungen sowie Granulationszeit. Ferner bestimmt die Rückführung der Grob- und Feinanteile mit oder ohne Mahlung sowie die Schärfe der Aussiebung entscheidend die Verteilung.

In **Tab. 16.4** sind einige Granulationsflüssigkeiten aufgeführt, wobei eine Mindest-Viskosität bei Flüssigkeiten nicht unterschritten werden sollte. Bei zu geringer Viskosität wird das Wasser zu schnell aufgesogen und steht dann nicht an der Partikeloberfläche für die Ausbildung von Flüssigkeitsbrücken zur Verfügung. Eine obere Viskositätsgrenze beim Aufsprühen ist durch die Versprühbarkeit in den Zweistoffdüsen gegeben. Für die Flüssigkeitsaufgabe ohne ein Versprühen haben sich Schäume [76] wegen ihrer einfachen und gleichmäßigen Verteilung auf den Pulvern bewährt. Durch das Begasen der Granulationsflüssigkeit stellt sich die gewünschte hohe Viskosität ein. Der Schaum wird einfach auf das Feststoffbett gedrückt; er verteilt sich schnell und gleichmäßig im Mischer.

Die Granulationsflüssigkeiten sind überwiegend wässrige Lösungen von Polymeren oder von klebrigen Stoffen (Beispiel: Glukose). Nach der Granulation erfolgt die Entfernung des eingebrachten Wassers in einem Wirbelschicht-Trockner. Es ist aber auch möglich, mit so geringen Mengen an Wasser zu arbeiten, dass der Trocknungsschritt entfallen kann. Völlig wasserfreie Granulationen arbeiten mit Schmelzen (Beispiele: Paraffin, Polyethylenglykol, Fettsäuren, ethoxylierte Fettalkohole) in Mehrstoffdüsen mit beheizter Sprüh- und Konditionierluft (Mikroklima). Hierbei ist wichtig, dass die Granulation schneller abläuft als das Erstarren der Schmelze. Darum stellt die Temperatur der Wirbelluft und damit auch der Partikel eine wichtige Steuergröße dar.

Tabelle 16.4: Beispiele für Granulationsflüssigkeiten/ Flüssigkeitsgemische in der Chemie

einphasig	wässrig	• (Wasser) • Salze • Wasserglas • Alkylpolyglykoside • Kohlenhydrate (Saccharide) • Natürliche und synthetische Polymere (Celluloseether, Stärke, PEG, PVAL) • Biopolymere (Xanthan)
	wasserarm	• wasserhaltige org. Lösungsmittel mit gequollenen Polymeren
	wasserfrei	• Schmelzen • Zwei- / dreiwertige Alkohole
mehrphasig	wässrig	• Öl / Polymer/Wasser-Emulsion • Tensidgemisch / Luft • Niotensid / Polymerlösung
	wasserfrei	• Feststoffhaltige Schmelzen • Polymer/Lösungsmittel

Auch auf Basis nachwachsender Rohstoffe gibt es interessante Beispiele für eine variantenreiche Produktgestaltung. Bei der **Papierherstellung** werden durch unterschiedliche Zusätze von Chemikalien und Mengen von

Recyclingpapier die Eigenschaften des Papiers über einen sehr weiten Bereich eingestellt bzw. total verändert. Zum einen existieren Qualitäten mit hohen Saugvermögen, wie Lösch- und Filterpapier, Kosmetik- und Haushalts- sowie Hygienepapiere. Zum anderen werden durch verschiedenartige Leime und Füllstoffe die Saugfähigkeit herabgesetzt und die Dichte, Glätte, Bedruckbarkeit, Opazität sowie die Farbe gemäß den Kundenanforderungen eingestellt. Auch lassen sich durch Zusätze die Trocken- sowie die Nassreißfestigkeit beeinflussen. Papiere werden durch das Streichen, Imprägnieren, Kaschieren und Beschichten veredelt [61]. So gibt es die unterschiedlichsten Schreib-, Zeitungs- und Buchpapiere sowie hochglänzende Prospekte und Plakate, Pack- und Geschenkpapier.

Besonders interessant sind Produkte, die neben einem Produktdesign auch vom Molekül her auf den Anwendungsfall zugeschnitten sind (Product-Engineering). Ein Beispiel hierfür stellen die Celluloseether dar. Durch die Wahl eines oder mehrerer Veretherungsmittel (Methyl- und Ethylchlorid, Ethylen-, Propylen- und Butylenoxid sowie Monochloressigsäure) können gezielt Substitutionsgrade und damit die Produkteigenschaften auf molekularer Ebene eingestellt werden. Es gibt gut bis mäßig wasserlösliche und total unlösliche Produkte. Flockungspunkte, Lösungsviskositäten und Filmbildungseigenschaften sind über weite Bereiche variabel.

Die Produkte werden beispielsweise in der Bauindustrie als Mikropulver zur raschen Wasserbindung und im Haushalt zum Ankleben der Tapeten als Pulver, auch in Abmischung mit Polymeren, bzw. als Fein- oder Grobgranulate eingesetzt. Die Qualitäten unterscheiden sich äußerlich in ihrer Korngrößenverteilung, im Schüttgewicht und im Fließverhalten.

16.4 Schmelzbare Feststoffe

Feststoffe, die sich bei relativ niedrigen Temperaturen ohne Zersetzung schmelzen lassen, ermöglichen eine einfache Herstellung nahezu aller denkbaren Formkörper inkl. Verzierungen und Schriftzüge über Form- und Gießtechnologien.

Meist müssen zur Verbesserung der Entformbarkeit einige Zuschlagstoffe eingearbeitet werden, so dass der Körper entweder aus einer Substanz ohne bzw. mit Zuschlagstoffen oder aus Mischungen mit anderen schmelzbaren Stoffen oder mit dispergierten Flüssigkeiten, mit Feststoffen oder Gasen besteht. In **Abb. 16.11** sind einige Möglichkeiten zur Formgebung reiner Stoffe dargestellt.

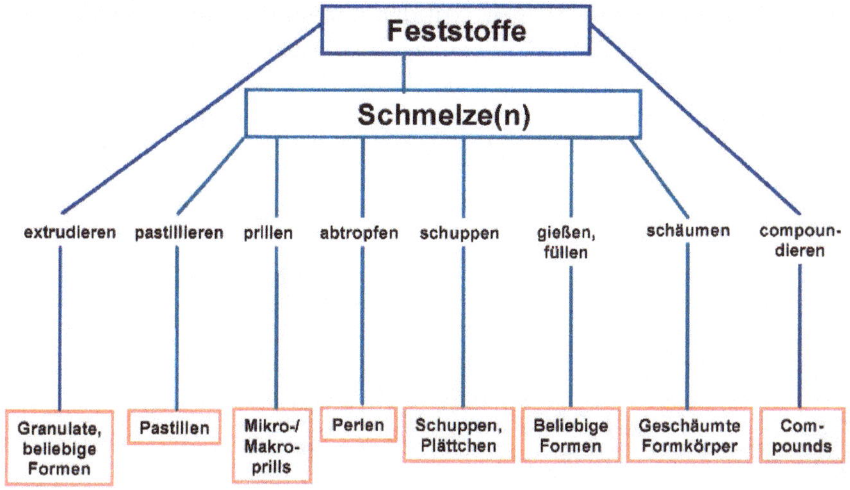

Abbildung 16.11: Formkörper aus schmelzbaren Feststoffen

Für das Aufschmelzen von Feststoffen, insbesondere von Mischungen aus Polymergranulaten, haben sich Doppelschneckenextruder [62] bewährt. Durch Öffnungen in der Kopfplatte, über nachgeschaltete Walzen oder befüllbare Formen können vielfältige Produktideen im Partikelgrößenbereich von unter 1 mm bis hin zu Formkörpern von etwa einem Meter und mehr realisiert werden. Angefangen von der Granulation, über die Folienherstellung mit der anschließenden Weiterverarbeitung in Tiefziehanlagen [63] bis hin zum Blasen von Hohlkörpern und dem Ziehen von Fasern reicht die Variationsbreite dieser Technologie, die sich im Bereich der **Kunststoffverarbeitung** als Stand der Technik etabliert hat, aber auch in anderen Gebieten, wie beispielsweise der Herstellung von Waschmitteln oder Katalysatorträgern, eingesetzt wird.

Die Kunststoffindustrie praktiziert ein weit reichendes simultanes Engineering und Design von Produkten. Die gewünschten Eigenschaften werden über die Polymerisationsgrade, über den Zusatz von Co-polymeren und von Zuschlagstoffen sowie über die Betriebsbedingungen eingestellt. Aus einer Polymerschmelze lassen sich beliebige Formkörper, beispielsweise Fensterrahmen oder Stoßstangen, herstellen.

Andere, häufig in der **chemischen Industrie** anzutreffende Verfahren beruhen auf dem gezielten Erstarren von Schmelzen auf gekühlten Walzen oder Metallbändern. Auf den Walzen werden über Schaber zur Produktabnahme Schülpen erzeugt, die in dieser Form oder nach vorsichtiger Mahlung in Schuppenform vorliegen. Mit den horizontalen Metallbändern gemäß **Abb. 16.12**, die als Pastillieranlagen bezeichnet werden, lassen sich verschiedenartige Produktformen herstellen. Die Aufgabe der Schmelze über Düsen oder Walzen (*Rotoformer*) bzw. als Schicht durch Überlauf einer Wanne bestimmt die Produktgestaltung; die Geometrie der Aufgabevorrichtung entscheidet die Größe.

Abbildung 16.12: Pastillieranlagen (Quelle: *Sandvik*)

Neben den bekannten Pastillen können Mikropastillen (siehe Kap. 8) hergestellt werden, die bei Fettsäuren und Fettalkoholen allmählich die geprillten Pulver ablösen. Beim Prillen werden die Schmelzen in einem Sprühturm versprüht und im Gegenstrom kalte Luft geführt. Es entstehen feine, meist aber staubige Pulver. Bei Schmelzen, die nur langsam erstarren, kann mit „Superkühlung“ oder mit zwei Metallbändern, wie in **Abb. 16.13** dargestellt, gearbeitet werden.

Neben den Pastillen und Mikropastillen lassen sich im einfachsten Fall Schuppen und Streifen aus der erstarrten Schmelze gewinnen. Einige Produktbeispiele können der **Abb. 16.14** entnommen werden. Daneben gibt es eine Reihe von Anwendungsfällen in der Lebensmittelindustrie, wie Pastillenschokolade, das Überziehen von Süßigkeiten sowie das Trocknen von Obst und Gemüse (**Abb. 16.14** Fortsetzung).

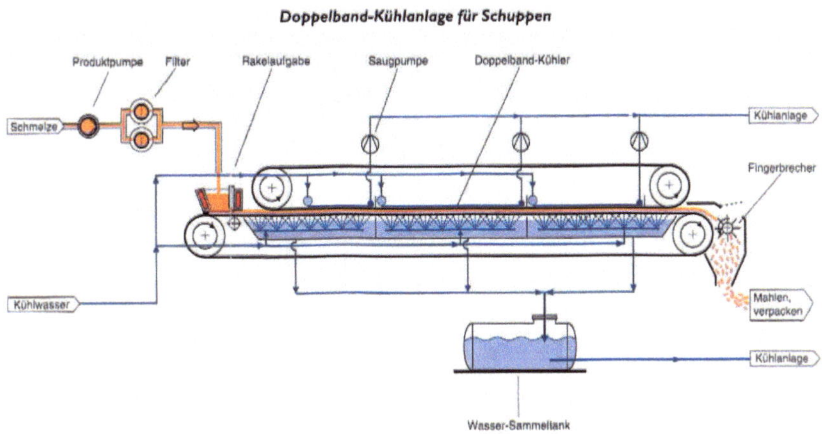

Abbildung 16.13: Doppelbandkühler für Schuppen (Quelle: *Sandvik*)

Abbildung 16.14: Produktbeispiele: Pastillen, Mikropastillen, Schuppen und Streifen

In angepassten Stahlbandanlagen besteht die Möglichkeit, folgende Operationen auszuführen: Kühlen, Trocknen, Verfestigen, Gefrieren, Entwässern, Entgasen und Belüften. Die letzten drei Prozesse werden überwiegend in der Lebensmittelindustrie (Entwässerung von Kartoffeln oder Tomaten) eingesetzt.

Abbildung 16.14 (Fortsetzung): Produktbeispiele (Quelle: *Sandvik*); oben: Schokoladenpastillen; Coaten von Süßigkeiten; unten: Trocknung von geschnittenen Zwiebeln, Kartoffeln und von Tomaten

Alternativ zum Prillen kann das Abtropfen eingesetzt werden. Über Abtropfanlagen lassen sich sehr schöne kugelförmige Teilchen herstellen, die eine weitgehend einheitliche Partikelgrößenverteilung aufweisen und nicht stauben. Diese Technologie könnte in der Zukunft das Schuppen und das Prillen von Schmelzen ablösen, weil Schuppen schlecht dosierbar sind und geprillte Pulver zum Stauben neigen.

Schmelzbare Substanzen ermöglichen nicht nur Überzüge, sondern auch die Herstellung von befüllbaren Hohlkörpern. Diese können direkt nach der Ausformung in noch heißem Zustand gefüllt werden (blow and fill-Technologie). Einige der aus einer Vielzahl von möglichen Schmelzen hergestellten Formen sind in **Tab. 16.5** angegeben.

Für Membranfilter können feine Filme, für künstlichen Marmor dicke Schichten gegossen werden. Das Coaten von vielen Produkten erfolgt durch einen Filmüberzug. Schichten lassen sich bei Faserverbundwerkstoffen formen, Laminierungen bei Isolationsmaterial in Sandwich- Form aufbringen, wie in **Abb. 16.15** gezeigt.

Tabelle 16.5: Beispiele für geformte Produkte aus Schmelzen in der chemischen Industrie

Substanz	Produktform	Technologie
Harnstoff	Pulver Pastillen	Prillturm Pastillieranlage
Fettsäure/Fettalkohol/ Fettamine/ Seifen/ Stearate	Pulver/Nadeln/Pellets Granulate/Kügelchen Schuppen Mikropastillen	Prillturm/Presse/Pellet-presse Abtropfanlage Schuppwalze Pastillieranlage
Polyvinylalkohol	Granulate Folie Formkörper Flasche	Extrusion Gießen, Extrusion Spritzguss Blas-Extrusion
Maleinsäureanhydrid	Pastillen	Pastillierband
Monochloressigsäure	Pastillen	Pastillierband
Decandicarbonsäure	Hohlkugel	Schleudern
Paraffine	Kerzen	Presse
Polyvinylchlorid	Rohre	Extrusion
Polyester	Fasern, Filme, Magnetbänder, Apparateteile	Extrusion Spritzguss
Polypropylen	Profile	Extrusion
Schwefel	Pastillen	Pastillieranlage
Wasserglas	Stückglas	Gießen/Brechen
Glas	Bechergläser, Behälter, Rohre, Anlagen	Gießen
Gold	Barren, Taler, Schmuck	Gießen

Abbildung 16.15: Beispiele für das Film- und Schichtgießen, Schichtformen sowie für die Laminierung (Quelle: *Sandvik*)

16.5 Flüssigkeiten als Ausgangsmaterial

Flüssigkeiten lassen sich physikalisch verändern, und zwar über die Operationen Mischen, Emulgieren, Verfestigen, Gefrieren, Gießen, Verkapseln, Begasen, Verschäumen, Versprühen, Verdampfen, Ad- und Absorbieren. Sie können auch chemisch verändert werden, beispielsweise durch Einlagerung in Feststoffe (Harnstoff, Zeolith), durch Reaktion mit dem Grundmaterial (Natriumperborat, Percarbonat) oder durch Binden an Feststoffoberflächen (Calciumchlorid, Soda). Durch diese Maßnahmen verändern sich die Flüssigkeiten in ihrer Reinheit, Dichte und Viskosität sowie in ihrem Brechungsindex. In einigen Fällen bilden sich zwei bzw. mehrere Phasen aus.

In den **Abb. 16.16 und 16.17** sind einige Möglichkeiten der Gestaltung aufgeführt, wobei zwischen hydrophoben Flüssigkeiten, die mit Wasser zwei Phasen bilden, und hydrophilen, unbegrenzt mit Wasser mischbaren Flüssigkeiten unterschieden wurde. Es existiert ein breiter Bereich dazwischen.

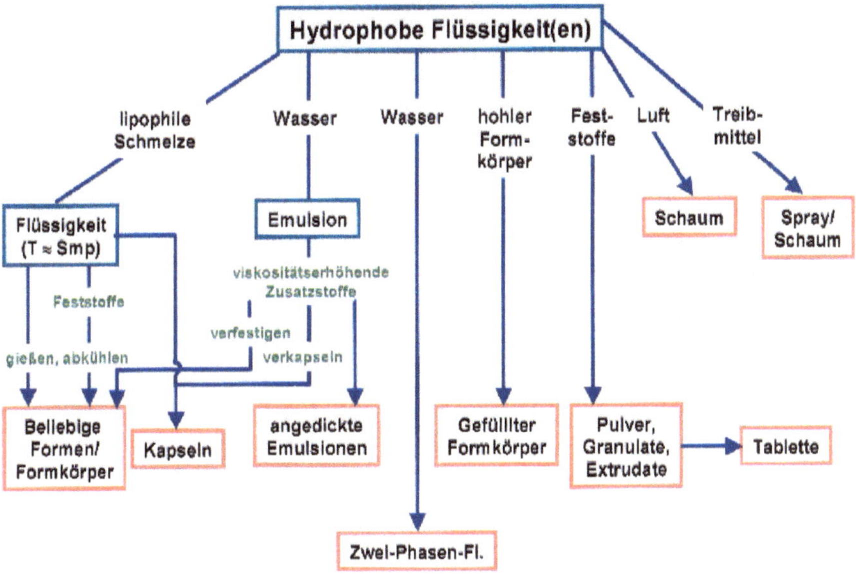

Abbildung 16.16: Gestaltungsmöglichkeiten hydrophober Flüssigkeiten

Das **h**ydrophile/ **l**ipophile Gleichgewicht (**b**alance), charakterisiert durch den sogenannten HLB-Wert, stellt ein übliches Ordnungsprinzip für Emulgatoren dar. Flüssigkeiten im Übergangsbereich können nach ihrem Löslichkeitsverhalten in Wasser zugeordnet werden. Einige der beschriebenen Varianten gelten für alle flüssigen Systeme, sind aber nur einmal erwähnt, um Wiederholungen zu vermeiden und die Abbildungen übersichtlicher zu gestalten (Beispiel: Spray).

Lipophile Flüssigkeiten lassen sich durch Zugabe von Tensiden und Verdickungsmitteln in eine hydrophile Flüssigkeit (o/w- bzw. w/o-Emulsion bei Wassertröpfchen) emulgieren. Die Tröpfchengrößenverteilung sowie der maximale Gehalt an lipophiler Flüssigkeit (z.B. Öl) hängen zum einen von der Chemie und zum anderen von der eingesetzten Technologie ab.

Hierbei ist es empfehlenswert, zwei Tenside mit deutlich unterschiedlichen HLB-Werten einzusetzen, insbesondere bei feinen Emulsionen mit hohen Ölgehalten, die über lange Zeit stabil sein müssen.

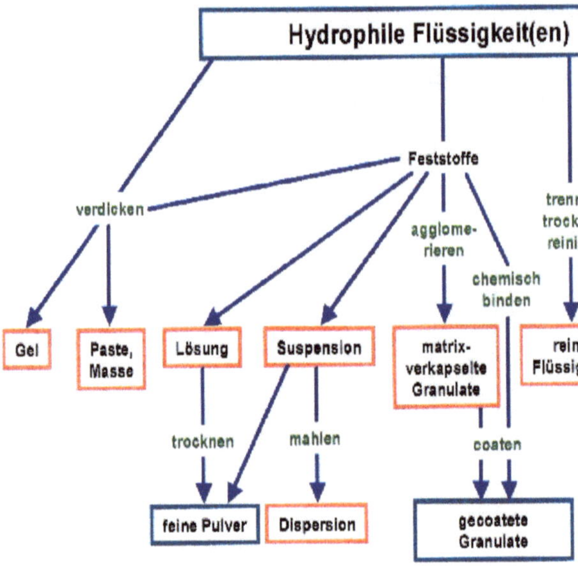

Abbildung 16.17: Gestaltungsmöglichkeiten hydrophiler Flüssigkeiten

Während sich mit Rotor- Stator- Maschinen mittlere Tröpfchengrößen im Mikrometer-Bereich realisieren lassen, erlauben der Einsatz von Ultraschall und insbesondere eines Hochdruckhomogenisators [64] unter Anwendung des optimalen Tensidsystems die Herstellung von Mikroemulsionen mit nanoskaligen Tröpfchen („Blaue Emulsion" in **Abb. 16.18**).

Ein geeignetes Emulgatorsystem enthält sowohl ein hydrophiles als auch ein lipophiles Tensid, um die feinen Tröpfchen zu stabilisieren und ein Zusammenlaufen der Tröpfchen zu verhindern.

Die Stabilität beispielsweise einer Hautlotion muss so hoch sein, dass auch das Lösen und Suspendieren feiner Teilchen nicht zu einer Trennung führt. In **Abb. 16.19** sind einige Beispiele für Emulsionen aufgeführt, wobei insbesondere in der **Kosmetikindustrie** die Lotionen als o/w-Emulsionen und die Cremes als w/o- oder o/w-Emulsionen eine weite Verbreitung in allen möglichen Anwendungsformen (Tube, Spender, Töpfchen) gefunden haben.

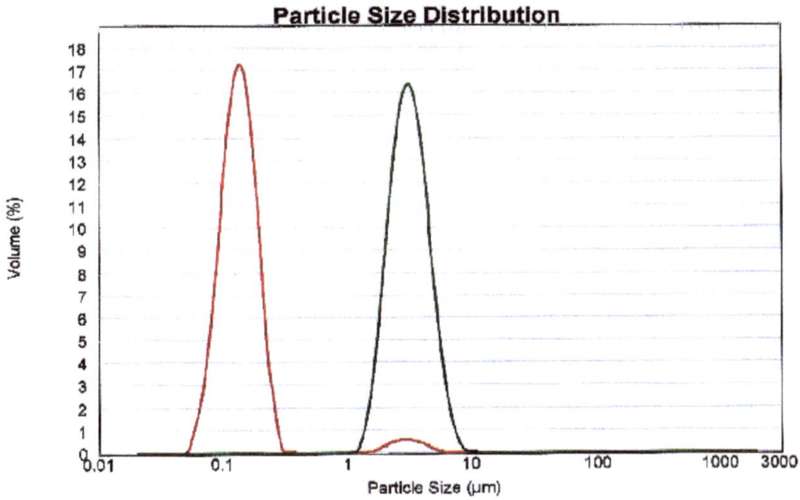

Abbildung 16.18: Vergleich der Tropfengrößenverteilung einer Nanoemulsion (Hochdruckhomogenisator; rot) mit einer „normalen Emulsion" (Rotor- Stator- Homogenisator; grüner Kurvenzug)

Die Vielfältigkeit der Anbietungsformen/Qualitäten und der Möglichkeiten zur Weiterverarbeitung lassen sich am Beispiel der 3-Phasendispersion „Milch" (o/w-Emulsion mit suspendierten Teilchen [16]) demonstrieren. Neben der Konsummilch gibt es Sauer-, Butter-, Dick-, Kondens- und Trockenmilch, ferner saure Sahne, Sahne und geschlagene Sahne, Joghurt, Kefir, Speiseeis, Milchzucker, Milchfette, Butter als w/o-Emulsion sowie die unterschiedlichsten Käsesorten, beginnend beim Quark, über Frisch-, Harzer- und Handkäse, Emmentaler, Chester und Limburger Käse bis hin zum Camembert [52].

Allein beim Käse gibt es tausende Sorten in unterschiedlicher Zusammensetzung und Formgebung. Physikalisch gesehen handelt es sich bei den Milchprodukten um Flüssigkeiten, Schäume, Gele, Pasten, amorphe und kristalline Feststoffe, schmelzbare Stoffe, flüssige und feste o/w und w/o-Emulsionen. In der **Lebensmittelindustrie** richten sich bereits seit vielen Jahren die Produktgestaltung, insbesondere der Geschmack und die Sensorik, nach den Wünschen der Kunden [65].

Lipophile Flüssigkeiten lassen sich nach dem Einrühren in mischbare Schmelzen und Abkühlen des Gemisches verfestigen. Durch Gießen der

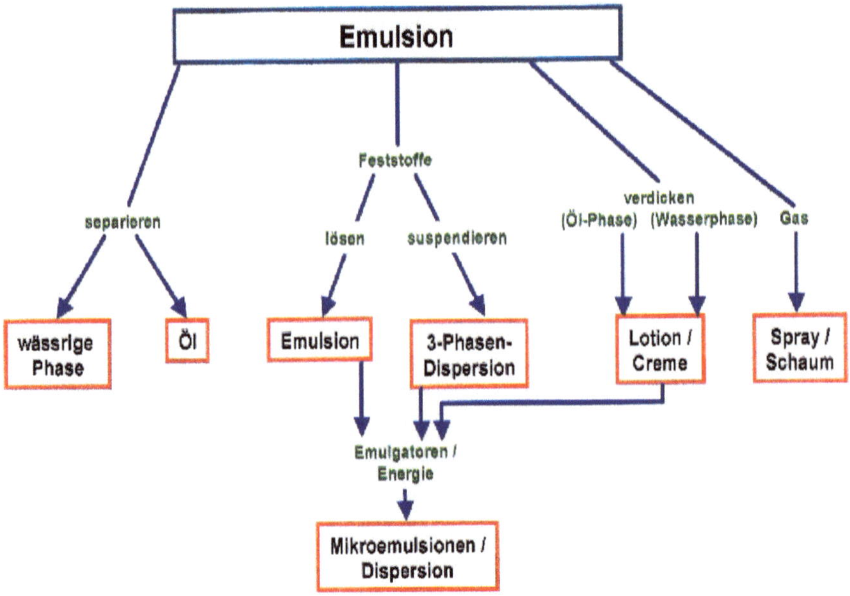

Abbildung 16.19: Produkte aus Emulsionen

noch flüssigen Schmelze in beliebige Formen oder in hohle Formkörper ergeben sich viele ästhetische Gestaltungsmöglichkeiten. Die Schmelze kann in Form eines Coatings auf Pulver oder Granulate gesprüht werden.

Die so behandelten Feststoffe eignen sich, gegebenenfalls nach Zusatz eines Hilfsstoffes, zur Tablettierung beliebig großer, geformter Tabletten. Nach Zusatz eines Treibmittels sowie eines Schaumverstärkers gelingt es, die lipophile Flüssigkeiten in einen Schaum zu überführen. In **Abb. 16.20** sind einige Labormuster fotografisch dargestellt, die Gestaltungsvarianten hydrophober Flüssigkeiten am Beispiel eines Triglycerides zeigen.

In der **Lackindustrie** steht das Product-Engineering zur Einstellung geforderter Eigenschaften über die chemische Modifizierung im Vordergrund. Aber auch das Design, insbesondere die Verarbeitbarkeit, spielt eine Rolle. Zum einen werden beispielsweise am Alkydharzmolekül polymeranaloge Reaktionen an den Doppelbindungen, Hydroxyl- oder Carbonylgruppen durchgeführt (vinylierte bzw. polyamid- und phenolharz- sowie silicon-modifizierte Alkydharze). Zum anderen lassen sich die Bausteine, wie Polycarbonsäuren und Polyole, austauschen, so dass beispielsweise epoxid- oder urethanmodifizierte Alkydharze resultieren [66].

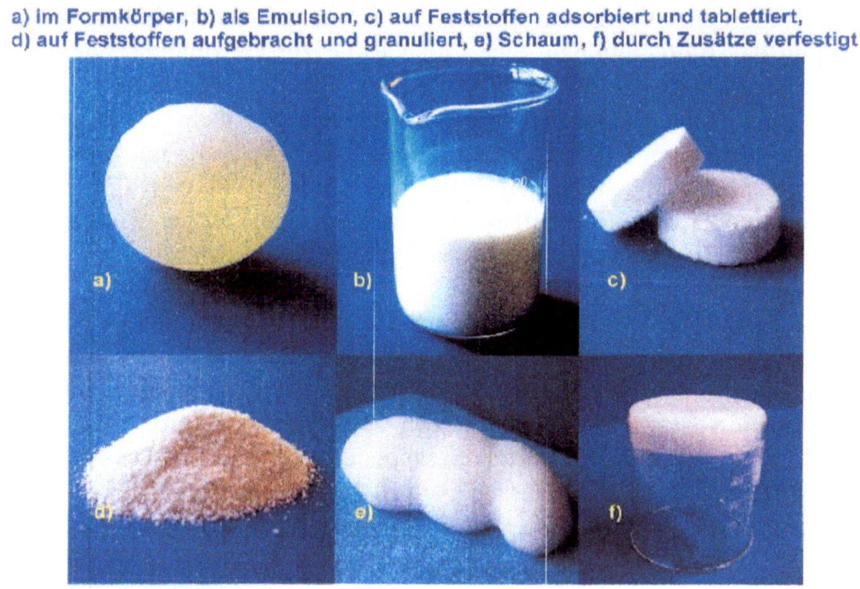

Abbildung 16.20: Öl (Triglyceride) in unterschiedlichen Formen

Die Einstellung der Thixotropie in lösungsmittelhaltigen Lacken erfolgt durch Zusatz von Polyamiden unterschiedlicher Kettenlänge und chemischer Modifizierung sowie durch Zugabe von Urethanen und substituierten Harnstoffen.

Aus nachwachsenden Rohstoffen können lipophile und hydrophile Flüssigkeiten durch mechanisches Auspressen gewonnen werden. Als einfache Beispiele wären die Obst- und Gemüsesäfte sowie Mandel-, Oliven- und Kokosöl zu nennen. In der chemischen Industrie eingesetzte natürliche Öle werden nach Abtrennung der Fest- und Schwebstoffe vorgereinigt und anschließend chemisch umgesetzt (Spaltung, Umesterung, Hydrierung). Die in einer Vakuumrektifikation geschnittenen flüssigen Fettalkohole und Fettsäuren lassen sich nach den bei „Schmelzen“ beschriebenen Verfahren gestalten und in eine attraktive Verkaufsform überführen.

Für die Reinigung von Flüssigkeiten sowie für die Abtrennung von unerwünschten flüssigen, gelösten oder festen Begleitstoffen stehen eine ganze Palette von Verfahren zur Verfügung, wobei der Rektifikation in Kolonnen die größte Bedeutung zukommt; ferner sind die Abdestillation in Dünnschichtverdampfern und die Desodorierung zu nennen. Adsorptions- und

Chromatographie-Verfahren spielen sowohl in der **Zuckerindustrie** als auch in der **Biotechnologie** eine große Rolle zur Gewinnung möglichst reiner Substanzen. Die Wahl eines geeigneten Verfahrens zur Abtrennung fester Begleitstoffe hängt von der abzutrennenden Partikelgröße ab. In der Biotechnologie werden Bakterien mit Separatoren und/oder mit Mikrofiltrationsverfahren abgetrennt. Bei größeren Partikeln kommen Filtrierverfahren mit oder ohne Filterhilfsmittel bzw. Grundschicht zum Einsatz. Alternativ sind Zentrifugen/ Dekanter in Erwägung zu ziehen.

Einige Feststoffe, wie beispielsweise Stärken, Cellulose(-ether), Zeolithe, Bentonite und Kieselgur, saugen sehr gut Flüssigkeiten auf und dienen als Trägermaterial für die unterschiedlichsten Flüssigkeiten (wässrige Enzymlösung, Niotenside, Nitroglycerin). Die beladenen Feststoffe lassen sich granulieren, extrudieren, tablettieren, abpudern, coaten usw. Dies erleichtert die Handhabung von Flüssigkeiten in Feststoffprozessen. In Flüssig-Prozessen dagegen stören die Feststoffe. Diese werden in eine pumpbare, flüssige Form überführt.

16.6 Gele, Lösungen, Suspensionen und Pasten

Ein anschauliches Beispiel für das Produktdesign chemischer Produkte stellen die Zahncremes dar. Durch die starke Konkurrenz wurde umfangreich untersucht, welche Probleme der Kunde bei seiner Zahnpflege und Mundhygiene hat. Aus den Entwicklungen resultierten grundverschiedene Problemlösungen bezüglich der Typen, Konsistenzen und Farben. Es gibt dünnflüssige Gele, relativ feste Gele, Pasten unterschiedlicher Konsistenz (eine Sorte mit blauen Kügelchen versetzt) sowie Pulver (Kristalle), die in **Abb. 16.21** abgebildet sind.

Der Kunde möchte vorrangig seine Zähne säubern. Eine hohe Produktqualität sieht er bei der Zahnpasta, die einen sichtbaren Reinigungserfolg gewährleistet. Zusatznutzen stellen die Mundhygiene und die Prophylaxe dar. In der Definition des Produktdesigns ist die Qualität ein Teil der Produktleistung (Kap. 8.7).

Die Verpackung und die Produktentnahme spielen auch eine große Rolle: Wie lässt sich das Produkt auf die Zahnbürste aufbringen? Die Abb. 16.21 zeigt, dass es Gele gibt, die zum einen in die Borsten eindringen, zum anderen auf der Bürste als Strang liegen bleiben. Die beiden Pasten sind so eingestellt, dass die eine die Strangform behält, während die andere dagegen langsam verläuft. Das Pulver wird auf die nasse Zahnbürste aufgegeben, wobei einige Körner zwangsweise daneben fallen. Die Entnahme, Restentleerung und das Aufbringen auf die Bürste sind Teile der Produkthandhabung (Convenience).

Das Aussehen der Verpackung, der Tube bzw. des Spenders sowie des Stranges der Zahnpasta fällt in den Bereich der Produktästhetik, ebenso der Geruch/ Geschmack des Produktes. Dieses praktische Beispiel aus dem Bereich der chemischen Konsumgüter ermöglicht ein tiefes Verständnis für das Produktdesign, weil in diesem Bereich bereits ein breites Sortiment existiert. Der Kunde ist daher in der Lage, ein auf seine Bedürfnisse abgestimmtes Produkt zu kaufen.

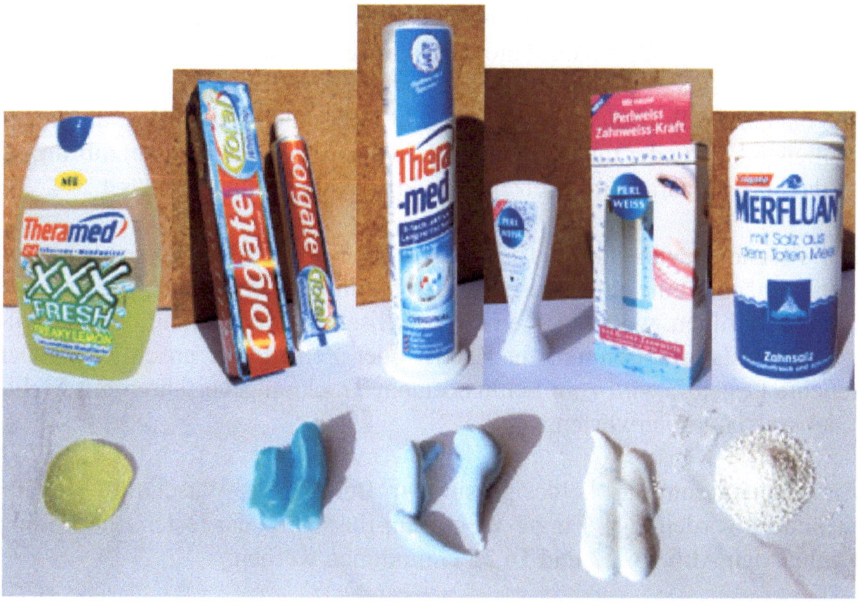

Abbildung 16.21: Verschiedene Anbietungsformen von Zahnpasta; dünnes Gel, festes Gel. Paste, dünne Paste mit blauen Kügelchen, Pulver; abgefüllt in Standflasche, Kopfflasche, Tube, Spender, Dose;

Im Bereich der chemischen Grundstoffe und Spezialprodukte stehen bei den Suspensionen und Lösungen vier Ziele im Vordergrund:

a) Gewinnung des (gemahlenen) trockenen Feststoffes.
b) Granulaterzeugung über Sprühagglomeration.

c) Herstellung einer feinen Suspension oder Dispersion.
d) Bereitstellung eines angeteigten Pulvers zur Verarbeitung.

Der getrocknete Feststoff wird als Pulver oder Agglomerat einerseits direkt aus der flüssigen Phase durch Sprüh- oder Walzentrocknung gewonnen. Für die Umwandlung einer flüssigen Phase in einen granularen Feststoff eignet sich besonders die Sprühagglomeration in runden Wirbelbetten. Beispiele für die direkte Herstellung von Granulaten aus Lösungen sind die Trocknung von Maisquellwasser sowie von Pottasche und aus Suspensionen die von Wolframcarbid sowie von Bioschlamm [67].

Auch können Granulate (z. B. Natriumpercarbonat) über eine Reaktion des Feststoffes (Soda) mit einer Flüssigkeit (Wasserstoffperoxid) gewonnen werden. Mit dem Sprühagglomerationsprozess lassen sich einfacher als in anderen Verfahren die Partikelgröße und die Verteilung über weite Bereiche einstellen. Bei batch- Betrieb besteht ferner die Möglichkeit, direkt anschließend eine oder mehrere Puder- und Coating- Schichten aufzubringen, so dass der Apparat eine Vielzahl von Produktgestaltungen zulässt.

Zur Feststoffgewinnung aus Lösungen oder Suspensionen kann andererseits zunächst eine mechanische oder thermische Aufkonzentrierung der Lösung erfolgen, woran sich eine Kristallisation oder Fällung mit nachfolgender Feststoffabtrennung in Filtern oder Zentrifugen anschließen. Der feuchte Feststoff wird zum Schluss einem Trocknungsverfahren mit Mahl-/Siebkreislauf unterworfen.

Einzelheiten zum Partikeldesign sind am Beispiel der Waschmittel bereits diskutiert worden [24]. Einige Wege zum flüssigen oder festen Endprodukt können den **Abb. 16.22** und **16.23** entnommen werden.

Als interessantes Beispiel aus der **Biotechnologie** soll die Trocknung einer matrixverkapselten Enzymlösung [68] vorgestellt werden. Ein saugfähiger Feststoff bzw. ein Feststoffgemisch wird vorgelegt, die wässrige Enzymlösung im Mischer aufgesprüht, wobei die Lösung an der großen Feststoffoberfläche adsorbiert. Nach der Aufbaugranulation befindet sich die Lösung bevorzugt im Inneren des Granulates. Bei relativ niedrigen Temperaturen erfolgt die Entfernung des Wassers unter schonenden Bedingungen im Wirbelbett. Direkt im Anschluss wird die Oberfläche durch Aufbringen einer oder mehrerer Coatingschichten verschlossen.

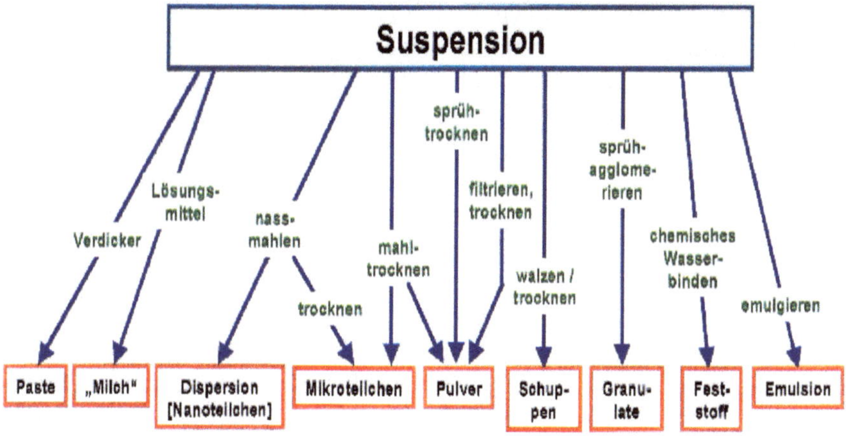

Abbildung 16.22: Produkte aus Suspensionen

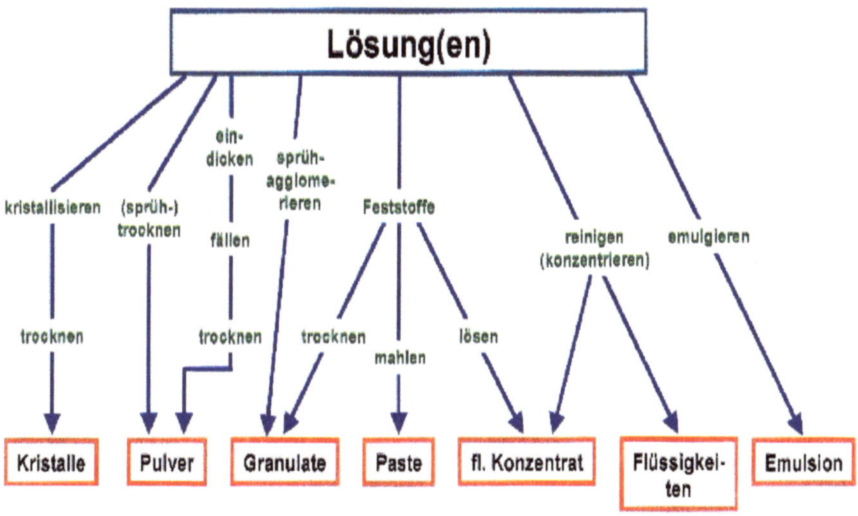

Abbildung 16.23: Produkte aus Lösungen

Ein Suspensionsbeispiel aus der **Chemie** erläutert die Variationsbreite des Designs im Einzelfall. Zeolithe für Waschmittel lassen sich durch die Fällung einer Natriumsilikat- mit einer Natriumaluminatlösung und anschließender Kristallisation herstellen. Es folgt die Wäsche des Filterkuchens auf einem Bandfilter. Der Kuchen stellt eine unter Rühren fließ- und lagerfähige Suspension dar, die direkt in einem Sprühturm oder nach Einrühren in einen flüssigen Waschmittelslurry zum Pulver getrocknet werden kann. Andererseits lassen sich aus dem Filterkuchen auch Granulate formen, die sich nach Trocknung zur Wasseraufnahme eignen, sowie filigrane oder robuste, zylinderförmige Katalysatorträger extrudieren.

In der **Bauindustrie** werden zur Anwendung oft feine, unlösliche Feststoffe (z.B. Gips, Kalk, Mörtel, Zement, Beton) mit Wasser versetzt, um Suspensionen bzw. Pasten einer gewünschten Viskosität herzustellen. Bei der **Keramikherstellung** erfolgt zur Bereitstellung des in beliebige Formen gießbaren Rohstoffs die Suspendierung von Ton, Quarz und Feldspat (keramische Suspension) in Wasser unter Zusatz eines Verflüssigers [69]. Die Qualität der Mineralien und die Zusammensetzung des Verflüssigers sowie die Mengenverhältnisse bestimmen neben den Betriebsbedingungen die Eigenschaften des Endproduktes.

Sowohl die Bau- als auch die Keramikindustrie gestalten ihre Produkte, im letzteren Fall auch teilweise künstlerisch. Suspensionen lassen sich über energieintensive Mahlverfahren in Rührwerkskugelmühlen in Dispersionen mit nanoskaligen Feststoffen [28] überführen, beispielsweise bei titandioxidhaltigen Grundierungen (weiße **Farbe**).

16.7 Kristalle als Ausgangsmaterial

Das Kristallisieren von Substanzen stellt eine interessante Designtechnologie dar, weil die Möglichkeiten der Gestaltung gemäß **Abb. 16.24** besonders vielfältig sind. Dies ist in der **Abb. 16.25** am Beispiel des Zuckers gezeigt. Zum einen lassen sich Kristallisierprozesse in Richtung auf eine Unterdrückung des Kristallwachstums durch Einstellen entsprechender Betriebsbedingungen und/oder durch chemische Zusätze steuern. Es resultieren sehr feine Pulver mit geringem Kristallisationsgrad.

Zum anderen kann das Kristallwachstum gefördert werden, so dass sehr große, geformte Kristalle bis hin zu Einkristallen entstehen. Kristalline Substanzen lassen sich ferner in ihrer Größe durch Einsatz verschiedener Grundoperationen beliebig modifizieren, und zwar einerseits zerkleinern durch eine Mahlung (Puderzucker) oder andererseits vergröbern durch Agglomeration beispielsweise in Pressen (Zuckerhut) oder im bewegten Luftstrom (Zuckerwatte).

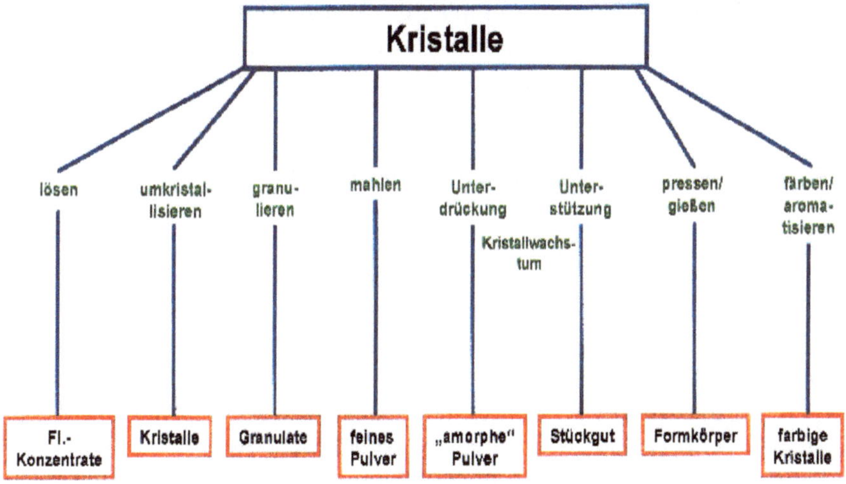

Abbildung 16.24: Produkte aus kristallisierbaren Lösungen

a) Feinster Zucker (Raffinade), b) Puderzucker, c) Gelierzucker, d) Einmachzucker, e) Hagelzucker, f) brauner Zucker, g) Grümmel-Kandis, h) Krustenkandis, i) weißer Kandis, j) brauner Kandis, k) Kluntje-Kandis, l) Würfelzucker

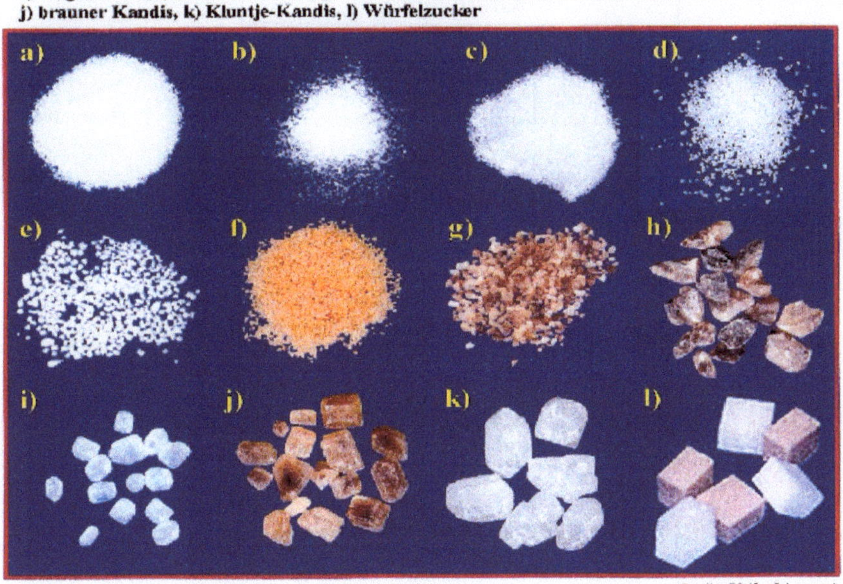

(Quelle: Pfeifer & Langen)

Abbildung 16.25: Zucker in verschiedenen Anbietungsformen

Falls erforderlich, kann eine Reinigung des Produktes durch Umkristallisation oder durch eine Chromatographie der konzentrierten Zuckerlösung erfolgen. Kristalle lassen sich natürlich auch granulieren, trocknen, extrudieren und coaten.

16.8 Tabletten und andere Formkörper

Tabletten und ähnliche Formkörper können über verschiedene Rezepturen der Phasen, über eingelegte Tabletten oder erstarrte Schmelzen den Erfordernissen der Anwendung angepasst werden. Sie werden üblicherweise durch Pressen von Granulaten in Rundläuferpressen hergestellt. Es existieren eine Reihe von sehr unterschiedlichen Tabletten, die sich in ihrer Form und Größe, der Anzahl der Phasen und Farben sowie der gestalteten Zusätze gemäß **Abb. 16.26** unterscheiden. Neben den Stoffeigenschaften des Gemisches spielen die Korngrößenverteilungen, also die mittleren Partikelgrößen und die Breiten der Verteilungen, eine wesentliche Rolle für die Tablettenqualität.

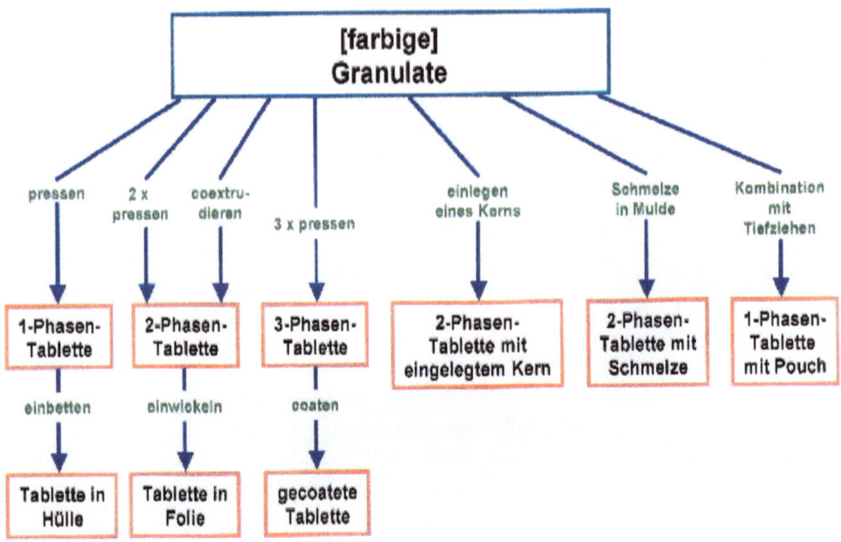

Abbildung 16.26: Gestaltung von Tabletten

Gleiche Mittelwerte des Partikeldurchmessers sowie enge Korngrößenverteilungen vermindern das Risiko von Entmischungen, die infolge der hohen Drehzahl von Rundläuferpressen durch Zentrifugalkräfte verstärkt auftreten, und führen zu einem gleichmäßigen Tablettenaufbau. Zur Herstellung von harten, aber gut löslichen Tabletten lohnt sich der Zusatz von Tablettierhilfsmitteln.

Wegen der vielen Gestaltungsvarianten erscheinen gerade die Tabletten als gutes Beispiel für die Möglichkeiten eines Produkt-Designs, wie in der **Abb. 16.27** an den Beispielen von Waschmitteln und von maschinellen Reinigern für das Geschirrspülen dargestellt. Es lassen sich nicht nur ein-, zwei- oder dreiphasige Tabletten pressen und coaten oder in Folie hüllen, sondern auch auf der Oberfläche farbige Schmelzkerne oder kleine Tabletten bzw. Kügelchen befestigen. Die Größe, die Form sowie die Oberflächengestaltung von Tabletten sind nahezu beliebig. Dadurch ist es leicht möglich, die Formkörper zu differenzieren, unterstützt durch Schriftzüge, typische Farben und evtl. durch zusätzliche Kerne, die ebenfalls gepresst sein können. Ferner lassen Leistungsversprechen, die auf einer Trennung von Rezepturbestandteilen beruhen, durch eine spezielle Form oder Phasenfarbe optisch gestalten.

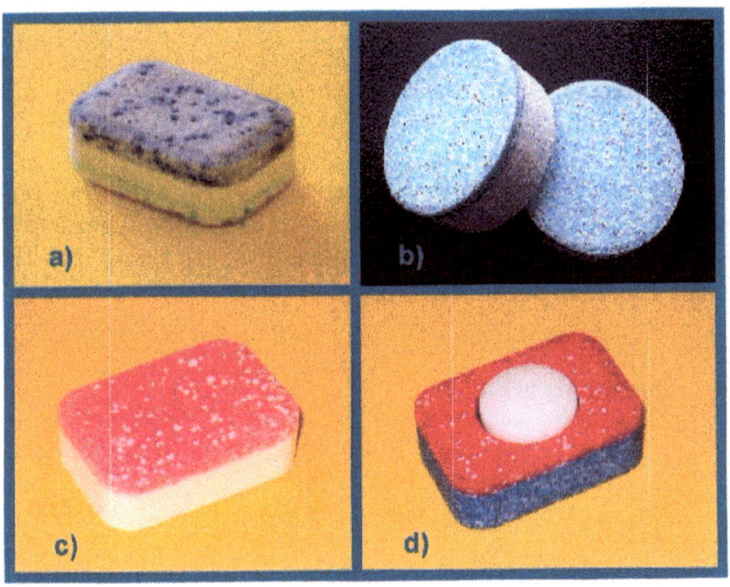

Abbildung 16.27: Waschmittel- (a,b) und Geschirrspültabletten (c,d)

Tabletten mit interessanten Designeigenschaften finden sich in der **Pharmaindustrie,** beispielsweise die Zubereitungsformen der kristallinen Acetylsalicylsäure (*Aspirin, Bayer AG,* **Abb. 16.28**). Es gibt mehrere Varianten zum Einnehmen, in gecoateter Form oder mit weiteren Wirkstoffen versetzt, sowie zum Kauen. Zum Auflösen in Wasser werden Brausetabletten angeboten, auf Wunsch auch mit Vitamin C.

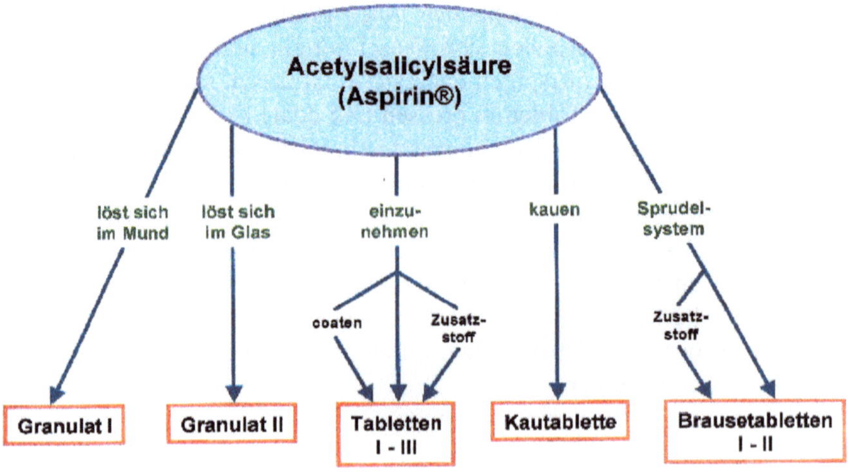

Abbildung 16.28: Anbietungsformen von Arzneien

Viele therapeutische wirksame Substanzen, wie Antibiotika (Penicilline; Cephalosporine von *Sandoz*), werden in abgestuften Konzentrationen als Ampullen für Injektionen, zum Trinken als Suspension und zum Schlucken als Tabletten oder als Dragees angeboten

16.9 Formkörperhüllen

Formkörperhüllen [70] unterscheiden sich in ihrer Größe, Form, Wandstärke, Haptik, Farbe, Anzahl der Kompartments, Wasserlöslichkeit, Elastizität und in ihrem Material bzw. in der Materialzusammensetzung. Sie bieten optimale Möglichkeiten zur Produktgestaltung und können mit Pulvern oder Schmelzen sowie mit Pasten, Schäumen, Gelen oder Flüssigkeiten gefüllt werden.

Im Falle eines Polymereinsatzes wird zunächst im Extruder ein auf die Anwendung zugeschnittenes Compound [71] durch Zusatz von Co-Polymeren, Lösungs-, Gleit- und Entformungsmitteln sowie -falls gewünscht- eines Farbstoffes hergestellt. Dieses Compound dient als Ausgangsprodukt für alle Formgebungsverfahren. Es wird zunächst im Extruder aufgeschmolzen (**Abb. 16.29)** und anschließend unter hohem Druck in eine kühlbare Form gepresst (Spritzgussverfahren). Nach kurzer Kühlung erfolgt das Öffnen der Form, so dass die gespritzten Teile herausfallen.

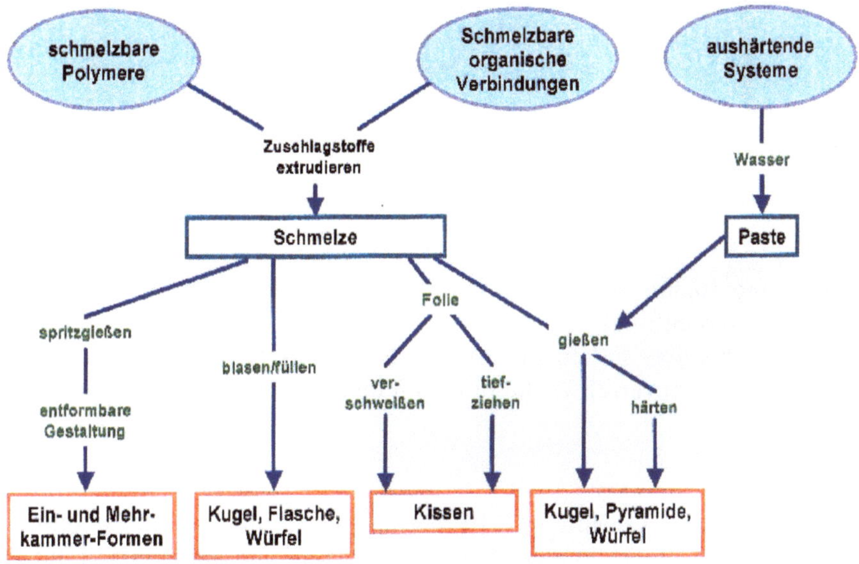

Abbildung 16.29: Herstellen von Formkörperhüllen zur Befüllung mit Feststoffen, Pasten und/oder Flüssigkeiten

Einige Beispiele für das Umhüllen von Flüssigkeiten, Gelen und von Pulvern mit wasserlöslichen Folien sind in der **Abb. 16.30** dargestellt. Die Folien lassen sich am Mund des Extruders über einen Schlauch, der mit Luft aufgeblasen nach oben gezogen wird, erzeugen. Ein alternatives Verfahren stellt das Gießen von Folien dar.

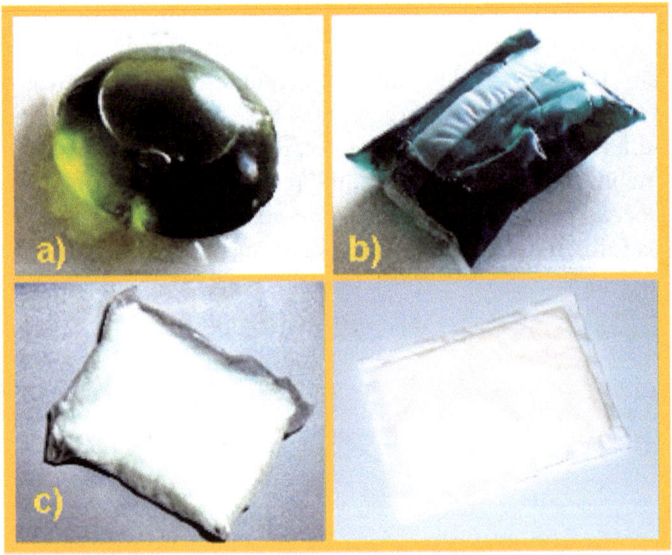

Abbildung 16.30: Flüssig/fest gefüllte Formkörperhüllen (wasserlösliche Polyvinylalkoholfolie)
a,b) verschweißte Folien mit Flüssigfüllung; c) verschweißte Folie mit Pulverfüllung; d) verschweißte Folie mit einer Paste (angedickte Suspension)

Im Blasextrusionsverfahren [72] fließt aus dem Extruderkopf kontinuierlich ein Schlauch, der in einer Form abgeklemmt und mit Pressluft aufgeblasen wird. Nach dem Abkühlen des geblasenen Hohlkörpers öffnet sich die Form. Der Körper fällt heraus und wird in einer nachgeschalteten Anlage mit einer Flüssigkeit, einer Suspension, einer Paste oder einem Gel oder sogar einem gutfließenden Pulver gefüllt.

In den „blow and fill"-Anlagen geschehen das Blasen des Formkörpers und das Einfüllen der Flüssigkeit [73] in einem Schritt. Die noch heiße Polymerform kühlt durch die kalte Flüssigkeit sofort ab. Der Formkörper wird der Maschine entnommen, anschließend erfolgt die Entgratung in einer separaten Stanze.

16.10 Maßgeschneiderte Produkte

In Beispielen aus der Literatur und aus eigenen Arbeiten, in denen Chemikalien eine herausragende Rolle spielen, wurde gezeigt, dass sich flüssige, feste und Mehrphasen-Produkte über zwei Wege Maßschneidern lassen: Einerseits über ein Product-Engineering auf molekularer Ebene und andererseits über ein Produktdesign durch Zusatz leistungssteigender Stoffe. Für die kundengerechte Gestaltung steht eine Vielzahl von Designtechnologien zur Verfügung. Bei den besonders interessanten Produkten werden die Möglichkeiten kombiniert. Eine Weiterentwicklung der Design-Technologien ist zur Herstellung interessant gestalteter Produkte erforderlich. Ein Beispiel aus dem Bereich der Waschmittel ist im darauf folgenden Kapitel dargestellt.

16.11 Design-Technologien

Es gibt eine Reihe von Technologien, die zur Erzeugung ästhetischer Produkte besonders geeignet sind. Diese Technologien werden als „Designtechnologien" bezeichnet. In **Abb. 16.31** sind einige Beispiele aufgeführt.

Folgende Produktgestaltungen beschäftigen z.Zt. die Verfahrensentwickler:

- Pulver, Granulate und Extrudate mit einheitlichen Korngrößen.
- Feine, nicht staubende Pulver mit engen Korngrößenverteilungen.
- Nanopartikel.
- Runde Teilchen, Korngröße variierbar.

Produkt	Herkömmliche Technologie / Produkt	Design - Technologie/ Produkt
Aniontensid (C12-Fettalkoholsulfat)	- Sprühtrocknung - feines Pulver/evtl. Vernadelung	- Sprühagglomeration/ runde Granulate
	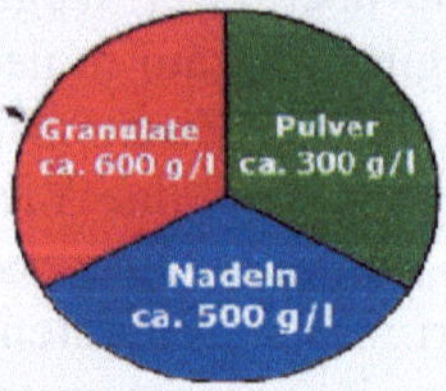	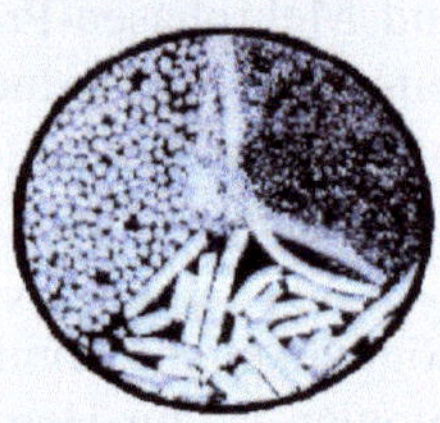
Natriumpercarbonat	- Kristallisation/ grobe Kristalle - Sprüh-Wirbelbett/ Granulat	- Sprühagglomeration/ Kugeln (in beliebiger Größe)
Fettsäuren	- Sprüh-Prillen/feines Pulver - Walzen/Schuppen	- Vertropfen - Prillen/ Granulate
feste Waschmittel	- Sprühtrocknung/Pulver	- Extrusion/Kugeln - Schaumgranulation/ Granulate
	Pulver / Granulat 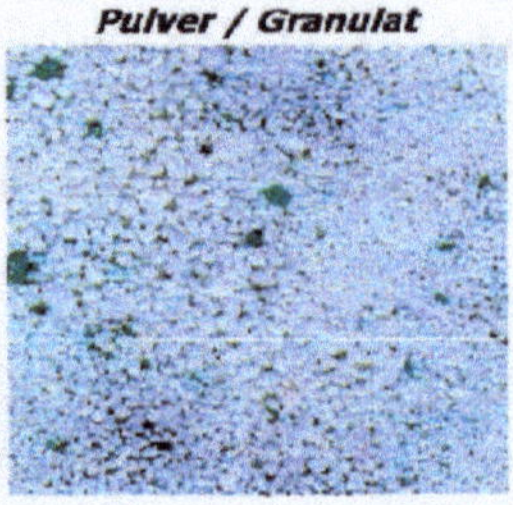	*Extrudat* 
Polyethylen	- Pulver oder Granulate	- Folienblasverfahren/Folie - Extrusion / Rohre - Spritzguss/Stapelkästen - Extrusions-Blasverfahren/Heizöltanks
flüssige Waschmittel	- Mischen / Flasche	- Mischen / Pouch 

Abbildung 16.31: Realisierte Design-Technologien

- Ästhetische Granulate.
- Mehrphasen-Partikel, Formkörper und Tabletten.
- Kombinationen aus Flüssigkeiten und Feststoffen.
  - als Feststoff mit erstarrter Schmelze
  - als Flüssigkeit mit suspendierten Partikeln
- Mehrphasen-Flüssigkeiten.
- Suspendierte Nanoteilchen.
- Gele, ein- und mehrphasig.
- Portionierte Anbietungsformen mit flüssigen und/oder festen Füllungen.
- Flüssigkeiten und/oder Feststoffe auf Trägern.
- Granulate mit eingelagerten Flüssigkeiten.
- Controlled Release Schichten.
- Verkapselungen.
- Mikro-/ Nanoemulsionen.

Diese Aufzählung ist bei weitem nicht vollständig. Sie soll einen Einblick über die Breite des Arbeitsgebietes geben. Vermutlich kennt jeder aus seiner Arbeitswelt einige Produkte, auf die sich die dargelegten Design-Prinzipien anwenden lassen.

16.12 Verfahrensmöglichkeiten am Beispiel „Waschmittel"

Für die Herstellung von pulverförmigen Waschmitteln, die üblicherweise aus 20 bis 30 Inhaltsstoffen bestehen, sind zahlreiche Verfahren entwickelt worden. Die Auswahl erfolgt nach den Anforderungen an die Partikelgrößen und –Verteilungen, an das Schüttgewicht sowie an die Rezepturflexibilität.

Einige der Inhaltsstoffe sind Flüssigkeiten. Sie müssen nach Sprühen auf die Oberfläche von Pulvern oder auf eine Matrix adsorbiert und durch Agglomerationsverfahren in einen Feststoff überführt werden.

Die Verfahrensauswahl ist bei pulverförmigen, frei fließenden Waschmitteln groß und richtet sich erstens nach der Erfüllung des Lastenheftes und zweitens als wichtiges Entscheidungskriterium nach den Investitions- und den Herstellkosten. Je nach den Vorgaben kann der Verfahrenstechniker ein geeignetes, neues Produktionsverfahren gemäß **Tab. 16.6** vorschlagen bzw. einen vorhandenen Prozess den Anforderungen entsprechend modifizieren oder erweitern.

Tabelle 16.6: Möglichkeiten zur Herstellung partikulärer Universalwaschmittel

Partikeldesign	Technologie	Kurzbeschreibung
Pulver	Sprühturm - Flash [74] - Gleichstrom - Gegenstrom Mahlung	 Sehr feine, staubfreie Pulver leichte Pulver Standard-Pulver Feine Schwerpulver
Granulate	Granulation in einer Kombination aus einem oder zwei Mischern mit einer Wirbelschicht - Granulationsflüssigkeit - Neutralisation	Standard- und schwere Produkte
Rundate	Granulation im Sprühagglomerationsverfahren [75]	Runde Teilchen mit einstellbarer Korngrößenverteilung
Kompaktate	Trockene Verdichtung in Walzen mit anschließender Vermahlung	Schwere Produkte mit breiter Korngrößenverteilung
Extrudate	Verdichtung im Extruder mit anschließender Verrundung [27]	Kugeln bzw. abgerundete Zylinder relativ einheitlicher Korngröße
Compounds	Mischung von Granulaten aus unterschiedlichen Herstellverfahren	Standard- und schwere Produkte; uneinheitliches Erscheinungsbild

Die im Verfahren hergestellten Produkte können noch im Partikeldesign optimiert werden. Dafür stehen gemäß **Tab. 16.7** mehrere nachschalt- oder integrierbare Prozesse zur Verfügung. Die Pulver oder Agglomerate lassen sich in vielen Dimensionen verändern und auf die gewünschten Eigenschaften zuschneidern, z.B. in der Partikelgrößenverteilung durch Mahlen, Sichten und Sieben, in der Form mittels eines Verrunders, in der Dichte durch Aufsprühen von begrenzten Mengen an Flüssigkeiten, im Schüttgewicht über mechanische Nachbehandlung, in der Oberflächenqualität durch Abpudern mit feinen, festen Pulvern oder durch Coaten mit Lösungen, Suspensionen und Schmelzen.

Tabelle 16.7: Verfahren zur Optimierung des Partikel-Designs

Partikel-dimension	**Verfahren**	**Ergebnis**
Korngrößen-verteilungen	- Sieben / Sichten / Mahlen - Mahlen / Sieben - Sprühtrocknung - Granulation / Extrusion	- engere Korngrößen-verteilung. - feine Partikel. - gröberes Produkt.
Formfaktor	- Verrunder oder Mischer; spezielle Granulationsverfahren sowie Sprühagglomeration	Verbesserung des Shape Factors, der Rundheit.
Dichte	- Aufsprühen von hydrophilen / hydrophoben Flüssigkeiten oder Suspensionen; steigern der Flüssigkeitsmenge in der Agglomerationsstufe; Einsatz von Lösungen/Suspensionen	Erhöhung der Dichte / Beeinflussung der Löslichkeit / Veränderung der Farbe.
Schüttgewicht	- trockene Verdichtung in schnell-laufenden Mischern oder Verrundern - Abpudern / Coaten - Aufsprühen von Flüssigkeiten - breite Korngrößenverteilung oder bimodal - Zumischen; Granulation im im Wirbelbett; enge Verteilung; wenig Flüssigkeit	- Maßnahmen 1-4 führen zu einer Schüttgewichtserhöhung. - Erniedrigung des Schüttgewichts möglich.
Morphologie der Oberfläche	- Abpudern mit feinen, gemahlenen Substanzen oder Einarbeiten von Feststoffen in die Oberfläche (Mechano Fusion) - Coaten mit Lösungen, Suspensionen oder Schmelzen	- Verbessert das Fließverhalten und die Haptik. - erhöhte Lagerstabilität, Produktsicherheit, mechanische Stabilität.
Farbe	- Anfärben der Partikel oder eines Anteils, Durchfärben oder Oberflächenfärbung / Glanz - Optische Aufheller	- interessantes Aussehen. - hellerer Weiß-Eindruck.
andere Partikelform	- Zumischen	- charakteristisches Aussehen.

17. Abhängigkeit des Produktdesigns vom Herstellprozess und von den Maschinen und Apparaten

Das Design chemischer Produkte hängt von zahlreichen Parametern ab, die bei Feststoffen und Mehrphasenprodukten gezielt beeinflusst werden können. Hierzu zählt insbesondere das äußere Erscheinungsbild, charakterisiert durch die Form, Gleichmäßigkeit, Farbe, Geruch, Stabilität, Haptik und Oberflächenbeschaffenheit. Das Produktdesign wird durch die Chemie der Ausgangsstoffe, durch den Herstellprozess sowie durch die Führung des Verfahrens grob bestimmt. Die Feinjustierung erfolgt über die eingesetzten Maschinen/ Apparate (M & A) und ihre Abfolge im Prozess sowie über zusätzliche, teilweise erforderliche Nachbehandlungsschritte.

Eine Nachbehandlung kann in einigen Fällen entscheidenden Einfluss auf das Design nehmen. Sie besteht oft aus einer Anpassung der Teilchengrößen und Form sowie der Oberflächenbeschaffenheit. Die einzelnen Einflussmöglichkeiten werden am Beispiel der Granulation unterschiedlicher Feststoffe mittels einer Flüssigkeit im Detail diskutiert. Hierbei stehen zum einen die Recyclingströme im Vordergrund, die auf unterschiedliche Art behandelt und zurückgeführt werden können. Zum anderen lässt sich die Granulationsaufgabe auf drei M & A verteilen, wobei bestimmte Anordnungen bevorzugt sind. Optimale Resultate bezüglich des Produktdesigns werden bei Führung aller Stoffströme über die formgebende Stufe und bei Absiebung von Über- und Unterkorn erhalten.

17.1 Produktdesign und Technologie

Das Design chemischer Produkte lässt sich über die Wahl des Verfahrens [47], des Reaktors sowie über die sonstigen Technologien des Herstellprozesses festlegen. Ein Beispiel für den Einfluss aller Parameter stellt die Polymerisation und Copolymerisation von Styrol dar. Die Verfahren arbeiten in Lösung, Suspension, Emulsion oder in Substanz (Masse-Verfahren) und werden diskontinuierlich oder kontinuierlich geführt. Turmverfahren mit Vorreaktor, Rohrreaktoren, Rührkessel und Kaskaden kommen alleine oder in Kombination zum Einsatz. Formal resultiert zwar das chemisch gleiche Produkt (Polystyrol), die charakteristischen Produkteigenschaften unterscheiden sich aber deutlich (Transparenz, Schlagfestigkeit, Dichte).

Bei Feststoff- und Mehrphasenprozessen sind viele Verfahrens- und damit auch Designvarianten möglich. Die Wahl des Verfahrens mit einem optionalen Nachbehandlungsprozess, seine Ausführung im Detail sowie die Auswahl und die Betriebsbedingungen der eingesetzten Maschinen und Apparate spielen eine entscheidende Rolle für das Produktdesign. In Feststoffprozessen können Vorbehandlungen von Ausgangsstoffen (Mahlen oder Agglomerieren, Sieben) die Qualität der Endprodukte bestimmen (Beispiel: Tabletten). Die Verfahrensführung erlaubt über die Recyclingströme in Art und Menge eine Design- und Qualitätsoptimierung, notfalls muss ein zusätzlicher Prozessschritt eingefügt werden. Ferner gibt es wählbare Designparameter, die im Regelfall vom Marketing festgelegt werden, wie Farbe oder Beduftung.

Der Übergang von chemischen Produkten hin zu Konsumgütern ist fließend. Viele Konsumgüter sind chemisch basiert wie Klebstoffe, Farben/Lacke, Baustoffe, kosmetische Artikel und Arzneimittel sowie Wasch- und Reinigungsmittel.

17.2 Einfluss des Herstellverfahrens

Das Produktdesign wird im Wesentlichen vom gewählten Herstellprozess und dessen Ablauf, von den Betriebsbedingungen und den eingesetzten Maschinen/ Apparaten sowie von deren Verschaltung bestimmt. Ferner ist es abhängig von den Ausgangsmaterialien sowie von den Recyclingströmen. Eine Übersicht der Abhängigkeiten kann der **Abb. 17.1** entnommen werden. Viele chemische Produkte oder chemisch basierte Konsumgüter lassen sich über mindestens zwei unterschiedliche Verfahren herstellen.

Vitamin E (alpha- Tocopherol) ist dafür ein Beispiel für den Einfluss des Ausgangsmaterials auf das Verfahren und das Produkt. Einerseits kann es in der D/L-Form synthetisiert werden, andererseits liegt es naturbasiert als reines D-(rechtsdrehendes) Produkt vor. Das Endprodukt (gelbes Öl) unterscheidet sich in der Produktleistung, da nur die rechtsdrehende Variante die für den Körper wichtige antioxidative Wirkung zeigt. Auch Insulin kann über verschiedene Verfahren, entweder isoliert aus der tierischen Pankreas-Drüse oder aus einem Fermentationsprozess, hergestellt werden. In diesem Fall unterscheidet sich die fertige Lösung nicht im Design.

Der Einfluss des Reaktors ist insbesondere bei Polymerisationsreaktionen ersichtlich, weil je nach geforderter Qualität eine bestimmte Verweilzeitverteilung unter den notwendigen Betriebsbedingungen (Druck) sowie eine gewisse Flexibilität zum Nachdosieren (Co-Polymerisation) zur Verfügung stehen muss [77]. Ferner beeinflusst die zu produzierende Menge die Reaktorwahl in Richtung Rührkessel, Kaskade oder Rohr bzw. Rohrloop.

Abbildung 17.1: Einfluss von Parametern des Herstellprozesses auf das Produktdesign

Der Einfluss des Herstellprozesses auf das Produktdesign lässt sich am Beispiel des Natriumpercarbonats veranschaulichen. Großtechnisch werden zwei Verfahrensalternativen genutzt, und zwar zum einen das Kristallisationsverfahren (gelöste Soda und Wasserstoffperoxid) und zum anderen das Sprühgranulationsverfahren, im dem Sodalösung und Wasserstoffperoxid unter Trocknungsbedingungen auf einen Träger (z.B. Produktunterkorn oder Filterstaub) aufgedüst werden.

Wie **Abb. 17.2** zeigt, gibt es signifikante Differenzen im Design. Das kristallisierte Produkt verhält sich im Fließverhalten ähnlich wie die Zuckerkristalle. Ihre Größe lässt sich nur bedingt ändern. Dagegen ermöglicht das Sprühgranulationsverfahren die Herstellung sehr runder und dichter Produkte in einem weiten, wählbaren Größenbereich. Die Produkte aus den beiden Verfahren sind chemisch identisch, weisen aber Unterschiede in den Schüttgewichten, Formfaktoren, Korngrößenverteilungen und Löseverhalten auf.

Abbildung 17.2: Natrium-Percarbonat
a) kristallisiert; b) sprühgranuliert (ca. 1.8 mm)

Ein anderes Beispiel stellt die Herstellung von Celluloseethern dar, die in der Baustoff- und der Papierindustrie sowie zum Kleben von Tapeten gebraucht werden. Der Herstellprozess gemäß **Abb. 17.3** geht von Cellulosefasern ex. Schneidmühle aus.

Die Alkalisierung sowie die Veretherungen mit Methylchlorid und mit Ethylenoxid erfolgen in druckfesten Mischreaktoren (*Druvatherm*- Reaktoren). Nach Abschluss der Umsetzungen wird zunächst das gebildete Kochsalz mit heißem Wasser im Filter entfernt. Anschließend erfolgt die Trocknung oder vorzugsweise eine Mahltrocknung.

Über die Veretherungsreaktionen lassen sich gewünschte Substitutionsgrade in weiten Bereichen realisieren. Mittels Steuerung des alkalischen und/oder des oxidativen Abbaus der Cellulosemoleküle ist es möglich, die Polymerisationsgrade (Viskositäten) einzustellen. Diese Festlegung von Produkteigenschaften auf molekularer Ebene wird als „Product-Engineering" bezeichnet.

Zur Einstellung des gewünschten Produktdesigns teilt sich das Verfahren dann in mehrere Stränge: Mahlung in Richtung Granulat (oder Mahltrocknung) bzw. in Richtung Pulver sowie Feinstpulver, weiterhin Kompaktie-

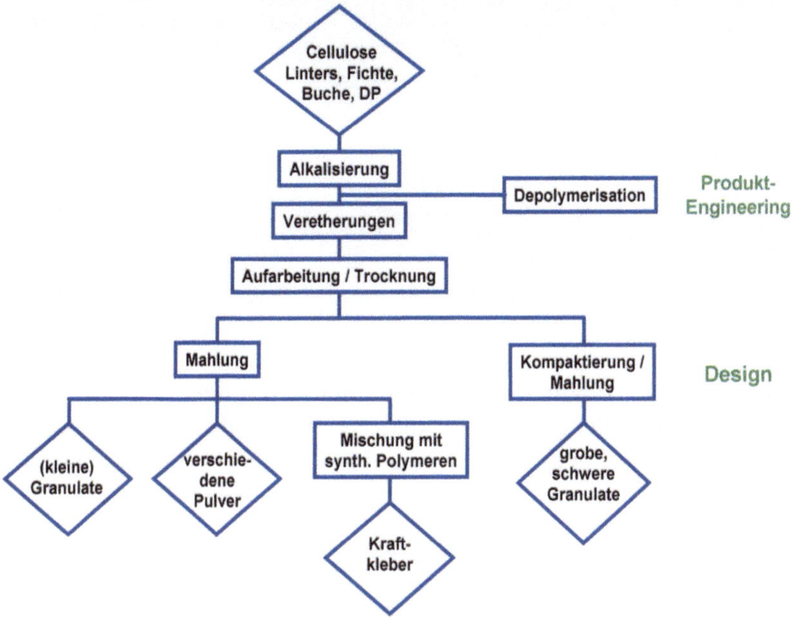

Abbildung 17.3: Blockfließbild zur Herstellung von Celluloseethern

rung und Mahlung zur Erzeugung von dichten, staubfreien Granulaten gemäß **Abb. 17.4**. Die anwendungstechnischen Eigenschaften können über Zumischungen verbessert werden. So lässt sich aus den veretherten Cellulosefasern über Zumischungen sowie über Kompaktierungs- und Mahlverfahren das geforderte Produktdesign realisieren.

a) b)

c) d)

Abbildung 17.4: Produktdesign veretherter Cellulosen
a) Cellulose, gemahlenes Ausgangsmaterial; b) Celluloseether im Gemisch mit Polyvinylacetat; c) Celluloseether, verdichtet; d) Celluloseether, Pulver

Das jeweils gewählte Verfahren lässt eine Vielzahl von Varianten zu, die sich durch die ausgewählte

- Rohstoffbasis,
- Reaktorkombination,
- Einstellung der Betriebsbedingungen,
- Technologie oder Kombination verschiedener Technologien,
- Nachbehandlung,
- Anordnung und Ausführung der Maschinen/ Apparate,
- Rückführung des Über- und Unterkorns, der Filterstäube und gegebenenfalls einer Verschnittware

unterscheiden können.

17.3 Betriebsbedingungen

Der Einfluss von vier wichtigen physikalischen Größen auf das Produktdesign soll beispielhaft angesprochen werden, und zwar von Druck, Temperatur, Zeit und Energie. Die Herstellung von Polyethylen (PE) erfolgt entweder bei niedrigen (4- 40 bar) oder bei hohen (500 - 1500 bar) Drucken. Das HDPE (high density) mit verbessertem Elastizitäts-und Biegemodul wird bei eher niedrigen Drucken produziert. Die Produkte unterscheiden sich nicht nur in ihrer Dichte, sondern auch in anderen charakteristischen Eigenschaften [19] wie der thermischen Ausdehnung oder der Reißfestigkeit. Das Verfahren, charakterisiert über den Synthesedruck, beeinflusst entscheidend die Qualität. Es wird in Lösung, Suspension oder Gasphase gearbeitet [77].

In Rektifikationsprozessen können auch temperatursensitive flüssige Gemische getrennt werden. Über das Vakuum/ Feinvakuum erfolgt die entscheidende Temperaturabsenkung. Eine kurze Verweilzeit sorgt für die Produktschonung. Tiefe Temperaturen in der Gefriertrocknung schließen bei pharmazeutischen Wirkstoffen thermische Einflüsse aus. Temperatur und Zeit sind auch die wesentlichen Parameter bei der Sterilisierung von Produkten und Anlagen oder bei der Ultrakurzerhitzung von Milch. Enzymatische Prozesse laufen fast bei Raumtemperatur ab, so dass sich eine Fettspaltung auch bei tiefen Temperaturen durchführen lässt.

Bei biotechnologischen Verfahren, die in begasten Rührkesseln (Fermentern) durchgeführt werden, hängt die Ausbeute von der Sauerstoffversorgung der Mikroorganismen und damit von der eingebrachten Energie (2 bis >10 kW/m³) ab. Energieabhängig ist auch das Mahlergebnis (Korngrößenverteilung) aus Mühlen, insbesondere bei Rührwerkskugelmühlen für die Herstellung von Nanopartikeln (herunter bis ca. 10 nm [78]). Der Permeatfluss von Membrananlagen lässt sich über die Überströmgeschwindigkeit und damit über die von Pumpen eingebrachte Energie steuern. Das Ergebnis einer Homogenisierung in Extrudern, Mischern und Dispergiermaschinen wird von der Verweilzeit sowie von der eingeleiteten spezifischen Energie beeinflusst und schlägt sich im Produktdesign nieder.

Die Wahl des Verfahrens und seiner Betriebsbedingungen hängt von der Aufgabenstellung ab. Die Trocknung der Abwässer einer Enzymfabrik führte zu einer pulverförmigen Substanz, die als Düngemittel eingesetzt werden könnte. Allerdings steht einer Vermarktung der strenge Geruch des Produktes entgegen. Die Trocknung lässt sich auch in einer Sprühgranulationsanlage [75] mit überhitztem Wasserdampf bei einer Eintrittstemperatur von ca. 200 bis 350 °C durchführen. Das erhaltene Düngemittel ist gemäß **Abb. 17.5** zum einen kugelförmig granuliert und zum anderen kaum geruchsbelastet, d.h. nennenswert im Produktdesign verbessert.

Abbildung 17.5: Düngemittel-Granulate aus dem Abwasser einer Enzymfabrik, hergestellt über eine Sprühgranulation mit überhitztem Wasserdampf

Der Deso-Effekt einer Dampftrocknung ist am Produkt deutlich nachvollziehbar, insbesondere im direkten Vergleich. Der überhitzte Wasserdampf nimmt durch eine Wasserdampfdestillation einen großen Anteil der geruchsverursachenden Substanzen mit in die Kondensationsstufe.

Im Granulationsverfahren muss der Dampf (Sauerstoffgehalt < 1-3 %) gemäß **Abb. 17.6** im Kreislauf gefahren werden. Nur der aus der Trocknung stammende Überschussdampf mit einer Temperatur von etwa 120 bis 130 °C wird kondensiert und der Energierückgewinnung (ca. 60 bis 85 %) zugeführt. Mit der Kondensationswärme lässt sich Heißwasser (ca. 80 °C) erzeugen. Es gibt wegen der totalen Kondensation kein Abgas, d.h. keine Wasserdampffahnen und keine Gerüche. Der nicht kondensierbare Anteil, d.h. die geruchsbelastete Restluft, lässt sich in den Brenner zurückführen. Wenn das Produkt eine kurzzeitige Temperaturbelastung von etwa 115 °C problemlos übersteht, empfiehlt sich der Einsatz der Dampftrocknung, insbesondere bei geruchbelasteten Trocknungsverfahren.

Die Wichtigkeit der Betriebsbedingungen neben anderen Einflussgrößen lässt sich an den Beispielen der Sprühtrocknung und der Tablettierung

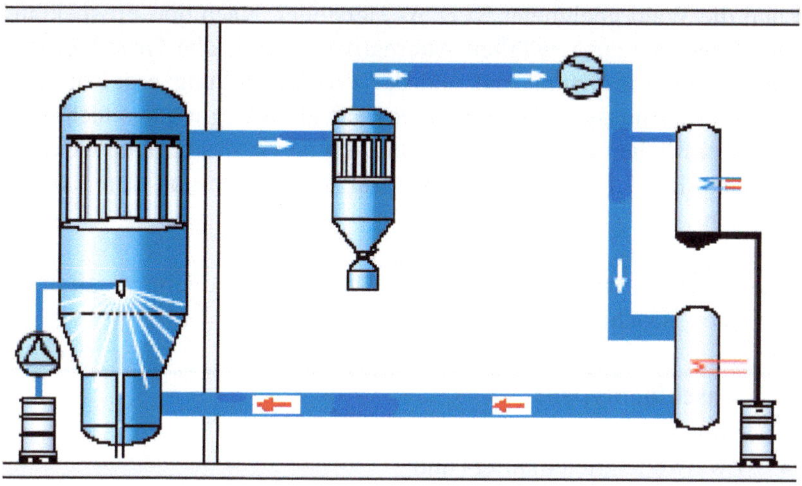

Abbildung 17.6: Dampf- Kreislauffahrweise mit zwei Filtern, Kreislaufventilator, Wärmetauscher zum Überhitzen des Dampf (Quelle: modifizierte Abbildung aus dem *Glatt*- Prospekt)

erläutern. In der Sprühtrocknung mit Druckdüsen entscheidet der Sprühdruck die Partikelgrößenverteilung mit, ebenso wie die Betriebstemperatur und die Auslegung der Düse. Für die reproduzierbare Herstellung von Tabletten ist zum einen die Korngrößenverteilung und die Feuchtigkeit des Ausgangsmaterials von großer Bedeutung incl. des Tablettierhilfsmittels, zum anderen müssen Pressdruck, Füllgrad, Tablettiergeschwindigkeit und Temperatur sorgfältig eingehalten werden. Insbesondere bei den Tabletten stellt das Recycling ein Problem dar, da diese nicht nur aufzumahlen, sondern auch in Schüttdichte, Korngröße und Form (Vermeidung der Entmischung) einzustellen sind.

17.4 Wahl der Maschinen und Apparate

Die einzelnen Stufen des Verfahrens bestehen aus hintereinander geschalteten Maschinen und Apparaten (M&A). Für jede Aufgabe gibt es qualitätsentscheidende Alternativen: Statt Destillation lässt sich einerseits vielleicht ein Chromatographie- oder Desodorierungsverfahren einsetzen bzw. andererseits ein geeigneter Membranprozess nutzen. Über eine Analyse der Qualitäten, Leistungen und Kosten erfolgt die Festlegung des Verfahrens und die Wahl geeigneter M & A- Hersteller. Nach den Prospektangaben erledigen alle ausgewählten Alternativen die gleiche Grundoperation. Abhängig vom Einsatzmaterial und der Problemstellung ergeben sich in der Praxis erfahrungsgemäß große Unterscheide bezüglich des technischen und wirtschaftlichen Einsatzes, der Leistung sowie des realisierbaren Produktdesigns. In **17.1** sind Alternativen für die Ausführung von Extrudern beschrieben.

Tabelle 17.1: Extruder als Beispiel für unterschiedliche Ausführungsformen einer Maschine

Maschinentypen: • Einwellen- • Zweiwellengleichläufer- und • Zweiwellengegenläufer- sowie • Planetenextruder; ferner • Hintereinanderschaltungen (Zweiwellen- oder Planeten-/ mit Einwellen- Extruder).
Maschinen-/ Betriebsparameter: • Ausführung der Schnecken (gerade, konisch, Steigung, Abstände, Winkel, Spaltbreiten und -tiefen, usw.) und der Buchsen • Hinteranderschaltung unterschiedlicher Schneckenelemente (Scher-, Knet-, Misch- und Förderelemente, Druckaufbau) • Gekühlte/ungekühlte Schnecken • Heiz-/kühlbare Schüsse • Wärmeaustauschfläche, Wärmedurchgangszahlen • Geometrische Abmessungen • Energieeinleitung • Drehzahl, langsam und schnelllaufende Extruder (Massendurchsatz) • Side feeder (zusätzliche seitliche Zuführung von Ausgangsmaterial) • Automatisierung • Granulationseinrichtung.

Allein durch die Vielzahl an Schneckengeometrien und – Elementen ist eine optimale Anpassung an die Problemstellung möglich. Das Auffinden der richtigen Anordnung und Prozessführung ist schwierig und erfordert umfangreiche Stoff- und Maschinenkenntnisse, da die vielen Parameter zu einer nahezu unübersehbaren Anzahl an Varianten führen. Zusätzlich lassen sich bei näherer Beschäftigung mit der Auswahl der optimalen Maschine einige herstellerabhängige Besonderheiten erkennen, die zu berücksichtigen sind. Hierzu zählen geeignete Granulier- und Plattenwechselvorrichtungen. Für jede Aufgabenstellung gibt es mehrere Alternativen, aber meist nur eine Variante, die wirklich zu einer überlegenden Produktqualität führt.

Die Extrusion gehört zu den Designtechnologien wie auch andere Agglomerationsverfahren, die in **Abb. 17.7** dargestellt sind. Diese eignen sich besonders für die gezielte Produktgestaltung. Im Falle von Feststoffen gehören neben einigen Agglomerationsverfahren auch die Verfahren zur Formgebung von Schmelzen. Insbesondere die Extrusion [90], die Granulation [89] und das Tablettieren [26] sowie die Sprühagglomeration [75] eignen sich für ästhetische Gestaltungen.

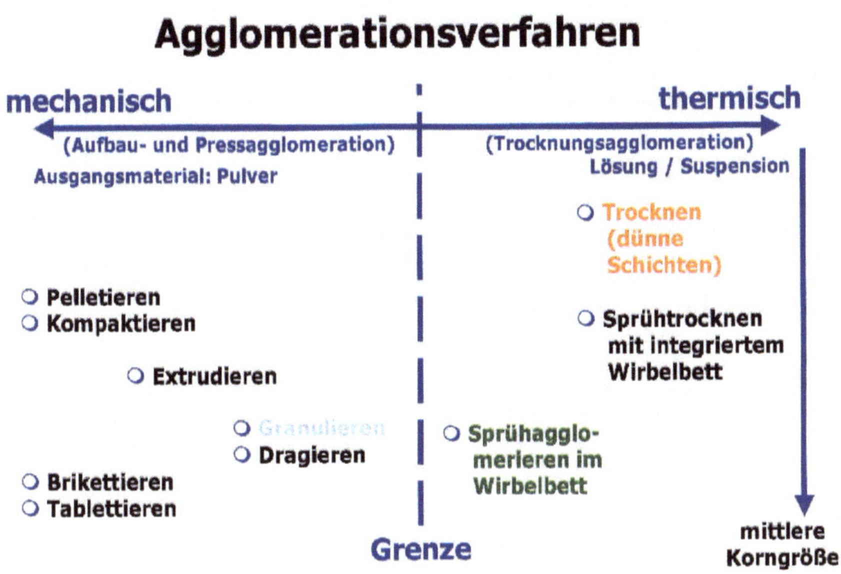

Abbildung 17.7: Formgebende Verfahren

Für jede Grundoperation gibt es zahlreiche Möglichkeiten zur Realisierung und mehrere weltweit operierende Hersteller mit unterschiedlichen Ausführungsformen. Die Wahl des Verfahrens, des Herstellers und der Betriebsbedingungen entscheidet die Qualität. Insbesondere Trocknungsverfahren bestimmen das Produktdesign mit. Jeder Trocknertyp ist für eine spezielle Anwendung [84] vorgesehen, z.B. für eine schonende Trocknung im Vakuum oder für eine Entfeuchtung unter inerten Bedingungen im Stickstoff- oder Dampfkreislauf mit Energierückgewinnung. Beispiele können der **Tab. 17.2** entnommen werden, wobei für jeden Trockner wie „Wirbelbett“ wiederum ein Vielzahl von Typen (Zuführung, Boden, Geometrien, Wärmetauscher, Ablauf) und Betriebsweisen (Betthöhen, ohne/mit Vibration, Lufttemperaturen und -mengen) existieren.

Tabelle 17.2: Grundoperation „Trocknung“; Alternative Ausführungsformen für kontinuierliche Trockner

Feuchte Feststoffe Schaufeltrockner Mischer mit Beheizung/Vakuum Wirbelschicht-/bewegtes Bett-Trockner Airlift Stromtrockner Convex-Trockner Bandtrockner Trommeltrockner Mikrowellentrockner
Feuchte Feststoffe mit Zerkleinerung Mahltrockner
Lösungen/Suspensionen Sprühtrockner Flashtrockner Sprühagglomerationsverfahren Sprüh-/Granulationstrockner Pastentrockner Walzentrockner Dünnschichttrockner (Gefriertrockner)

Die Auswahl, die Auslegung und das scale-up erfolgen üblicherweise über die charakteristischen Kennzahlen sowie über spezifische Besonderheiten (know how des Herstellers). Für die Bestellung sind neben der technischen Lösung auch Preis und Service entscheidende Kriterien.

Die Wärme wird in die Trockner über das heiße Gas, über Kontaktflächen oder Strahlung eingebracht. Die Zuführung kann auch über zwei Arten gleichzeitig erfolgen, zum Beispiel im Fließbetttrockner zum einen direkt über das Gas und zum anderen indirekt über einen innenliegenden Wärmetauscher. Als Gas ist reine Luft oder Luft im Gemisch mit Rauchgasen gebräuchlich, in einigen Fällen gelangt Stickstoff oder überhitzter Wasserdampf zum Einsatz. Das getrocknete Produkt fällt pulverförmig, granular, schuppig oder klumpig an und wird direkt oder nach Kompaktierung über Sieb- oder Mahl-/Sieb- Verfahren in die Verkaufsform überführt.

Zwei Grundoperationen in einer Anlage werden auch in Trocknungsanlagen ausgeführt. Beispiele hierfür stellen einige komplexe Prozesse dar, wie die Formgebung und Trocknung in der Sprühgranulation [75, 85], beim Verrunden / Nachtrocknen mit gleichzeitigem Coaten oder bei der Sprühtrocknung mit einer Agglomeration im integrierten Wirbelbett [79]. Des Weiteren kann in der Mahltrocknung in Grenzen über die Wahl der Betriebsparameter und der Recyclingströme Einfluss auf die Produktgestaltung genommen werden. Andererseits kann es ratsam sein, einzelne Grundoperationen auf zwei oder mehr Maschinen / Apparate zu verteilen. Beispiele finden sich in der Rektifikation, der Adsorption oder der Zerkleinerung. Sprüh- und Granulationsprozesse werden oft mehrstufig mit mehreren Recyclingströmen geführt.

Bei Feststoffprozessen ist für das scale-up eine Mindestanlagengröße im Technikum erforderlich, weil die Teilchen in ihrer späteren Größe sowie in einer repräsentativen Menge und Qualität vorliegen sollten. Die Sicherstellung der Qualität erfordert die Einbeziehung der Recyclingströme im Pilot-Maßstab. In Sprühprozessen ergeben sich immer Unterschiede bei der Vergrößerung des Maßstabs, weil die Strömungsverhältnisse sich ändern.

17.5 Einfluss der Verfahrensführung

Der Einfluss der Verfahrensführung auf Produktdesign soll zunächst für die **Sprühtrocknung** diskutiert werden. Der Kunde wünscht ein möglichst staubarmes Produkt. Daher sind zahlreiche Alternativen [79] entwickelt worden, um den Feinstaubanteil zu reduzieren. Hierzu zählen neben den geeigneten Düsen und optimierten Betriebsbedingungen die Abtrennung und Rückführung des Staubes sowie die Kombination der Sprüh- mit der Wirbelschichttechnologie.

Der Staubrückführung kommt eine große Bedeutung zu. Neben der Staubeinbindung in die Tröpfchen lassen sich die feinen Staubpartikel auch an die noch feuchten oder klebrigen Pulver über einen Granulationsprozess, notfalls über Zugabe eines wässrigen Klebemittels, im Wirbelbett einbinden. In **Abb. 17.8** sind zunächst zwei Grundformen der Sprühtechnik abgebildet. Einerseits ist der häufig eingesetzte Gleichstrom-Scheibenzerstäuber- Turm, hier ohne Staubrückführung, dargestellt. Andererseits kann am Gleichstrom- Druckdüsen- Turm eine ausgeführte Variante der Staubrückführung nachvollzogen werden.

Die gefilterte Zerstäuberluft (blauer Strich in der Abb. 17.5) wird in einem Wärmetauscher auf die Betriebstemperatur (ca. 80 bis 250 °C) erhitzt und tangential in den Zerstäubungsbereich geführt. Die Zuführung des vorgewärmten Slurries erfolgt über eine Pumpe (gelber Pfeil) direkt auf die Scheibe / in die Düse. Nach der Zerstäubung verdampft die Hauptmenge des Wassers im oberen Turmbereich. Durch den Drall der Trocknungsluft bewegen sich die größeren Teilchen im Wandbereich kreisförmig nach unten und verlassen den Turm über eine Drehkammerschleuse (gelber Pfeil). Es erfolgt anschließend ein Transport nach oben über einen Airlift, wobei anschließend das Produkt im Filter abgeschieden wird.

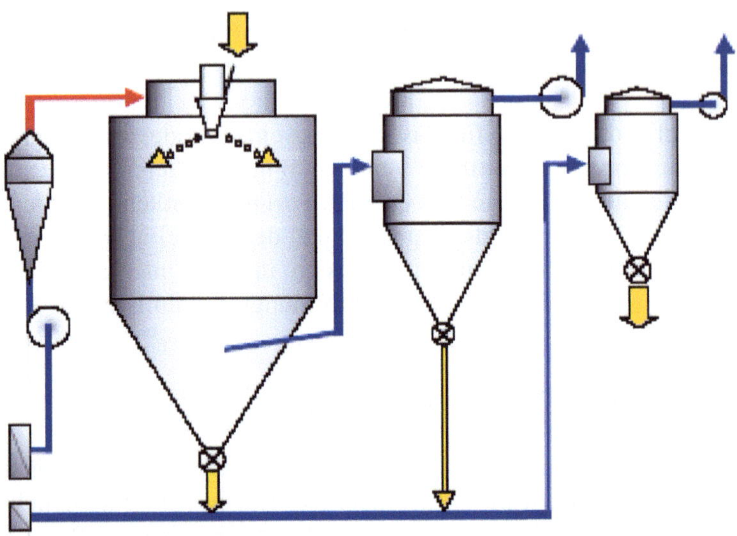

a) Gleichstrom- Scheiben- Sprühturm ohne Staubrückführung

b) Großtechnischer Scheibenzerstäubungs-Trockner

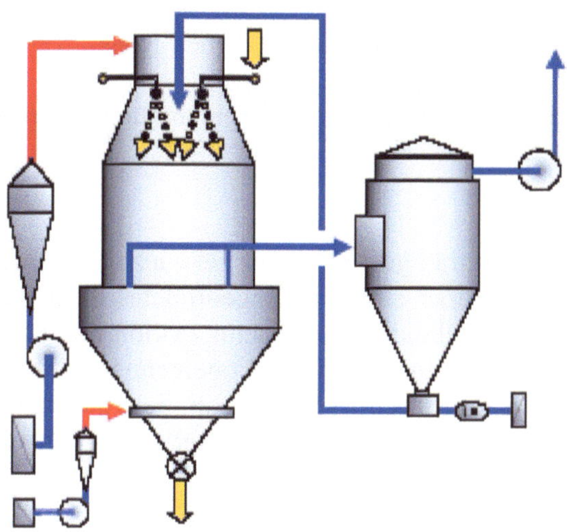

c) Gleich-/ Gegenstromtrockner mit Einstoff- Druckdüsen und mit Staubrückführung

d) Großtechnischer Druckdüsen-Zerstäuber

Abbildung 17.8: Grundformen der Zerstäubungstechnologie (Quelle: Fa. *GEA/Niro*)

Die ca. 45 bis 70 grädige Luft (blau gekennzeichnet) mit dem Feinstaub verlässt den Turm über ein mittig angeordnetes Rohr oder über den Ringkanal. Die Staubabscheidung erfolgt im Zyklon und/oder im Filter. In der Abb. 17.7 wird der Staub dem Produkt beigemischt, in der Abb. 17.8 fliegt der Staub über einen Airlift zurück in den Zerstäubungsbereich. Der Gleichstrom- Zerstäubungs- Turm verfügt zusätzlich über eine Nachtrockenzone im unteren Bereich des Turms, realisiert über eine weitere Heißluftzugabe (roter Strich) im Gegenstrom. Dieser Spezialfall stellt einen Gleichstromtrockner im oberen Teil in Kombination mit einem Gegenstromtrockner im unteren Teil dar und eignet sich für schwer zu trocknende Stoffe, die auf geringe Restwassermengen herunter getrocknet werden müssen.

Der Einfluss der Staubrückführung kann der **Abb. 17.9** entnommen werden. Während auf der linken Seite das entstaubte Produkt dargestellt ist, zeigt das mittlere Bild die Auswirkungen einer Staubrückführung in den Zerstäubungsbereich auf das Design. Rechts ist ein Beispiel für die Sprühgranulation (Sprühtrocknung in Kombination mit der Wirbelbett-technologie) zu sehen.

a) b) c)

Abbildung 17.9: Sprühgetrocknetes Produkt [aus 79]
a) Staubfreie Partikel; b) Partikel nach Staubrückführung; c) Agglomerate aus einem Wirbelbett

In der **Abb. 17.10** werden Kombinationstrockner gezeigt. Die Gleichstromsprühtürme verfügen über oben liegende Zerstäubungen und über unten angeordnete Wirbelschichten. Diese Beispiele zeigen, dass sich die Einflüsse der Betriebsbedingungen und der Verschaltung von Maschinen und Apparaten (Kap. 17.6) überlagern und nicht trennen lassen. Durch die Kombinationen erfolgt eine deutliche Steigerung der Parameteranzahl, die das Produktdesign beeinflusst. Über die relevanten Einflussgrößen lässt sich das Design in Grenzen einstellen.

Der Gleichstromturm kann mit einem Scheibenzerstäuber oder mit Druckdüsen betrieben werden. Durch die Nachgranulation/ Nachtrocknung stellen sich üblicherweise Partikelgrößen von 200 bis 500 µm ein. Die Heißluftströme sind durch rote Pfeile, die Abluftströme durch blaue gekennzeichnet. Die Farbe gelb weist auf Slurries oder auf getrocknete

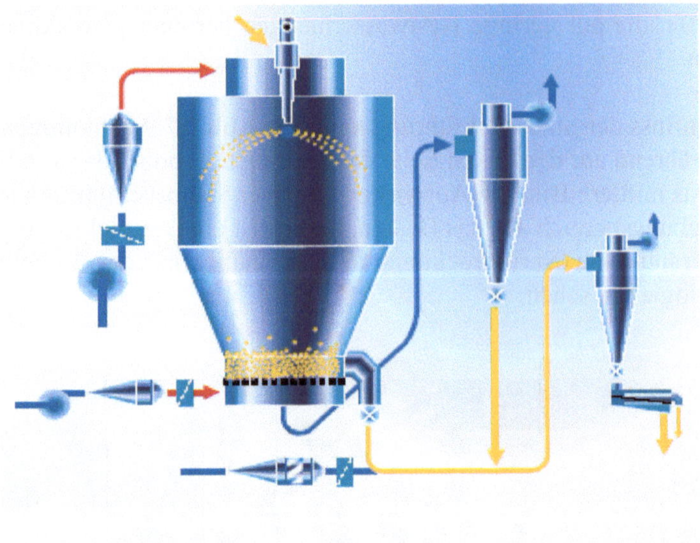

a) Integrierte Wirbelschicht ohne Staubrückführung

b) Technische Ausführung eines Hybridtrockners

Abbildung 17.10: Gleichstromsprühturme mit integriertem Wirbelbett (Hybrid- Trockner)

Partikel hin. Der Feinstaub wird in diesem Fall aus der Trocknungsluft im Zyklon abgeschieden und dem im Airlift geförderten Produkt untergemischt. In der Fortsetzung der Abb. 17.10 ist am Pulveraustritt des Gleichstromsprühturms ein Wirbelbett angeflanscht. Bei dieser Variante werden die Feinstaubanteile aus dem Sprühturm und aus der Wirbelschicht in einem Filter abgeschieden und entweder in den Zerstäubungsbereich zurückgeführt, oder bevorzugt ins Produkt eingranuliert. Dieser Prozess erfolgt in der vibrierten Wirbelschicht, in der sich die Partikel auch nachtrocknen und kühlen lassen.

Eine weitere Variante stellt die Kombination des Sprühturms mit integrierter sowie mit externer Wirbelschicht dar, in der die Staubrückführung via externes Staubfilter, wie oben beschrieben, erfolgen kann. Bei Nutzung von integrierten Filtern lässt sich die Anlage deutlich kompakter und damit Platz sparender gestalten, weil der Staub im Sprühturm verbleibt, bis er vom Sprühstrahl gebunden wird. Im Boden sind zwei Wirbelbetten konzentrisch angeordnet, wobei die äußere den Partikelausgang bildet. Über den Sichter direkt vor dem Ausgang lassen sich die Feinstaubteilchen wieder in den Turm zurückblasen.

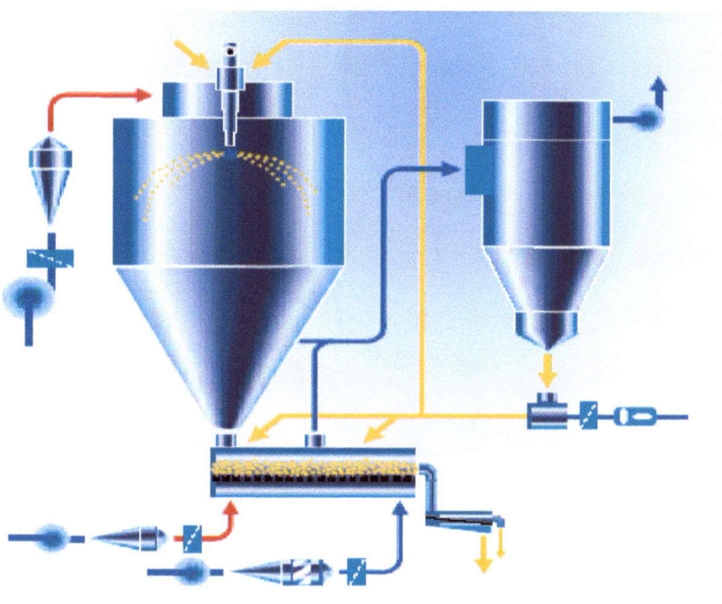

c) Kombination aus Sprühturm und externer Wirbelschicht mit Staubrückführung

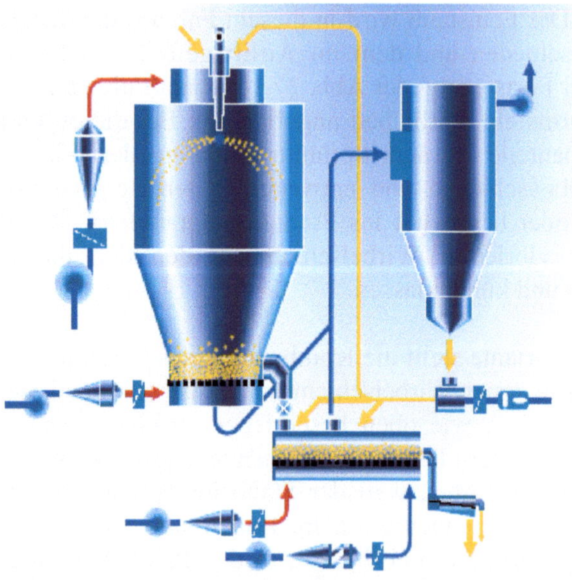

d) Kombination aus Sprühturm mit integrierter und externer Wirbelschicht

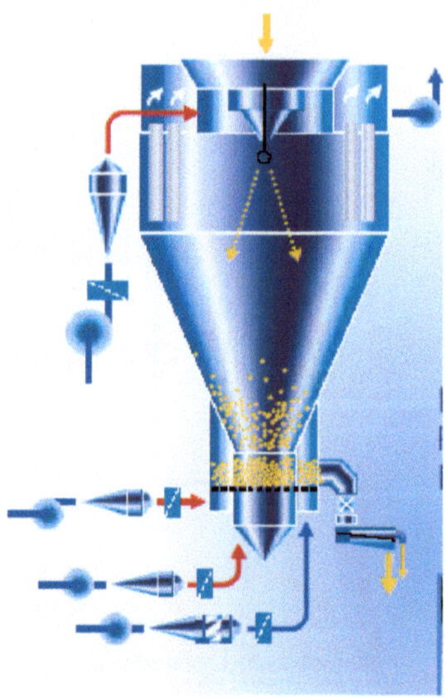

e) Sprühturm mit integriertem Filter und integrierten Wirbelbetten mit sichtendem Ausgang

Abbildung 17.10 (Fortsetzung): Gleichstromsprühturme mit Wirbelbett (hybride Trockner; Quelle: *GEA/Niro*)

Einige Produkte, insbesondere in der Lebensmitteltechnologie, durchlaufen während der Trocknung eine zähe, klebrige Phase. Für die vollständige Trocknung ist eine verlängerte Verweilzeit erforderlich. Eine geeignete Vorrichtung stellt die Kombination aus Sprüh- und Bandtrockner dar. Öffnungen im Band erlauben gemäß **Abb. 17.11** das Führen der heißen Luft zur Endtrocknung durch die Produktschicht. Anschließend erfolgt auf die gleiche Weise die Kühlung des Materials. Einige Produktbeispiele aus der Lebensmittelindustrie können ebenfalls der Abb. 17.10 entnommen werden.

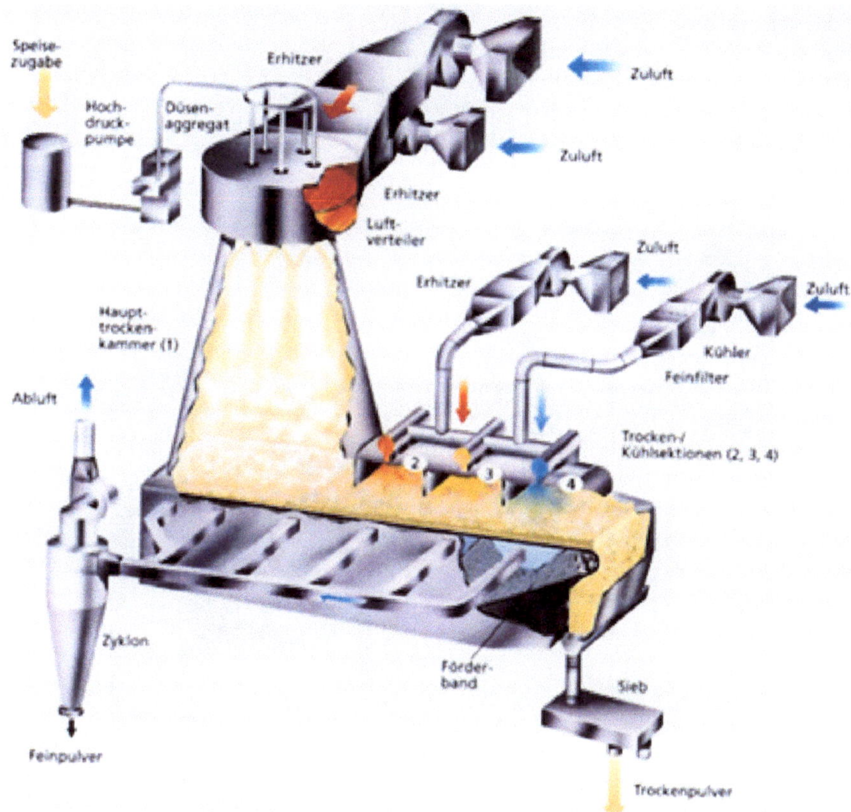

Abbildung 17.11: Hybrides Trocknungsverfahren, bestehend aus einem Gleichstrom- Sprühturm in Verbindung mit einem Bandtrockner; Schnittbild einer Anlage zur Erläuterung des Prinzips

a) b)

c)

Abbildung 17.11 (Fortsetzung): Hybrides Trocknungsverfahren, bestehend aus einem Gleichstrom- Sprühturm in Verbindung mit einem Bandtrockner
a) Produktionsanlage (Lebensmittelindustrie); b) Produktbeispiele (Geschmackstoffe, Milchprodukte / Mehle, Pulver mit hohen Fettgehalten, Proteinhaltige Nahrungsmittel, Obst-/Gemüsepulver, Süßmittel); c) Technische Anlage (Quelle: *GEA/Niro*)

In der **Abbildung 17.12** sind Produktbeispiele wiedergegeben.

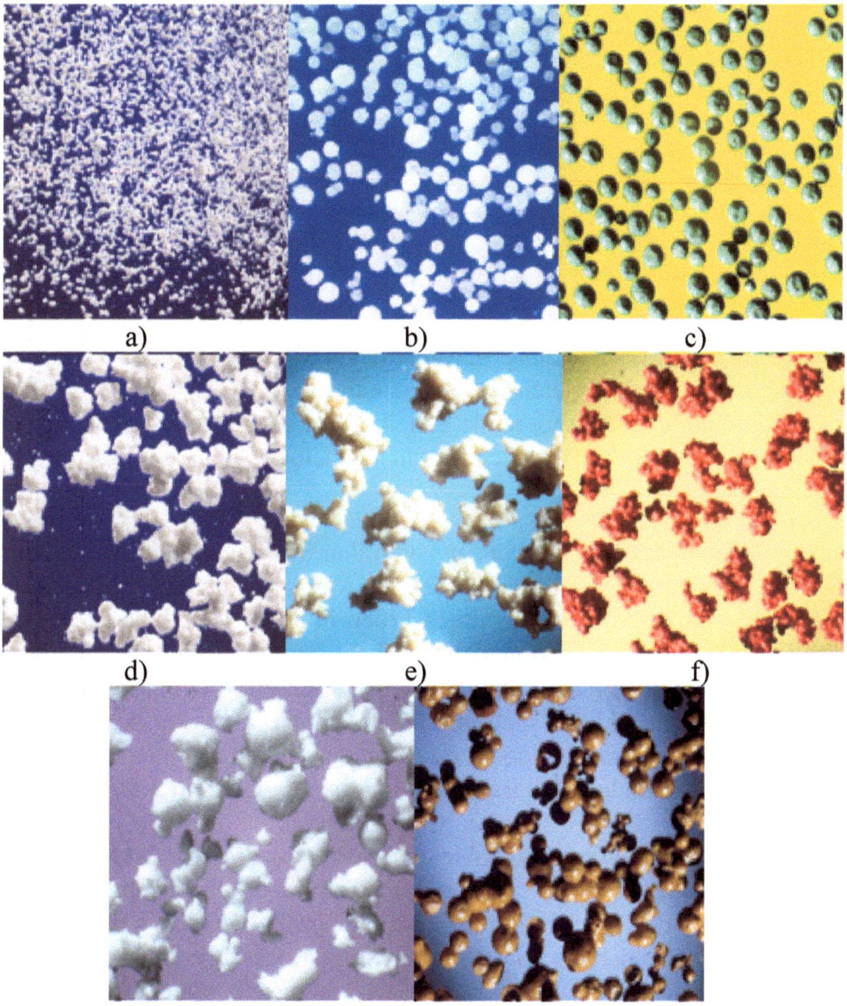

a) b) c) d) e) f) g) h)

Abbildung 17.12: Produktdesign in Abhängigkeit von der Zerstäubung, Trocknung und Staubrückführung
a-c) Scheibenzerstäubung: Titandioxid (TiO_2), Zuckerverbindung, Eisenverbindung; d-f); Sprühturm mit integriertem Wirbelbett: TiO_2 mit Binder, Düngemittel, Farbstoff; g-h) Sprühtrocknung mit integriertem Bandtrockner: Dextrose; Kaffee

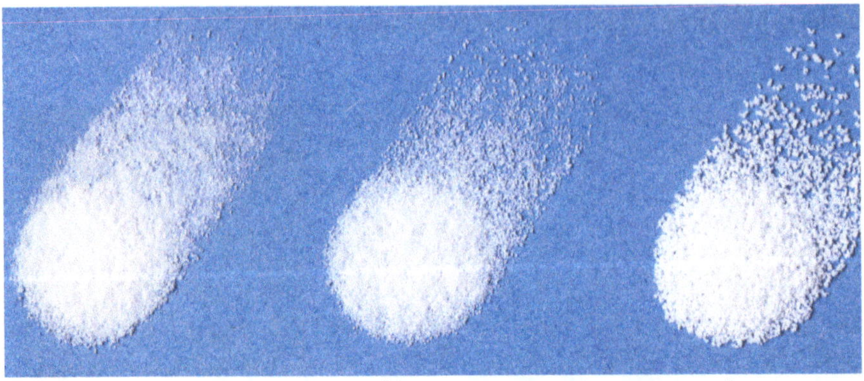

a) b) c)

Abbildung 17.12 (Fortsetzung): Produktdesign in Abhängigkeit vom Zerstäubungsverfahren bei gleichem Einsatzmaterial
a) Zerstäubung über die rotierende Scheibe; b) Druckdüsenzerstäubung; c) Druckdüsenzerstäubung mit integriertem Wirbelbett (Quelle: *GEA/ Niro*)

Natürlich hängt das Design nicht nur von den Stoffeigenschaften ab, sondern das Verfahren sowie die eingesetzten M&A bestimmen die Partikelgrößenverteilung und -Form. Ferner werden in einigen Verfahren zur Unterstützung der Agglomeration Hilfsstoffe in geringen Mengen zugesetzt, so dass zum einen eine Nachstellung ohne Zusatzinformationen schwierig ist und zum anderen durch Optimierungen schöne runde Partikel resultieren. Im Grundsatz lässt sich aber erkennen, dass durch das integrierte Wirbelbett und insbesondere den Bandtrockner die Agglomeration zunimmt.

Das Partikeldesign von Produkten aus Sprühprozessen [42] hängt entscheidend von der Wahl eines passenden, kombinierten Verfahrens sowie von seiner Führung ab. Die mittlere Teilchengröße wird über den Sprühprozess und den nachgeschalteten Agglomerationsschritt, der zusätzlich über Zugabe einer Granulationsflüssigkeit gesteuert werden kann, festgelegt. Durch Staubrückführungen und Sichtungen lassen sich die minimalen Partikeldurchmesser [75] einstellen, über nachgeschaltete Siebe die maximalen Korngrößen festlegen.

Ein anderes Beispiel stellt die **Granulation** [26, 58, 86, 87, 88] dar. In diesem Prozess lässt sich das Produktdesign über die Verfahrensführung steuern, insbesondere über die Art und Menge der Recyclingströme. Nachfolgend ist die Granulation von Feststoffen gleicher oder unterschiedlicher Zusammensetzung definiert:

Agglomerationsverfahren, in dem Pulver und Stäube unter Zusatz einer Granulationsflüssigkeit in gröbere Agglomerate (Granulate) zur Verbesserung charakteristischer Produkteigenschaften überführt werden.

Die Aufgaben eines Granulationsverfahrens sind in **Tab. 17.3** aufgeführt. Die Liste der Einsatzgebiete zeigt, dass es sich bei der Granulation um eine vielseitig einsetzbare „Designtechnologie" handelt. Durch die gezielte Steuerung dieses Verfahrens lässt sich bei entsprechendem know how das Produktdesign deutlich sichtbar (= für den Kunden erlebbar) beeinflussen.

Tabelle 17.3: Einsatzbereiche von Granulationsverfahren

- Entstaubung
- Verbesserung der Fließ- und Lagereigenschaften
- Verbesserung der Löslichkeit (Instantisierung)
- Erhöhung des Schüttgewichtes
- Verminderung der Entmischung
- Anpassung von Korngrößenverteilungen
- Verbesserung des Formfaktors
- Vereinigen von unterschiedlichen Pulvern in einem Korn
- Beladen mit Flüssigkeiten.

Auch im Granulationsverfahren müssen die Korngrößenverteilungen der Ausgangsstoffe und der Recyclingströme beachtet werden. Geeignete Granulierflüssigkeiten [23, 87] zeichnen sich durch eine gewisse Klebrigkeit aus, die wässrige Polymerlösungen natürlichen oder synthetischen Ursprungs aufweisen. Die Wahl des optimalen Granulierhilfsstoffs kann unter wirtschaftlichen Randbedingungen schwierig sein, wenn die Hilfsmittel keine zusätzlichen Kosten generieren dürfen.

Die Granulationsdauer hängt von der Chemie der Teilchen, den Korngrößenverteilungen sowie von Art und Menge der Granulationsflüssigkeit gemäß **Abb. 17.13** ab. Feste Größen sind die Chemie des Ausgangsstoffes bzw. der Ausgangsstoffe sowie die physiko-chemischen Parameter. Eine

Beeinflussung des Granulationsvorganges [86, 87] kann über die Korngrößenverteilungen der Ausgangsstoffe in Kombination mit der gewählten Granulationsflüssigkeit erfolgen. Die Dauer variiert von einigen Sekunden bis hin zu ca. zehn Minuten. Der Granulationserfolg wird zum einen unter dem Mikroskop sichtbar, zum anderen über die Korngrößenanalyse, bewertet nach Gutkorn sowie der Aufteilung in Grob- und Feinkorn. Üblicherweise sollte der Anteil an Grobkorn größer sein als der an Feinkorn, steuerbar über die Art und Menge an Flüssigkeit.

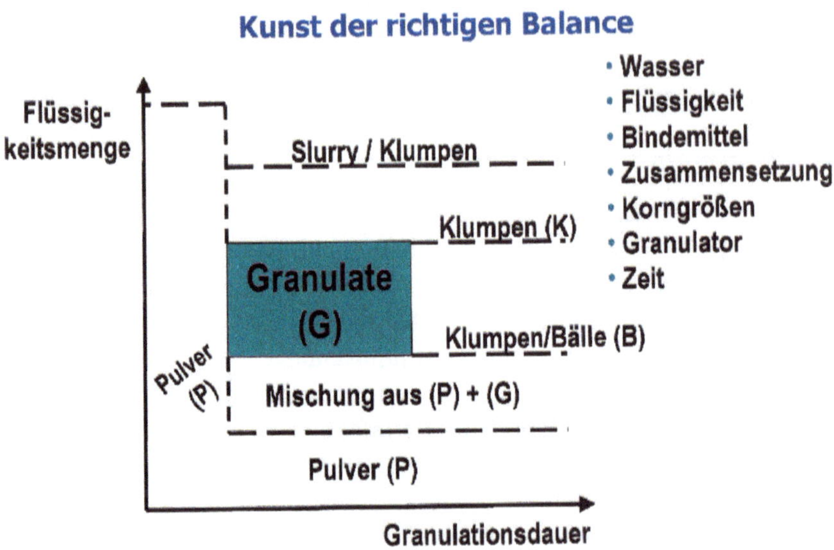

Abbildung 17.13: Stoff- und korngrößenabhängiger Granulationsbereich, begrenzt durch die Flüssigkeitsmenge und durch die Zeit [89]

Zunächst darf die Feuchtigkeit der verschiedenen Feststoffe, die in den Granulator dosiert werden, nicht über weite Bereiche schwanken, um bei konstanter Menge an Granulationsflüssigkeit eine gleich bleibende Qualität zu erhalten. Mit der richtig gewählten Flüssigkeit lassen sich hohe Adhäsionskräfte zwischen den Partikeln realisieren. Hierfür kommen insbesondere gelöste natürliche Polymere wie Cellulose-, Stärke- und Guarether sowie Xanthan als Biopolymer in Frage, aber auch synthetische Polymere stellen eine gute Wahl dar. Es haben sich für wasserlösliche Anwendungen einige Polymere unterschiedlicher Molekulargewichte bewährt.

Die Art der Aufbringung der Granulationsflüssigkeit gemäß **Abb. 17.14** stellt eine weitere Steuerungsmöglichkeit dar. Nach dem Stand der Technik ist das Aufsprühen über Zweistoffdüsen [75] üblich. Damit die Flüssigkeit nicht sofort aufgesogen wird, sollte die Flüssigkeit eine möglichst hohe Viskosität aufweisen. Der Sprühvorgang, charakterisiert durch die Tropfengrößenverteilung, begrenzt die maximale Viskosität allerdings auf ca. 500 mPas. Bei Einsatz einer Zweistoffdüse (Flüssigkeit wird mit Pressluft zerstäubt) muss die Sprühluft gefiltert und aus dem Granulator geführt werden.

Alternativ kann die Flüssigkeit zugegossen werden, und zwar langsam in Form von Tropfen oder schnell als Strahl. Die letztgenannte Variante ist bei gut granulierbaren Stoffen einsetzbar. Eine interessante neue Möglichkeit der Flüssigkeitszugabe stellt das Arbeiten mit Schäumen [76] dar.

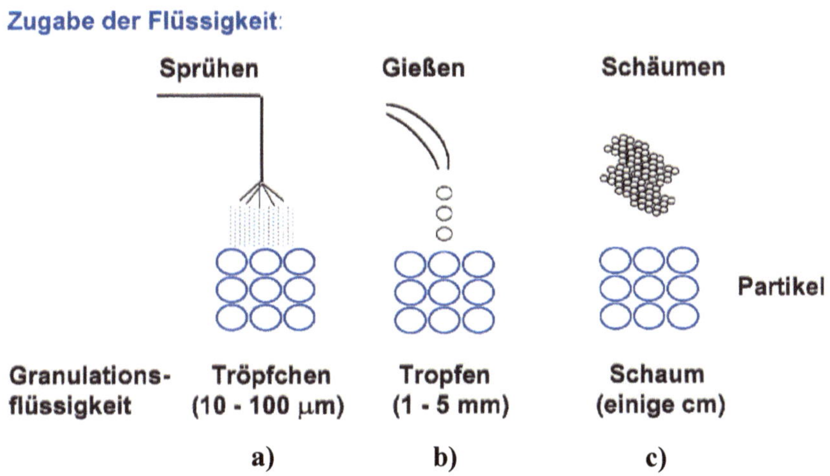

Abbildung 17.14: Möglichkeiten der Flüssigkeitszugabe in Granulations-Verfahren [27]
a) Sprühen über Zweistoffdüsen mit Pressluft (2 bis 5 bar); b) Gießen in Form von Tropfen oder als Schwall; c) Aufschäumen der Flüssigkeit vor dem Granulator

Über das Aufschäumen lässt sich die Viskosität erheblich heraufsetzen, so dass die Flüssigkeiten deutlich weniger eingesaugt werden. Die klebrigen Hilfsstoffe verbleiben auf der Partikeloberfläche und bewirken bereits in kleineren Mengen eine hinreichende Granulation. Auch die gleichmäßige Verteilung ist einfacher; im Gegensatz zum Sprühen kann die Pressluft im Granulator entfallen.

Der Einfluss des Verfahrensablaufs auf das Produktdesign [24, 86] lässt sich anhand des nachstehenden Blockfließbildes in **Abb. 17.15** diskutieren.

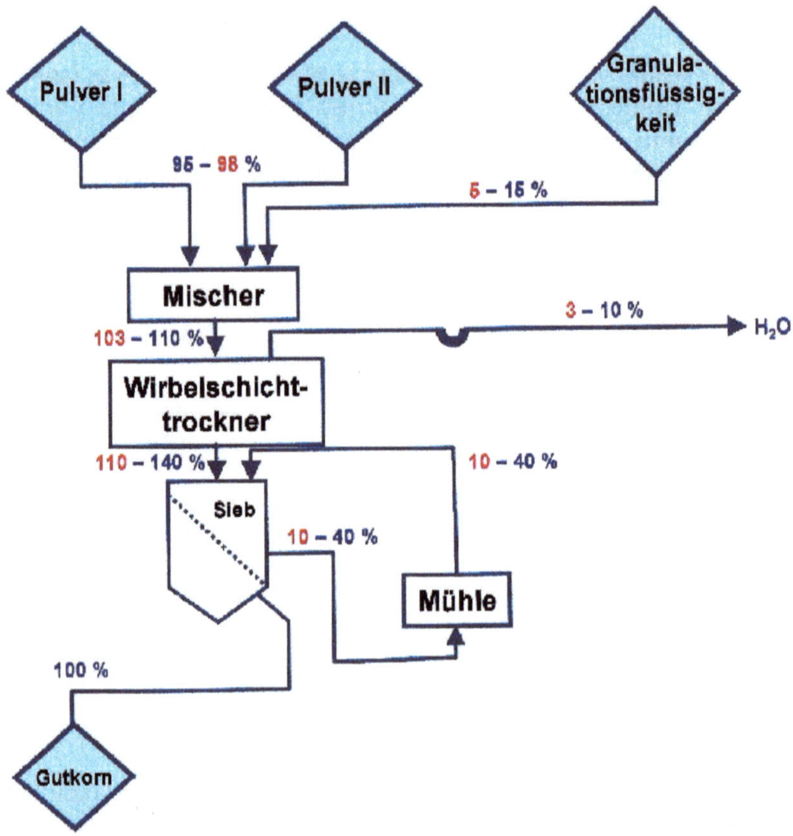

Abbildung 17.15: Granulation mit Rückführung des gemahlenen Grobkorns direkt in das Sieb; Zahlen: typische Massenbilanz mit min. und max. Anhaltswerten

Granulationsverfahren bestehen aus den Elementen Granulator, Trockner/Kühler, Sieb und Mühle für das Überkorn. Ein einfaches Beispiel kann der entnommen werden.

Zwei verschiedene Pulver mit breiten Korngrößenverteilungen werden in einem Mischer unter Zugabe einer geeigneten Flüssigkeit granuliert, sichtbar durch die Verschiebung der Korngrößenverteilung in Richtung höherer Mittelwerte. Im nachgeschalteten Wirbelbetttrockner erfolgen die Entfernung des eingetragenen Wassers und/oder eine Kühlung des Granulates. Anschießend wird das Granulat gesiebt, um das Grobkorn bis hin zu Agglomeraten im Zentimeterbereich abzutrennen.

Es sollte eine möglichst schonende Zerkleinerung des Überkorns immer dann erfolgen, wenn das gemahlene Gut direkt wieder auf das Sieb gegeben wird. Das Produkt stellt ein Gemisch aus den gewünschten Granulaten, einem nicht oder schwach agglomerierten Anteil (Feinkorn) sowie beliebig geformtem Mahlgut dar. Fazit: kein einheitlicher optischer Eindruck, schwache Ästhetik.

Alternativ kann das abgesiebte Grobkorn scharf gemahlen und in den Granulator zurückgeführt werden. Bei dieser Verfahrensführung sind zum einen die höheren Belastungen des Mischers und des Wirbelbettes (andere Auslegung gemäß Massenbilanz) sowie zum anderen ein Mehrverbrauch an Granulationsflüssigkeit nachteilig. Durch die Aufgranulation des gemahlenen Grobkorns ist das Produkt frei von größeren, beliebig geformten Partikeln, die das Gesamtbild prägen. Im Granulat stört der Feinkornanteil, welcher in einigen Fällen (geringer Anteil) aber akzeptabel ist.

Eine Verbesserung des Produktdesigns wird durch Abtrennung sowohl des Fein- als auch des Grobkornanteils erreicht. Nach der Mahlung erfolgt eine Rückführung in den Granulator [58]. Das gemahlene Pulver einschließlich des Feinguts aus dem Trockner ex Filter lassen sich dort eingranulieren. Bei richtiger Führung der Granulation erscheint das Gutkorn als einheitliches, frei fließendes Granulat, ohne Staub und mit relativ einheitlicher Korngrößenverteilung.

In der **Tab. 17.4** sind die Kreislaufströme mit typischen Mengenangaben aufgeführt. Ein gut ausgearbeitetes Granulationsverfahren nach Abb. 17.9 weist als Richtwert eine Ausbeute von 40 bis 60 % auf.

Tabelle 17.4: Kreislaufströme (Produktüber- und Unterkorn) in Granulationsverfahren

Nr.	Herkunft	Menge
1	Trockner • aus dem Zyklon • aus dem Filter	mittel (< 10 %)
2	Sieb • Feingut • Grobgut/Mühle	viel (ca. 25- 65 %)
3	Filter der Absauganlage	klein (< 3 %)
4	Aufarbeitung von Fehlchargen (nur bei Bedarf; Fehlcharge: Produkt, das in einem Merkmal von der Spezifikation abweicht).	(< 5 %)

17.6 Einfluss der Verschaltung von Maschinen und Apparaten (M & A)

Neben dem Verfahrensablauf beeinflusst die Auswahl und die Verschaltung der M & A das Produktdesign. Über die Führung des Verfahrens lässt sich die Produktqualität bei Einsatz einer optimal geeigneten Kombination von Maschinen und Apparaten steuern. Welche Möglichkeiten es gibt und nach welchen Kriterien die Auswahl erfolgen kann, wird in Fortsetzung des vorstehenden Kapitels am Beispiel einer kontinuierlichen Granulationsanlage beschrieben.

Die hier diskutierte Granulation bezieht sich auf das Zusammenfügen von Feststoffteilchen gleicher oder unterschiedlicher Zusammensetzung mittels einer Granulationsflüssigkeit. Davon zu unterscheiden ist die Wirbelschichtsprühgranulation [75], in der in Wasser gelöste oder suspendierte Substanzen auf ein Kernmaterial gleicher Zusammensetzung aufgesprüht und gleichzeitig getrocknet werden.

Die Granulation wird bevorzugt in Mischern durchgeführt. Das Wasser oder das Lösungsmittel der Granulationsflüssigkeit muss nach Beendigung der Agglomeration entfernt werden. Dies kann zum einen im gleichen Mischer bei Normaldruck oder im Vakuum bzw. als bessere Alternative in einem nachgeschalteten Trockner erfolgen. Für die schonende Trocknung von Granulaten haben sich Wirbelschichttrockner bewährt.

Tabelle 17.5: Beispiele für Granulationsmischer

Mischertyp	**konti/ diskonti k/d**	**Hersteller**
• Horizontaler Pflugscharmischer mit Messerkopf	k/d	Fa. *Lödige*/Paderborn
• Horizontaler Mischer (TurboMix)	k/d	Fa. *Drais*/Paderborn
• Mischreaktor (Kettemix)	k	Fa. *Ballestra*/Mailand [83]
• Vertikal/geneigter Granuliermischer	d	Fa. *Eirich*/Hardheim
• Ringschichtmischgranulator	k	Fa. *Lödige*/Paderborn Fa. *Amixon*/Paderborn
• Vertikalmischer (Ein-/ Zwei-Wellen)	d	Fa. *Diosna*/Osnabrück Fa. *Amixon*/Paderborn
• Vertikalmischer	d	Fa. *Glatt*/Binzen Fa. *Fukae* Powtec/Japan
• Zweiwellen-Mischer	k	Fa. *Gericke*/Schweiz [89] Fa. *Forberg*/Norwegen

Eine Granulation ohne nachfolgende Trocknung lässt sich bei Einsatz von Schmelzen als Granulationshilfsmittel realisieren. Bei diesen Prozessen ist eine Granulatkühlung erforderlich, die mit kalter Luft erfolgt. Des Weiteren muss eine Grobkorn-, fakultativ auch eine Feinkornabsiebung durchgeführt werden. Einige typische Mischer, die für Granulationsaufgaben geeignet erscheinen und auch hochviskose Phasen verkraften, können der **Tab. 17.5** entnommen werden.

Eine Auswahl an häufig anzutreffende batch- Mischer für Granulationsprozesse ist in **Abb. 17.16** zusammengestellt. Die Mischer können auch hochviskose Pasten verarbeiten.

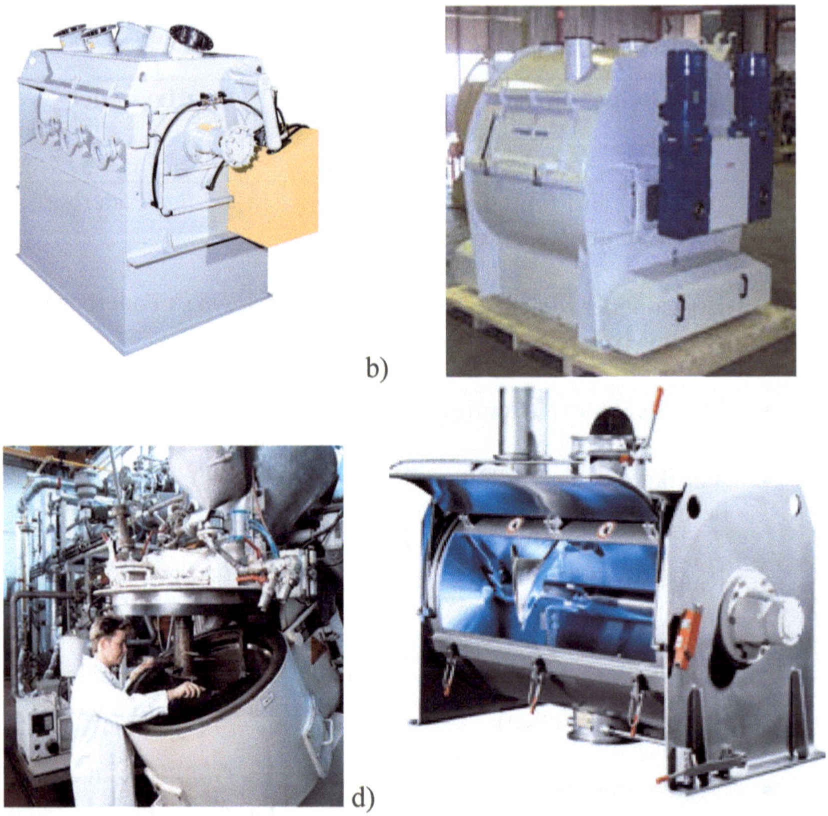

a) b) c) d)

Abbildung 17.16: Batch-Granulatoren (Quelle: Firmenprospekte)
a) Horizontale Welle, *Pflugscharmischer* mit großer Öffnungsklappe zum einfachen Entleeren (*Fa. Lödige*); b) Batch- Zweiwellen- Mischer (Fa. *Forberg*); c) Intensivmischer mit vertikaler Welle (Fa. *Eirich*); d) Batch-Einwellen- Mischer mit großer Reinigungsklappe (*Fa. Lödige*)

Die einzelnen Elemente einer Granulationsanlage lassen sich beliebig kombinieren [80, 81]. Das Design des Granulates hängt entscheidend von der Hintereinander-Schaltung ab. Die Granulation in konti- Wirbelbetten weist einen prinzipbedingten Nachteil auf, weil mit der benötigten Wirbelluft die feinen Teilchen ausgetragen werden. Durch den Einsatz von vibrierenden Wirbelbetten, bei denen weniger Luft verwendet wird, lässt sich der Austrag vermindern. Der Gebrauch von Zweistoffdüsen führt wegen des verstärkten Luftstroms zu einer Erhöhung des Austrags von Staub und feinen Partikeln. In die gleiche Richtung wirkt der Abrieb durch die Partikelreibung.

Eine häufig anzutreffende Anordnung [82] für eine kontinuierliche Granulationsanlage besteht aus der Kombination eines schnelllaufenden Mischers (bevorzugt Ringschicht-(CB-) Mischer) mit einem langsamlaufenden Pflugscharmischer. Nachgeschaltet wird ein Wirbelschichttrockner zur Entfernung der Granulationsflüssigkeit und/oder zur Produktkühlung.

Im schnelllaufenden Ringschicht- (CB-) Mischer (**Abb. 17.17**) liegt die mittlere Verweilzeit im Bereich weniger Sekunden bis hinzu maximal einer Minute. Durch die hohen Drehzahlen wird das Produkt infolge der Zentrifugalkräfte an die Mischerwand geschleudert und bewegt sich dort in kreisenden Bewegungen sehr schnell zum Ausgang.

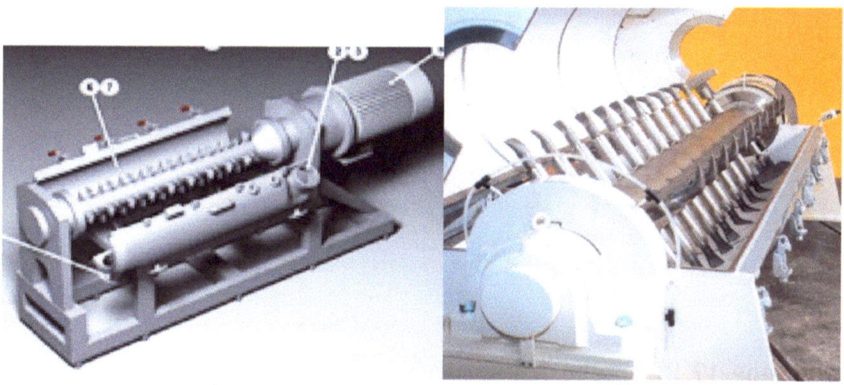

a) b)

Abbildung 17.17: Ringschichtmischer (hoher Durchsatz, kurze Verweilzeit) (Quelle: Firmenprospekte)
a) Fa. *Amixon*; 2: Pulverzulauf; 4: Granulatablauf; b) Fa. *Drais*

Der Mischer ist bis auf den Wandbereich leer. Durch die hohe Energieeinleitung erfolgt zum einen eine Zerkleinerung, die für die Granulation positiv sein kann, und zum anderen eine Erhöhung der Partikeltemperatur. In diesem Mischer lässt sich eine zugesetzte Flüssigkeit gut und gleichmäßig verteilen. Für eine reine Granulationsaufgabe ist dieser Typ nur bedingt geeignet.

Alternativ zum Ringschichtmischer lässt sich der vertikal angeordnete Schugi- Mischer [83], dargestellt in **Abb. 17.18**, einsetzen. Das Produkt läuft von oben zu, fällt durch ein flexibles Rohr und wird dort von den Mischerarmen erfasst. Die Mischermesser können saugend oder stauend eingestellt werden. Gleichzeitig ist das Aufdüsen von Flüssigkeiten möglich. Beim Passieren der Mischstrecke erfolgt eine Deagglomeration von Partikeln, ähnlich wie im Ringschichtmischer. Das Produkt verlässt den Mischer über das unten angeordnete, zentrale Auslaufrohr. Bei den extrem kurzen Verweilzeiten sind hohe Durchsätze realisierbar.

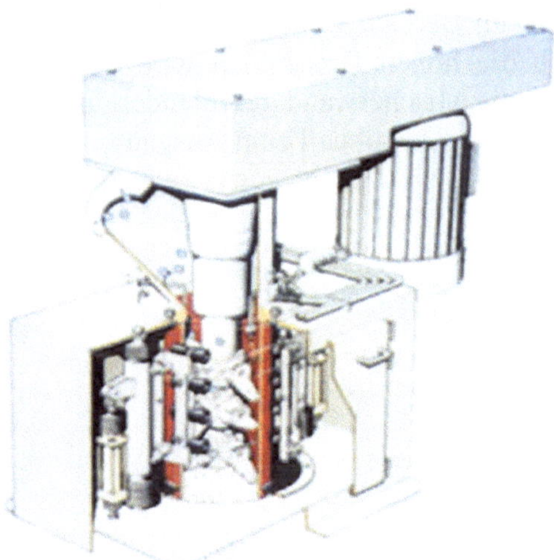

Abbildung 17.18: Schnelllaufender vertikaler Mischer mit Flüssigkeitszugabe; rotes Innenrohr ist aufgeschnitten, um die drei übereinander liegenden Messer zu zeigen (Quelle: Fa. *Schugi/Hosokawa Micron*)

Die eigentliche Granulation erfolgt unter weiterer Flüssigkeitszugabe im Pflugschar- Mischer. Dort bilden sich unter rollenden Bewegungen die Granulate aus. Die mittlere Verweilzeit liegt üblicherweise im Bereich von 1 bis 5 Minuten. Eine Ausführungsform mit dem Pulverzulauf über einen

Trichter und den Ablauf rechts durch das viereckige Rohr ist in **Abb. 17.19** dargestellt. Der Füllgrad und damit die Verweilzeit lassen sich über ein Wehr am Auslauf einstellen.

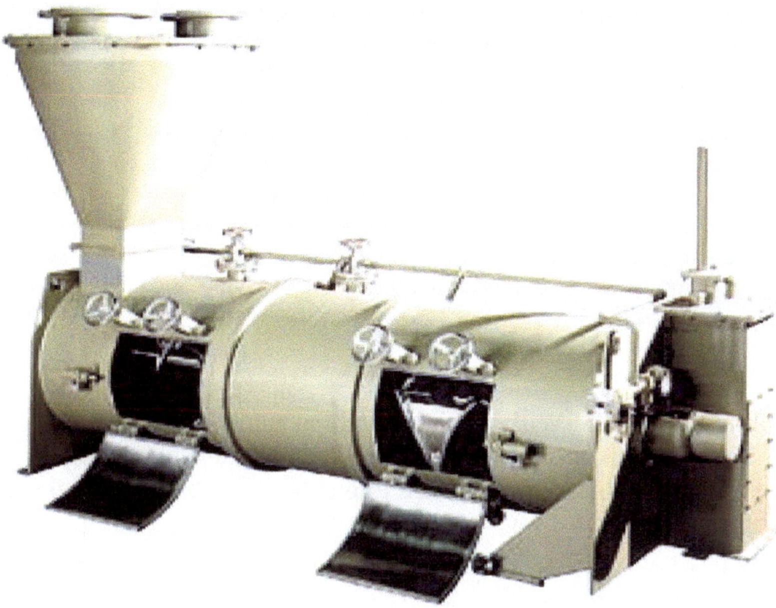

Abbildung 17.19: Kontinuierlicher Pflugscharmischer (1200 l); (Quelle: Fa. *Lödige*)

Das Wasser der Granulationsflüssigkeit wird im nachgeschalteten Wirbelbett als feuchte Luft ausgetragen. Einige Beispiele können den **Abb. 17.20** und **17.21** entnommen werden. In den Wirbelschichten lassen sich auch Granulationen durchführen oder Coatingschichten aufbringen. Die Hauptaufgaben liegen im Trocknen und Kühlen der Partikel. Große, nicht vibrierte Wirbelschichten werden bis über 100 m² gefertigt.

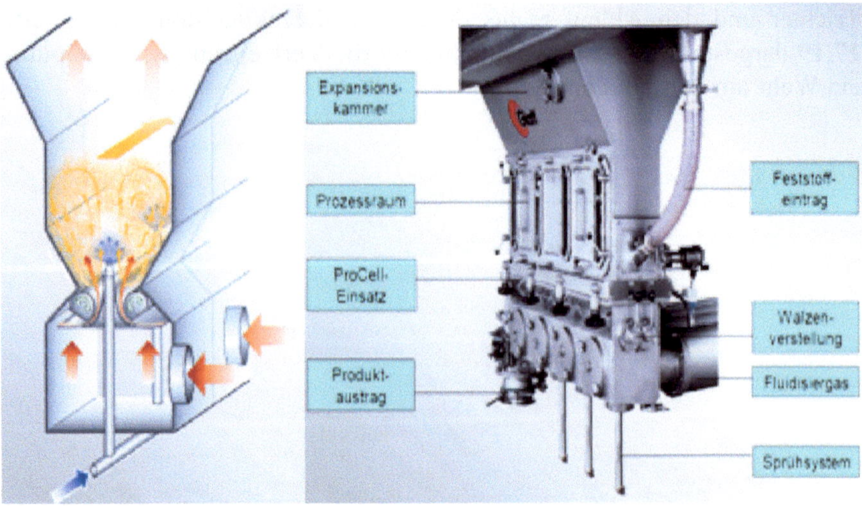

a) b)

Abbildung 17.20: Wirbelschichtverfahren zum Granulieren und Coaten; ProCell- Technikumsanlage mit integriertem Filter, ohne Anströmboden; a) Prinzipbild; b) Abbildung der Pilotanlage; (Quelle: Prospekt der Fa. *Glatt*, Weimar)

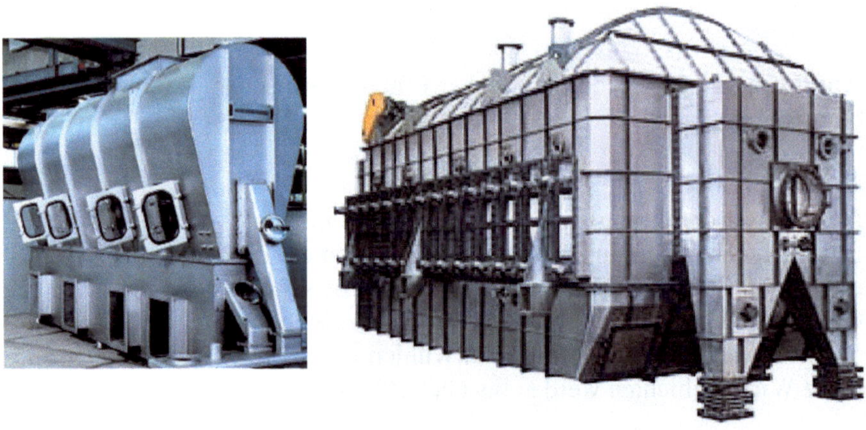

a) Fa. *Schugi/Hosokawa Micron*

b) Fa. *Nara Machinery*

c) *Niro Vibro- Fluidizer*

Abbildung 17.21: Wirbelbett als Granulator und/oder als Trockner / Kühler (Quellen: Firmenprospekte)

Andere Möglichkeiten der Verschaltung kontinuierlicher Anlagen sind denkbar, weil es zu jedem Mischer einige Alternativen gibt. Ferner müssen produktbedingte Besonderheiten, wie Klebrigkeit, bei der Verfahrensentwicklung berücksichtigt werden.

17.7 Herstellung ästhetischer, partikulärer Produkte

Für ästhetisch ansprechende Granulate sollte bevorzugt das gesamte Material über die formgebende Stufe gemäß **Abb. 17.22** verarbeitet werden. Ein Anteil an feinen Partikeln im Ausgangsmaterial der Granulation kann die Kugelform [58, 60] verbessern, d. h. der Formfaktor nimmt zu.

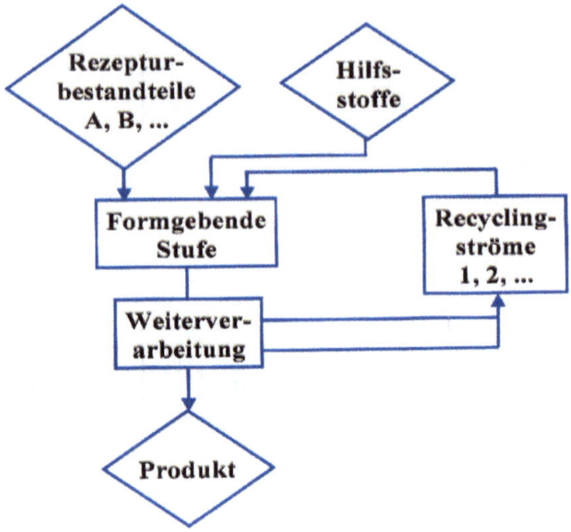

Abbildung 17.22: Ströme durch die formgebende Stufe

Bei einer Zumischung von anderen Partikelhaufwerken sollten aus ästhetischen und aus technischen Gründen die Korngrößenverteilungen und Formfaktoren sowie die Schüttgewichte vergleichbar sein. Anderenfalls entmischt das Produkt.

Literatur

[1] T. Rossmann, C. Tropea (Hrsg.), Bionik, Springer-Verlag, Berlin, 2005.

[2] I. Rechenberg, bionik.tu-berlin.de.

[3] G. Patone, W. Müller, Technical Report TR-96-05, abgedruckt bei [2].

[4] M. Rechberger, J. Bertling, Chem. Ing. Tech. 2005, 77 (10), 1487.

[5] Auto Bild 23/10.Juni 2005.

[6] Z. Cerman, A.K. Stosch, W. Barthlott, Biologie in unserer Zeit 2004, 34 (5), 290.

[7] W. Barthlott, C. Neinhuis, Biologie in unserer Zeit, 1998, 28 (5), 314.

[8] R. Berndt, L. Dalitz, GVC-Dezember-Tagung, Preprints, Würzburg 2002, 149.

[9] G. Jonschker, GVC-Dezember-Tagung, Preprints, Würzburg 2002, 79.

[10] H. Meffert, Grundlagen der Absatzpolitik, Marketing, 7. Auflage, Th. Gabler GmbH, Wiesbaden, 1983.

[11] J. Becker, Marketing-Konzeption, Grundlagen des strategischen Marketing-Management, 4. Auflage, Verlag Valken, München, 1992.

[12] H. Meffert, C. Burmann, M. Koers, Markenmanagement, Th. Gabler GmbH, Wiesbaden, 2002.

[13] Brockhaus Enzyklopädie, Bd. 19, F.A. Brockhaus, Wiesbaden 1974.

[14] J. Nentwig, Kunststoff-Folien, 2. Aufl., Carl Hanser Verlag, München, 2000.

[15] K. Westermann (Hrsg.), Verpackung aus nachwachsenden Roh stoffen, Verl. der ökologischen Briefe, Frankfurt am Main, 1992.

[16] R. Heiss (ed.), Lebensmitteltechnologie, 5. Auflage, Springer-Verlag, Berlin 1996.

[17] H.-D. Belitz, W. Grosch, Lehrbuch der Lebensmittelchemie, 4. Aufl. Springer-Verlag, Berlin, 1992, S. 176.

[18] H.-D. Belitz, W. Grosch, Lehrbuch der Lebensmittelchemie, 4. Aufl. Springer-Verlag, Berlin, 1992, S. 469.

[19] H.-G. Elias, Makromoleküle, 4. Aufl., Hüthig & Wepf Verlag, Ba sel, 1981. H.-G. Elias, Makromoleküle, Wiley-VCH, Weinheim, 2002.

[20] W. Frede (Hrsg.), Taschenbuch für Lebensmittelchemiker und – technologen, Bd. 1 u. 2, Springer-Verlag, Berlin, 1991.

[21] E.L. Cussler, G.D. Moggridge, Chemical Product Design, Cambridge University Press (Cambridge series in chemical engineering), 2001.

[22] W. Rähse, S. Hoffmann, Chem. Ing. Tech. 2002, 74 (9), 1220.

[23] W. Rähse, Chem. Ing. Tech. 2004, 76 (3), 1051.

[24] W. Rähse, Produkt Design bei Waschmitteln, GVC-Dezember-Tagung, Preprints, Würzburg 2002, 46.

[25] H. Schubert (Hrsg.), Handbuch der mechanischen Verfahrenstechnik, Bd. 1 u. 2, Wiley-VCH, Weinheim, 2003.

[26] W. Pietsch, Agglomeration Processes, Wiley-VCH, Weinheim, 2002; W. Pietsch, Size Enlargement By Agglomeration, John Wiley & Sons, Chichester, 1991 sowie W. Pietsch, Agglomeration in Industry, Vol. 1 u. 2, Wiley-VCH, Weinheim, 2005.

[27] W. Rähse, Production of Powder Detergents, Chap. 6, Laundry Detergents, Ullmann's Encyclopedia of Industrial Chemistry, Wiley-VCH, Weinheim, 2002.

[28] J. Berg, GVC-Dezember-Tagung, Preprints, Würzburg 2002, S. 101.

[29] E. Lüddecke, F. Runge, H. Auweter, Herstellung von Carotinoid-Nanoteilchen durch Fällung, GVC-Dezember-Tagung, Preprints, S. 85, Würzburg 2002.

[30] E.L.Cussler, J. Wei, Chemical Product Engineering, AICHE Journal, 49, 1072, 2003.

[31] E. Favre, L. Marchal-Heusler, M. Kind, Chemical Product Engineering Research and Educational Challenges, Chemical Engineering Research and Designs, 80 (A1), 65, 2002.

[32] J. M. Prausnitz, Chemical engineering and the postmodern world, Chemical Engineering Science 56 (2001), 3627 - 3639.

[33] W. Peukert, H.-J. Schmidt, Herausforderung für die Lehre am Beispiel der mechanischen Verfahrenstechnik, Chem. Ing. Tech., 75 (3), 177, 2003.

[34] E.L. Cussler , D.W. Savage, A. Middelberg, M. Kind, Chem. Eng. Progr., 78 (1), 26, 2002.

[35] G.D. Moggridge, E.L. Cussler, An Introduction To Chemical Product Design, TransIChemE 2000, Vol. 78, Part A, S. 5.

[36] G.J. Esper, M. Steinbeck, B. Klinksietz, K. Reizlein, J. Uhlemann, GVC-Dezember-Tagung, Neue Anwendungen durch Product Design, Preprints, S. 55, Würzburg, 2002.

[37] E. Smulders, Laundry Detergents, W. Rähse, Chap. 6, S. 134, Wiley-VCH Verlag GmbH, 2002.

[38] J.-C. Charpentier, International Journal of Chemical Reactor Engineering 2003,Vol. 1, Article A14, S. 1-32.

[39] W. Rähse, Chem. Ing. Tech. 2004, 76 (3), 220.
[40] J. Villermaux, TransIChemE, A 73 (1995), 105.
[41] W. Pietsch, Agglomeration Processes, Wiley-VCH, S.187, S. 415, Weinheim 2002.
[42] P. Walzel (ed.), Spray Drying ´01, Proceedings, Schriftenreihe Mechanische Verfahrenstechnik, Shaker Verlag, Aachen 2002.
[43] G. Brenn, Chem. Ing. Tech. 2004, 76 (3), 267.
[44] O. Dicoi, Vortrag GVC-Fachausschuss Trocknungstechnik, Magdeburg 1998.
[45] M. Ihlow, J. Drechsler, M. Peglow, M. Henneberg, St. Heinrich, L. Mörl, Chem. Ing. Tech., 2003, 75 (12), 1852.
[46] S. Antonyuk, J. Tomas, S. Heinrich, L. Mörl, Chem. Ing. Tech. 2004, 76 (3), 249.
[47] K. Borho, R. Polke, K. Wintermantel, H. Schubert, K. Sommer, Chem. Ing. Tech. 1991, 63(8), 792.
[48] M. Kind, Product Engineering, Chemical Engineering and Processing, 1999, 38, 405.
[49] W. Rähse, Trocknung mit überhitztem Wasserdampf, Vortrag GVC- Fachausschuss Trocknungstechnik, Magdeburg, 1998 und HENKEL-Referate 35, Düsseldorf 1998.
[50] D. Osteroth (ed.), Taschenbuch für Lebensmittelchemiker und –technologen, Bd. 2, S. 171, Springer-Verlag Berlin, 1991.
[51] G. Wagner, Waschmittel, 3. Aufl., Wiley-VCH, 2005
[52] P. Präwe, U. Faust, W. Sittig, D. A. Sukatsch, Handbuch der Biotechnologie, 4. Aufl., R. Oldenbourg Verlag, München, 1994.
[53] S. Silbiger, The Ten Day MBA, Quill William Morrow, New York, 1983.
[54] H.G. Hirschberg, Handbuch- Verfahrenstechnik und Anlagenbau, Springer-Verlag, Berlin, 1999, S. 1125 ff.
[55] K. Morwind, J.P. Koppenhöfer, P. Nüßler, in „Markenmanagement“, Hrsg. H. Meffert, C. Burmann, M. Koers, S. 479 – 504, Th. Gabler GmbH, Wiesbaden, 2002.
[56] R. Herb, T. Herb, V. Kohnhauser, Triz- Der systematische Weg zur Innovation, verlag moderne industrie, 2000.
[57] C. Wibowo, K.M. Ng, AIChE Journal 2002, 48 (6), 1212.
[58] H. Mollet, A. Grubenmann, Formulierungstechnik, Wiley-VCH, Weinheim, 2000.
[59] G. Heinze, Handbuch der Agglomerationstechnik, Wiley-VCH, Weinheim, 2000.
[60] G. Rittenhouse, J. Sedimentary Petrology, 1943, 13 (2), 79.
[61] K. Winnacker, L. Küchler, Chemische Technologie, 4. Auflage, Bd. 5, Carl Hanser Verlag, München, 1981, S. 631.

[62] C. Rauwendaal, Polymer Extrusion, 4 th ed., Carl Hanser Verlag, München, 2001.

[63] J. L. Throne, Technology of Thermoforming, Carl Hanser Verlag, München, 1996.

[64] H. P. Schuchmann, Formulieren von flüssigen Dispersionen (E-mulsionen) -Anwendungen im Feinstbereich, nicht nur für Emulsionen, Preprints, GVC-Dezember-Tagung, Würzburg 2002, 127.

[65] H. P. Schuchmann, H. Schubert, Eng. Life Sci. 2003, 3(2), 67.

[66] K. Winnacker, L. Küchler, Chemische Technologie, 4. Auflage, Bd. 5, Carl Hanser Verlag, München, 1981, S. 735.

[67] H. Uhlemann, L. Mörl, Wirbelschicht-Sprühgranulation, Springer-Verlag, Berlin 2000, S. 509.

[68] H. Dellweg, VCH-Verlagsgesellschaft mbH, Weinheim 1987, S. 232.

[69] M. Schmitt, D. Hilbers-Gebauer, C. Soldan, J. Wüst, GVC-Dezember-Tagung, Preprints, Würzburg 2002, S.141.

[70] H. Weber, S. Hoffmann, W. Rähse, D. Jung, F. Meier, C. Block, R. Bayersdörfer, M. Semrau (Henkel KGaA), Kompartiment-Hohlkörper, Deutsche Patentanmeldungen, 100 66 035.5, 100 66 036.3, 2001.

[71] R. H. Wildi, C. Maier, Understanding Compounding, Carl Hanser Verlag, München 1998.

[72] N. C. Lee, Understanding Blow Molding, Carl Hanser Verlag, München 2000.

[73] S. Hoffmann, W. Rähse, G. Leusch (Henkel KGaA), Kompartiment-Hohlkörper, Deutsche Patentanmeldung, 101 49 719.9, 2001.

[74] W. Rähse, O. Dicoi, P. Walzel, Vorrichtung zur Sprühtrocknung von lösungsmittelhaltigen Zusammensetzungen, DP 100 21 539.4, 3. Mai 2000.

[75] H. Uhlemann, L. Mörl, Wirbelschicht-Sprühgranulation, Springer-Verlag, Berlin, 2000.

[76] W. Rähse, B. Larson, M. Semrau, Henkel KGaA, Deutsche Patentanmeldung 101 24 430.4 , 2001.

[77] K. Winnacker, L. Küchler, Chemische Technologie, 4. Auflage, Bd. 5, Carl Hanser Verlag, München, 1981, S. 353 ff.

[78] M.M. Sommer, N.J. Wagner, W. Peukert, Chem. Ing. Tech. 2005, 77(8), 1218.

[79] B.-R. Meinhard, S. Mortensen, Stand und neue Varianten der Sprühtrocknung, GEA/ Niro, BMeinhard@Niro.de

[80] S.W. Capeci et al., The Procter & Gamble Company, US 6,951,837 B1, 2005

[81] P.W. Appel, P.L.J. Swinkels, M. Waas, Unilever N.V., EP 0367 339 B1, 1989.

[82] M.S. Showell, Powdered Detergents, Surfactant Science Series, volume 71, Marcel Dekker Inc., New York, 1998, p 28 ff.

[83] W.H. de Groot, I. Adami, G.F. Moretti, The Manufacture Of Modern Detergent Powders, Herman de Groot Academic Publisher, The Netherlands, 1995.

[84] A. S. Mujumdar (ed.), Handbook of Industrial Drying, Marcel Dekker,
New York, 1987.

[85] R.D. Becher, Untersuchung der Agglomeration von Partikeln bei der Wirbelschicht-Sprühgranulation, Fortschr.-Ber. VDI Reihe 3 Nr. 500, VDI-Verlag, Düsseldorf, 1997.

[86] P.R. Mort, S.W. Capeci, J.W. Holder, Control of agglomerate attributes in a continuous binder-agglomeration process, Powder Technology, 2001, 117, p. 173

[87] W. Rähse, Granulation, GVC-Fachausschuss „Trocknungstechnik“, Paderborn, 2001.

[88] G. Heinze, Handbuch der Agglomerationstechnik, Wiley-VCH, Weinheim, 2000.

[89] R. Weinekötter, H. Gericke, Mischen von Feststoffen, Springer-Verlag, Berlin, 1995.

Firmenverzeichnis

Produktverzeichnis

Sachregister

MIX
Papier aus verantwortungsvollen Quellen
Paper from responsible sources
FSC® C105338

If you have any concerns about our products,
you can contact us on
ProductSafety@springernature.com

In case Publisher is established outside the EU,
the EU authorized representative is:
Springer Nature Customer Service Center GmbH
Europaplatz 3, 69115 Heidelberg, Germany

Printed by Libri Plureos GmbH
in Hamburg, Germany